Healing 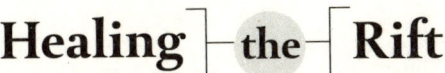 the Rift

Bridging the Gap Between Science & Spirituality

by **Leo Kim**

이 책의 한국어판 저작권은 저자와의 독점계약으로 知와 사랑 출판사가 갖고 있습니다. 저작권법에 의해 한국 내에서 보호받는 저작물이므로 무단 전재와 복제를 금합니다.

신을 보여주는 21세기 과학

초판발행 · 2009. 1. 12.
초판 2쇄 · 2009. 6. 10.
지은이 · 레오 김
옮긴이 · 김광우
펴낸이 · 지미정
펴낸곳 · 知와 사랑

서울시 마포구 합정동 355-2
전화 (02)335-2964
팩시밀리 (02)335-2965
등록번호 제10-1708호
등록일 1999. 6. 15.

ISBN 978-89-89007-42-5

값 15,000원

www.jiwasarang.co.kr

신을 보여주는
21세기 **과학**

레오 김 지음 | 김광우 옮김

知와 사랑

3대에 걸친 고투로 후손들에게
보다 나은 삶을 가져다준 가족들에게 바칩니다.

*To the Kim family whose three generations of strunggle
has led to a better life for their descendants.*

일러두기

* ( )는 저자에 의한 것입니다.
* [ ]는 역자에 의한 것입니다.
* 주요 용어와 고유명사는 영문을 병기했습니다.
* 본문 중에 나오는 저서들의 제목들 가운데 한국어로 번역된 책들은 한국어 제목을 찾았지만 번역되지 않은 책들은 제목을 번역하여 표기했습니다.
* 이해하기 어려운 용어에는 역주를 달거나 용어 해설에 따로 실었습니다.

여는 글

과학은 영성과 양립할 뿐만 아니라 영성의 심원한 원천이다.[1]
- 칼 세이건Carl Sagan

물과 물결. 나는 늘 물 위에 이는 물결에 매료되었다. 다섯 살 때 밀려온 물결은 놀랍게도 나를 흰색 가운을 걸치고 거품이 이는 녹색 엘릭시르elixir가 든 플라스크를 돌리는 과학자로 변모시켰다. 실험실에서 나를 보신 어머니는 매우 기뻐하셨다. 그 순간 어머니도 나와 같은 꿈을 갖고 계시므로 내게 더 이상의 격려는 필요하지 않다는 걸 알았다. 그것이 나의 꿈을 실현시키는 두 번째 혹은 백 번째의 물결이었는지도 모른다.

나의 열정은 굶주림과 갈증과도 같았다. 굶주림은 도서관 카드로 충족시켰고, 갈증은 실험으로 해소했다. 얼마 안 되는 수입을 저축해놓고 나의 연금술 성분을 알려줄 우편물을 고대했다. 나의 이웃들은 어떤 날은 화약실험에서 나오는 연기 기둥을 보았을 것이며, 헐린 건물 위 하늘에 떠 있는 버섯구름을 보거나 창문이 덜컹거리는 폭음에 놀라기도

했을 것이다. 까맣게 타버린 지붕널과 축축한 지붕, 헝클어진 정원 호스가 증명하듯 나의 관심은 로켓으로 진전했다. 생명은 통제 불능의 로켓과도 같아 종종 비극적 결과를 초래한다는 걸 나는 한동안 알지 못했다. 불꽃 제조술에 대한 나의 열정을 함께 나누지는 않았지만 스탠리는 나의 가장 친한 친구였다. 마지막으로 그를 봤을 때 우리 둘 다 새 컵스카우트Cub Scout[보이스카우트의 유년부, 8~11세] 유니폼을 입고 있었다. 그렇지만 스탠리는 관 속에 누워 있었다.

스탠리 부모는 앞줄에 꼭 붙어 앉아 있었다. 그의 어머니는 손수건으로 눈물을 닦았다. 그의 아버지는 멍한 눈으로 앞만 보고 있었다. 스탠리는 외아들이었다. 캘리포니아 센트럴 밸리의 뜨거운 여름이었지만, 몇몇 컵스카우트 유니폼을 제외하고는 모두 검은 옷 차림이었다. 교회 안에서 꽃장식만이 유일하게 색을 자랑하고 있었다. 나는 교회의 고요와 내 앞에 벌어지고 있는 광경, 달콤한 꽃향기에 정신이 아뜩해졌다. 목사님이 낮은 음성으로 말했다. "저희는 종종 하나님의 뜻을 이해할 수 없습니다. 스탠리는 천국에 있습니다."

친구의 죽음에 너무 충격을 받은 나는 관 속에 누워 있는 스탠리를 보면서 그 말을 이해할 수가 없었다.

목사님의 조용한 음성이 멎자 사람들은 앞으로 걸어나가 스탠리의 부모님을 위로했다. 교회 안에 비탄의 소리가 울렸다. 관을 든 어른들을 따라 스탠리의 컵스카우트 친구 몇몇이 교회 밖으로 나갔다. 스탠리와 농약살포 비행사인 그의 아저씨는 비행기가 송전선과 충돌하는 바람에 죽었다. 그 일이 있기 며칠 전 스탠리는 나도 그 비행기에 태워주겠다고 했다. 스탠리는 나의 오두막집으로 달려와 내가 일하는 들판 위를 날게 될 것이라고 흥분해서 말했다. 나도 흥분해서 심장이 뛰었지만, 나는 모든 일에 야단법석을 떠는 어머니의 허락을 받아야 했다. 어머니는 너무 위험한 일이라고 하셨고 늘 돈 걱정을 하는 아버지는 나는 일해야 한다고 하셨다. 때때로 두 분 중 한 분은 내 편을 들었으나 이번만큼은 두 분 모두 완고하셨다.

충돌사고를 들은 나는 너무 놀라 울지도 못했다. 생각해보면 나 또한 관 속에 있을 수 있는 일이었다.

나는 나의 슬픔과 정신적 충격을 숨겼다. 내가 모아온 모든 컵스카우트 배지들을 시가 상자에 집어넣고, 스탠리에 대한 상실감과 함께 내 유년시절 추억 대부분을 정신적 시가상자에 가두었다. 나는 과학자가 되는 꿈에만 전념했다. 마침내 나는 물리유기화학자가 되었으며, 수십 년이 지나 또 다른 죽음이 일어나기까지 죽음이나 영적 문제들을 깊이 생각할 기회가 없었다.

죽음이 다시금 내 마음을 사로잡았을 때 나는 스탠리와 죽은 모든 이들에게 무슨 일이 일어났는지 의문을 갖게 되었다. 나는 유년시절의 추억이 담긴 그 상자를 다시 열었으며, 그렇게 해서 우리 존재의 본질을 묻는 25년의 과정이 시작되었다. 나는 생물학과 화학을 연구했지만, 인간을 이해하기 위한 나의 연구는 우주론과 물리학으로도 확장되었다. 나는 큰 주제를 다뤘다. 우리는 어디서 왔을까? 생명은 어떻게 시작되었을까? 실재reality란 무엇일까? 마음과 의식이 뇌와 몸으로부터 어떻게 벗어날 수 있을까? 나는 과학이 이런 의문에 대한 답을 갖고 있지 않다는 것을 알았다. 거기에는 가정만이 있었다.

나는 크리스천으로 세례를 받았으면서도 과학의 제단에 헌신하는 동안에는 종교와 영성을 불가지론으로 취급했다. 이런 의문들을 깊이 생각하자 영성이 서서히 내 삶으로 돌아오기 시작했다. 그 소리는 어렴풋한 속삭임으로 시작해 점점 커졌다. 영성의 이미지가 우리의 세계를 소중히 여기는 좋은 친구로 바뀌었다. 나는 과학과 영성에서 매혹적인 대비를 발견했고 그 대비에서 예기치 못한 조화도 발견했다.

과학은 우리의 세계를 창조주나 정신, 디자인을 빼고 설명하려고 하며, 그 이론을 수정하기 위해 끊임없이 새로운 정보를 모색한다. 영성은 우리 세계의 가장 중요한 면은 감추어져 있으며 인간의 이해 너머에 있다는 사실을 인정하며, 그 영역은 정신, 영혼, 신으로 구성되었다고 본다. 우리는 병들어 죽으면 사라지고 마는 몸의 세포 집합에 불과한 것일까? 많은 과학자들이 그렇다고 하는 반면, 정신적 믿음은 이에 반대한다.

우리를 위한 계획이 있을까? 과학은 어떤 계획이나 디자인 가능성은 무시하면서 우리 몸을 물질 영역의 메커니즘으로 설명한다. 반면 영성은 우리를 위한 "계획"이 있다고 주장하면서 우리 몸은 물질과 비물질 양쪽 다라고 본다.

대부분 사람들은 보다 고고한 의미를 갖고 세상에 잠시 태어난 우리를 위한 계획이 있다고 믿고 싶어한다. 많은 과학자들은 정신적인 사람들이지만, 많은 이들은 그들의 영성이 없다고 느낀다. 과학자들이 우리 세계에 관해 발견한 것들은 보다 큰 가능성을 축소하거나 부정하는 것처럼 보이기도 한다. 나 역시 정신적인 개념에 회의적이었다. 그러나 나는 인간을 이해하려는 탐구에 착수하려면 수천 년에 걸쳐 축적된 지혜와 신념을 함부로 거부할 수 없다는 것을 깨달았다. 새로운 진실이 나타나는지 어떤지 알아내기 위해서는 정신적 신념과 과학적 발견을 세밀히 조사할 수밖에 없었다.

나는 과학이 보다 큰 가능성을 조금이라도 축소하거나 부정하지 않았음을 알게 되었다. 과학은 사실에 근거하지만 우리의 기원과 존재를 설명하지는 못한다. 이런 의문에 대한 답을 찾는 과정에서 나는 신념에 기초한 것으로 보이는 놀라운 과학 이론들을 발견했다. 그래서 나는 정신적 차원에 직면하는 일을 더 이상 회피할 수 없었다.

이런 문제는 철학과 종교, 영성의 핵심이기도 하다. 이러한 문제들, 즉 우리의 기원과 실재, 몸과 뇌로부터 발생한 마음이 이 책의 내용이다. 우리의 존재와 실재를 다루는 21세기의 과학 개념들을 이용함으로써 과학과 영성에 대한 나의 생각은 절정에 이르렀다.

그러나 아직도 과학의 많은 부분들은 19세기의 세계관에 기초하고 있다. 19세기 이후로, 과학자들은 유물론을 받아들여 왔는데 유물론은 모든 실재는 물질이라는 신념이다. 유물론은 과학과 영성 사이 불화의 근본 요인이다.

물리학자를 제외하고, 과학자들은 으레 물질은 당구공 같은 구성 원자로 이루어진 것이라고 생각한다. 이런 유물론적 관점은 정신적 신념에 모순되는 몇 가지 결론을 초래한다. 유물론자들의 첫 번째 결론은, 실재는 단지 물질이며 정신이나 비물질의 본질은 신화라는 것이다. 두 번째 결론은, 마음과 의식은 단지 두뇌 활동의 결과에 지나지 않는다는 것이다. 이런 가정은 논리상 자유의지를 배제하게 되는데, 많은 과학자들이 단정하는 대로 우주와 인간의 모든 활동이 기계적이라면 인간은 미래에 영향을 줄 수 없기 때문이다. 마지막 세 번째 결론은, 우리는 물질에 지나지 않으므로 죽을 때는 마음도 정신도 아무것도 남지 않는다는 것이다.

그렇다면 생명이란 무엇인가? 그리고 사후에 정말 어떤 일이 일어나는 것일까? 사람이 7년을 살든 70년을 살든 생명은 단지 우리가 죽으면 사라지고 마는 기억, 느낌, 체험의 짤막한 장면들의 연속에 지나지 않는 것일까? 그것들은 아무 일도 일어나지 않은 것과 같은 것일까? 나는 유물론에 대한 대안을 마련하기 위해 사후의 존재에 대한 과학적 증거를 탐구했다. 많은 사람들은 내세에 대한 희망에서 영성을 받아들인다고 생각한다.

영적 종교적 가르침은 정신과 영혼, 내세, 신을 인정한다. 그렇다면 우리는 과학과 영성의 마찰이 해결되기를 바랄 수도 있지 않을까?

환원주의자의 접근은 과학자들에게 대단히 성공적이었다. 환원주의자들은 과학적 설명이 원래 보다 하위 수준의 성분 분석에서 나온다고 믿는다. 따라서 한 과학자가 생물을 이해하려면 세포 성분을 이해하기에 앞서 기관에서 시작해서 조직, 세포, 분자 순으로 이해해야 한다. 이렇게 해서 과학자들은 앞선 발견 위에 그들의 발견을 쌓아갈 수 있다.

그렇지만 생물학자들은 인간을 이해하기 위한 우리 세계의 가장 근본적인 수준에는 이르지 못했다. 나는 과학의 새로운 발견에서부터 존재의 가장 기초 단위, 즉 끈 같은 파동string-like wave에 이르기까지 신중히 연구했다. 그러나 우리의 실재를 구성하는 파동들은 그것들을 설명해줄 이론만큼이나 실체가 없다. 그리고 이런 파동들은 의식을 기울일 때만 존재하지 관찰하지 않을 때는 사라지고 만다. 놀랍게도 파동들 사이에는 더 깊고 어두운 미스터리를 품은 공간이 있다.

과학은 훈련된 신념체계이다. 과학은 우리 세계를 이해하기 위한 실험과 증명 방법을 이용하려고 고안된 것이다. 과학과 영성 모두 신념체계이므로, 이들 각자의 가르침은 생명에 관한 진실과 우리 세계의 모든 것을 발견하려는 궁극 목표를 갖고 서로의 것을 밝히는 데 사용될 수 있다.

나는 우주 창조, 생명과 인류 창조에 관한 놀라운 과학 개념들을 두루 살폈다. 새로운 이론들은 실재에 대한 놀라운 견해를 드러낸다. 마음과 의식이 몸과 뇌에서 어떻게 나타나는지를 설명하는 최근의 귀중한 발견들이 이전의 도그마를 전복시키고 새로운 치료법을 제시하고 있다. 내세의 가능성에 대해 놀라운 통찰을 제시하는 새로운 연구들이 있다. 나는 21세기 과학을 정신적 신념과 비교하면서 새로운 진실이 드러나고 있음을 알았다. 물과 물결이 나의 삶과 우리의 실재에 대한 적절한 은유임을 깨달았다. 스스로 자신의 수평을 찾는 물처럼 나는 과학과 영성의 불화를 해결할 길을 찾았다.

나의 이 여정에 당신을 초대한다. 우리의 세계를 이루는 물결과 우리의 가능성을 가진 물결 사이에 무엇이 있는지 우리 함께 찾아보자.

삶을 사는 데는 두 가지 방법만 있을 뿐,
하나는 기적이란 없는 것인 양 사는 것이고,
다른 하나는 모든 것이 기적인 것인 양 사는 것이다.
나는 후자를 믿는다.[2]
- 알베르트 아인슈타인Albert Einstein

차례

여는 글 5

우리는 어디서 왔을까? 19

1장 창조 21

탐색 23 | 유픽셀 24 | 창조의 수수께끼: 시작이 있었을까? 26 | 빅뱅 27 | 우주의 빛 29 | 빅뱅 이론에 대한 도전 30 | 창조주 기피 현상 33 | 별과 화학원소와 분자의 창조 33 | 암흑 면: 4퍼센트밖에 채워지지 않은 컵 34 | 우리의 태양계: 빅뱅 이후 93억 년 37 | 형편없는 기후 39 | 탐색은 계속된다 40

2장 생명 45

우리는 어디서 왔을까? 49 | 생명의 정의 50 | 우주 화학 55 | 미소운석: 작은 물질이지만 중요한 단서 56 | 우리 존재의 씨앗이 아직도 우리에게 있는가? 57 | 생명이 우주에서 왔을까? 58 | 화성에는 생명이 있을까? 59 | 내기 걸기: 생명의 가능성들 60 | 지구상 최초의 생명은 무엇이었으며 어떻게 발생했을까? 61 | 창조주에 관하여 62 | 유픽셀, 주머니, 에너지 그리고 생명 64

3장 진화 67

왜 이것이 논점인가? 70 | 진화의 시기별 조망 71 | 지구상에서 생명의 진화는 언제 시작되었을까? 72 | 지구의 초기 생명 73 | 지구상에서 새로운 생물의 "급증" 75 | 유인원에서 인간으로 77 | 진화의 메커니즘: DNA 혼합, 재배치, 돌연변이 79 | 교차 혼합되는 유전자들 80 | 어떻게 그토록 빠르게 진화했을까? 81 | 적응하는 미생물 83 | 생명은 환경을 느끼고 환경에 반응해야 한다 84 | 진화를 이해하는 데 컴퓨터가 도움이 될까? 85 | 진화와 영성 86 | 영성이 필요하거나 가능할까? 86 | 시험할 수 있을까? 87

실재란 무엇인가? 89

4장　과학과 실재 91

두 가지 예외 92 | 공간과 진공, 물질로 가득 찼다! 93 | 진공 상태는 생명의 가능성을 결정한다 95 | "물질"은 매우 독특한 성질을 가지고 있다: 양자 수수께끼 99 | 결국은 사라지는 행위 100 | 유픽셀들이 자리다툼을 한다 100 | 물질: 우리가 볼 때까지 모든 곳에 있다 102 | 내가 생각을 바꾸면 어떨까? 103 | 비국지성: 순간 교신 혹은 유픽셀 텔레파시 104 | 전체 107 | 정보가 에너지를 실재로 변형시킨다 108 | 21세기의 관점: 유픽셀의 계산이 우리의 세계가 되었다 109 | 혹은 플라톤의 은유를 선택할 수도 있다 110 | 실재의 영역들 111 | 유픽셀은 순식간에 우리 세계의 내외부로 들락거린다 113 | 마지막으로, 우리가 체험하는 세계: 네 번째 영역 114 | 혹은 그 다음 이론을 기다릴 수도 있다 115 | 오래된 영적 진실이 새로운 과학적 진실이다 115

5장　잘못된 지각 117

궁극의 신기루 118 | 원자 차원에 관한 짧은 강의 119 | 우리 뇌의 속임수 120 | 우리는 허위 이미지를 보도록 진화되었다 121 | 색이 정말 존재할까? 122 | 빈 공간으로 돌아가자 123 | 또 하나의 환영, 시간 125 | 몇 시인가? 126 | 더 많은 영적 증거 130 | 고양이 난동 131 | 우리는 이전의 우리 자신의 그림자이다: 어느 것이 우리일까? 133 | 끊임없이 세계 속으로 용해되고 있는 우리를 유지시키는 것은 무엇일까? 134 | 영적 가르침: 우리 세계의 중요한 부분들은 숨겨져 있다 135 | 우리는 착각을 어떻게 정당화시키는가? 136

우리는 무엇인가? 139

6장 몸과 뇌 141

우리는 어떻게 만들어졌나? 143 | 몸 145 | 에너지 147 | 뇌 149 | 뇌 VS 슈퍼 컴퓨터: 무적의 뇌 151 | 뇌의 구성요소와 그 독창성 152 | 뇌의 성장과 발달 153 | 연령에 따른 아동기 주요 행동 155 | 감각: 사실과 착각의 근원 157 | 감각은 생존의 도구일 뿐 진실을 알려주진 않는다 159

7장 마음-물질의 문제 그리고 의식 161

마음 그리고 마음-물질의 문제 163 | 마음-물질 이론 165 | 의식 168 | 과거로부터의 음성 169 | 어떤 이론이 맞는가? 170 | 실재의 영역 171 | 마음 개조 173 | 뇌 가소성과 양자 이론 175 | 양자 이론과 상태 공존 176 | 양자 뇌/마음 176 | 영리한 배선, 뇌의 양자적 과정을 위한 은유 177 | 미세관, 양자적 과정 그리고 마음 178 | 양자적 마음 179 | 유물론, 구시대적 은유 180 | 삶이란 무엇인가? 그리고 우리는 누구인가? 182

8장 치유하는 마음 183

최면 186 | 최면에 대한 개인적 경험 187 | 플라시보 효과 191 | 암시의 부정적인 힘, 노시보 효과 193 | 명상 194 | 기도 198 | 최면, 명상, 상상요법, 기도의 공통점 200 | 사랑의 힘 202 | 최면, 명상, 사랑, 기도의 원리 204 | 치유하는 마음 205

과학과 영성의 화해 207

9장   영성, 종교 그리고 과학 209

실재는 우리의 이해력 너머에 있다 211 | 과학, 종교, 영성은 은유를 사용한다 212 | 에너지와 생명 215 | 인체 에너지장 측정 217 | 인체 에너지장에 영향을 미치는 요소 218 | 생명, 에너지 송수신 탑 220 | 유물론, 실재로부터의 탈선 222 | 불화의 시작 222 | 고개를 드는 진실 223 | 영성으로의 회귀 224 | 정보와 유픽셀 228 | 지혜와 에너지 230

10장   내세 233

영원한 수수께끼: 죽음 이후, 우리는 무엇이 될까? 235 | 죽음이란 무엇인가? 236 | 두 번 죽었다 살아난 남자 239 | 세 번의 죽음, 그리고 3천 명의 죽음 240 | 임사체험에 대한 과학적 의학연구 243 | 임사체험 동안 일어나는 일들 245 | 200분 동안의 임사체험 247 | 맹시 249 | 죽은 자들이 전하는 소식 250 | 내세를 어떻게 증명할까? 252 | 또 다른 화두, 윤회 254 | 죽음의 방식이 중요한가? 255 | 반대의견 256 | 우리는 정말 에너지 송수신 탑인가? 258 | 얼마나 많은 증거가 필요한가? 259 | 사랑의 얽힘 260 | 과거의 은유와 현재의 은유 261

11장   불화의 치유 263

우리는 무엇이 될까? 266 | 불화의 치유 267 | 궁극의 치유: 유픽셀과 사랑 268

역자 후기: 형이상학의 부활 271

부록   용어 해설 276 | 주 279 | 참고문헌 301 | 인명 색인 317 | 사항 색인 321 | 레오 김에게 궁금한 여섯 가지와 그의 답 326 | 이 책에 대한 찬사 329

우리는 어디서 왔을까?

창조
생명
진화

1장
창조

이전에 결코 목격되지 않은 행성과 같은 심원한 신비적 각성이 필요하다. 신비적 각성이야말로 진정한 행성이다.[1]

- 매튜 폭스Matthew Fox

삶과 죽음을 가르는 주사위는 던져졌다. 1980년대 초에 UCLA의 병원 10 웨스트10 west[2]는 세계에서 두 번째로 큰 골수이식 장소였다. 그러나 주사위는 던져졌다. 환자들의 생존 가능성은 네 명 중 한 명 정도로 낮았다.

이곳과 다른 암센터들에서 나는 운명을 두려워하는 눈과 민둥민둥한 머리의 여윈 암환자들을 많이 만났다. 그들의 쇠약한 몸과 불편한 미소가 보는 사람의 마음을 아프게 했다. 나도 예외는 아니었다.

프로그램 초기에 한 젊은 환자가 눈에 들어왔다. 금발에다 명랑한 그녀는 학생으로 착각하기 쉬웠고 병원에 있는 환자로는 믿기지 않았다. 도리스는 나를 만나러 왔을 때처럼 모든 사람에게 미소를 지었으며 다른 환자들에게 말을 걸고 또박또박 말을 강조하는 목소리는 의욕과 열정으로 가득 차 있었다. 우리의 인사는 간단했다. 그녀는 내게 암과 백혈병을 위한 신약에 관해 질문했다. 그녀의 진지한 시선과 열중하는 자세는 "좀 더 말해주세요. 모든 걸 알고 싶어요!" 하고 소리치는 것만 같았다.

그녀의 강렬한 녹색 눈이 너무도 인상적이었다. 그녀의 눈은 나의 영혼을 응시하며 "제게 희망을 주세요."라고 항변하듯 천진하게 보였다.

계속해서 10 웨스트를 순회하는 동안 나의 내면에는 낯선 감정이 자라났다. 나는 도리스가 생존할 것으로 믿었다. 왜? 그녀는 매우 생기 있고 활발했기 때문이다. 나는 그녀가 고강도 화학요법을 받고 머리가 빠지면 어떻게 보일까 하는 생각은 하고 싶지 않았다.

많은 백혈병 환자들에게 골수이식은 유일한 희망이다. 10 웨스트의 많은 환자들은 젊고 이런 다양한 치료 단계에 있었다. 그들은 화학요법 뒤 방사선치료를 받는데, 이 방사선의 강도는 히로시마 원자폭탄의 폭발 진원지에서 1.6킬로미터 거리에 있는 것에 해당한다. 피로·메스꺼움·구토·설사·입언저리 쓰림·피부 이상·식욕부진 그리고 의기소침 등의 부작용이 있다.

나는 생존하지 못할, 죽음이 존재하는 사람들에게로 생각이 옮겨갔다. 또한 이 환자들에게는 화학요법의 실패, 허약한 몸이 이식된 면역세포의 공격을 받는 것, 바이러스성 균과 박테리아균 감염, 장기 부전, 약물 부작용, 기증자와의 결합에서 생겨난 합병증 등의 잠재적인 위험이 도사리고 있었다. 이곳과 다른 암센터들을 방문하면서 나는 생존에 대한 엄연한 통계자료를 알게 되었다. 그러나 환자들은 통계자료가 아니었다. 이런 곳들을 방문하고 나면 나는 며칠씩 냉정을 잃곤 했다.

탐색

닥터 로버트 피터 게일Robert Peter Gale은 내가 10 웨스트를 돌아볼 수 있도록 허락해주었다. 캘리포니아 주의 산타 모니카를 내려다보는 병원 꼭대기 층에는 게일의 동료들과 몇몇 환자들이 있었다. 바깥을 내다보니 잔디 위에서 웃고, 독서하는 학생들이 있었고, 죽음의 절박함은 그들의 안중에도 없었다.

한 다국적 기업에서 생물의학 분야를 담당하는 연구개발 중역으로 있으면서 나는 인터페론interferon[바이러스 증식 억제 물질]과 몸의 면역방어 체계에 사용되는 그 밖의 놀라운 신약들을 평가했다. 암을 치료하는 데 사용되는 새로운 생명공학 약품은 물론, 전통적인 화학약품 사용에 비해 골수이식 과정은 어떻게 다른지 알고 싶었다. 나는 다양한 약품들을 사용해서 병을 치료하는 몇몇 최고 암 전문병원들을 방문했다. 이런 순회들은 나를 자신만만하고 종종 잘난 체하는 과학자에서 우리의 존재, 우리의 목적, 우리의 미래에 대한 답을 찾는 혼란스런 개인으로 변화시키기 시작했다.

암으로 죽어가는 사람들을 보면서 가진 무력감이 내 생애 결정적 사건이 되었다. 여러분이 이미 아는 대로 암 환자들은 엄청난 통증으로 고통받는데, 그것은 단지 그들의 몸이 지쳐서 쇠약해진 육체 때문만은 아니다.

이러한 암 병동 순회가 정신적인 치료법을 연구하려는 나의 탐색에 촉매가 되었음을 깨닫는 데는 그리 오래 걸리지 않았다. UCLA의 10 웨스트를 방문했을 때만 해도 나는 병상에서 일어나는 이런 사건들, 나의 기술적 노력과 과학적 노력, 영적 추구가 나를 영원한 미스터리를 연구하도록 자극하고 몰아가리라고는 거의 알지 못했다.

나는 자문했다. 우리는 어디에서 왔을까? 이 의문의 답을 찾으면서 나는 우리가 인간의 기원에 관해 얼마나 모르고 있는지 알았다. 이 장의 서두에 매튜 폭스의 말을 인용한 대로 나는 "심원한 신비적 각성"을 동경했다. 아주 많은 사람들이 그랬다. 나를 영적으로 깨우쳐준 과학과 영성을 융화시킬 방법이 반드시 나타날 것이다. 과학과 영성 모두 우리가 어디에서 왔는지를 다룬다. 그러나 우리의 기원에 대한 최근의 과학적 신념들이 영성과 일치할 수 있을까?

유픽셀[3]

1990년대에 비행기 중간 좌석에 끼어앉아 가던 중 두 사내가 컴퓨터 사업에 관해 대화하는 것을 들었다. 나는 책을 내려놓고 잠을 청했지만 뒤에 앉은 두 사람의 대화가 과학으로 옮겨가자 나의 귀가 쫑긋 섰다. 그들은 끈 이론 string theory 같은 대부분의 현대 과학 개념들은 사람을 미혹시키는 것들이라고 말하는 것이다.

나는 그들을 향해 몸을 트는 묘기를 부리는 대신 마음속으로 컴퓨터 유추를 체계화하는 것으로 응답했다. 컴퓨터 스크린에 있는 픽셀(화소)은 이미지의 가장 작은 단위이다. 즉 픽셀들이 결합해서 이런 이미지들을 보여준다. 이와 마찬가지로 우리의 실재는 픽셀 같은 실체entity들로부터 발생한다고 생각할 수 있다. 나는 우주의 픽셀universal pixel을 나타내기 위해 "유픽셀upixels"이라는 용어를 만들었다. 이런 유픽셀들은 아원자subatomic[양성자, 전자 등의 원자 구성요소] 물질에 비해 10억조 배나 작다. 유픽셀들은 어떻게든 해서 에너지·물질·운동·시간·중력이 되고 우리의 실재가 된다.

이렇게 유픽셀이 우주 만물을 형성하는 근본 성분이라면 유픽셀은 어디서 온 것일까? 그리고 우리는 어디서 온 것일까? 나는 뒤에 앉은 두 사람에게 과학자들은 유픽셀이 무엇이며 그것들이 어디서 오는 것인지, 그것들이 어떤 규칙으로 우리가 체험하는 모든 것으로 변형되는지 연구하고 있다고 말할 수 있었지만 그렇게 하지 않았다. 대신에 나는 우주의 이런 단편들에 관해 깊이 생각하며 연구했다.

유픽셀을 설명하는 이론은 4장 "과학과 실재"에서 언급할 것이다. 이런 것들을 나타내는 통일된 명칭은 없다. 과학자들은 끈strings, 쿼크quarks, 경입자leptons, 그 밖의 기술적 용어 등 종잡을 수 없는 전문어를 사용한다. 우리가 모든 것의 기본단위를 알지 못하므로 나는 임의로 유픽셀이란 용어를 사용하기로 했다. 과학자들은 유픽셀을 적절히 설명하기 힘든 에너지의 어떤 형태로 믿고 있다. 수천 년 동안 동양의 전통이 만물은 에너지라고 가르쳐왔는데 나는 이런 주장을 매우 흥미롭게 여긴다.

현재로서는 유픽셀을 염두에 두는 것이 중요한데, 그것이 우리의 기원과 우리의 본질 그리고 실재 자체를 설명하려는 내게 도움이 되기 때문이다.

창조의 수수께끼: 시작이 있었을까?

창조의 문제는 과학과 특정 종교 간의 핵심 쟁점이다. 과학자들은 우주의 기원을 설명하면서 신적 존재나 지적 설계사상idea of intelligent design에 기대지 않으려고 한다. 이 책 후반부에서는 과학적 견해와 정신적 그리고 종교적 가르침을 대조할 것이다. 지금은 과학적 견해를 언급고자 한다.

창조에 대한 많은 미스터리 가운데 첫째는 유픽셀이 어떻게 우리의 세계가 되고 실재가 되었는가 하는 점이다. 20세기 초의 우주론자들은 우주가 팽창하고 있다는 것을 발견했다. 멀리 있는 우주를 관찰할 수 있는 강력한 새 망원경으로 무장한 천문학자들은 별과 은하들이 우리로부터 멀어지고 있음을 발견한 것이다. 멀리 있는 은하들이 광속에 가까운 속도로 우리로부터 날아갔다. 왜 이런 일이 일어나는 것일까?

이를 발견하기 전에는 아인슈타인을 비롯하여 그 외의 과학자들이 우주에는 전혀 변화가 없으며 더욱이 우주의 수축이나 팽창이란 없고, 멀리 있는 은하들이 우리로부터 날아가는 일이란 분명히 없다고 생각했다.[4] 그러나 이러한 발견 후에는 우주가 엄청난 폭발로 시작되었다고 믿게 되었다. 이 폭발 이전에는 모든 유픽셀이 점 크기로 압축되어 있었다. 우리의 우주가 태어나기 전 그 순간에는 오직 유픽셀들만이 있었다. 그 외에는 아무것도 없었다. 전혀 알 수 없는 이유로 이 점이 갑자기 빅뱅이라 불리는 사건에 의해 엄청난 힘과 속도로 터져나왔다.

빅뱅

이 폭발은 우주에서 일어난 일 중 가장 강력한 것이었으며, 그 온도는 원자폭탄 폭발의 중심보다 수백만 배나 더 뜨거웠다. 빅뱅은 극도로 가열된 것으로 만약 원자들이 있었다면 전자, 양성자, 중성자들로 흔적도 없이 사라지고 마침내 유픽셀들로 기화(증발)했을 것이다.

모든 유픽셀은 이 폭발의 중심에서 외부로 나아갔다. 그런데 폭발의 원인이 무엇이었을까? 빅뱅이 우주의 시작이었는지 그 이전의 것에서 전개된 일인지 과학자들도 모른다.

빅뱅 이론에 관해 가장 흥미롭고 의견이 분분한 관점이 있다. 빅뱅 이론을 "관측 가능한" 우주의 크기와 일치시키기 위해 과학자들은 빅뱅 직후 순식간에 엄청난 폭발이 발생한 것으로 이론화한다. 최초 1초의 1조분의 1조분의 1조분의 1, 혹은 10^{-36}초 안에 우주는 광속보다 빠르게 팽창했다.[5] 이런 "팽창"이 빅뱅 후 10^{-32}초 후에 만분의 1초 만에 종료되었다.

그토록 짧은 시간에 팽창했다는 것은 별로 중요하지 않아보인다. 그러나 우주가 이런 순식간에 대략 1,030배로 팽창했다. 이는 먼지만한 입자가 갑자기 지구보다 커지는 것과 같다. 이는 있을 수 없는 사건 같아 보이지만 있었다. 과학자들은 아직도 그 같은 팽창이 일어났는지 안 일어났는지, 또는 어떻게 일어났는지에 관해 논쟁하고 있다.[6]

첫 순간의 사건만 있은 게 아니라 다음 몇 초 이내에 유픽셀은 더 복잡한 실체로 변형된다. 우주가 팽창하자 유픽셀들도 팽창한 것이다. 상상도 할 수 없는 빅뱅의 온도에서 유픽셀들이 수소 같은 가장 단순한

1장 창조

원자핵을 형성할 수 있도록 우주가 5초 내에 충분히 식었다. 어떻게?[7]

유픽셀이 에너지라는 것을 기억하라. 나는 빅뱅의 온도가 어떻게 모든 원자를 유픽셀로 기화시켰는지 논했다. 엄청난 온도가 내려가자 그 과정이 전환된 것이다. 현재의 우주 속 만물이 유픽셀로 분열된 것이라면, 냉각된 유픽셀은 이제 우리 세계의 만물이 되었을 것이다.

증기가 냉각되면 물이 되고 더 냉각되면 얼음이 된다. 그 과정이 역으로도 된다. 얼음이 가열되면 물이 되고 거기에 열을 가하면 증기가 된다. 과학자들은 이런 현상을 분자 수준에서 설명할 수 있는데, 분자는 다른 수준의 에너지를 가지고 있기 때문에 단지 다르게 반응할 뿐이다. 과학자들은 유픽셀들이 어떻게 그리고 왜 보다 복잡한 실체가 되느냐 하는 점을 밝히지 못하고 있다.

유픽셀들 일부가 덩어리로 뭉쳐져 훗날 사람들이 "물질matter", "입자particles"라 부르는 것이 되었다. 이것이 빅뱅 이후 단 5초 내에 발생한 것이다. 이 입자들이 양성자와 중성자, 수소핵이 되었다. 다른 유픽셀들은 뜨거운 "수프soup"가 되는데, 이는 전자와 갇힌 빛(광자)으로 구성된다. 이런 고도의 에너지에서 전자들은 빛을 전리기체plasma[원자핵과 전자가 분리된 가스 상태. 우주에서는 거의 모든 물질의 정상상태가 플라스마 상태이다.] 혹은 수프 같은 물질 속에 가둘 수 있다. 이때 수소핵과 수프가 우주를 채운 것이다.

요컨대 우리 우주의 만물은 일종의 에너지 형태라는 것이다. 이 에너지 형태와 이런 에너지 실체들이 상호 작용하여 그것들의 특성을 결정하고, 그 특성들이 우리가 "물질"이라 부르는 것들을 결정한다. 존재

우리는 어디서 왔을까?

하던 물질이 어떻게 유픽셀들로 분해되는지 우리가 볼 수 있다면, 유픽셀이 어떻게 물질을 형성하는지도 알 수 있을 것이다. 빅뱅 직후의 "뜨거운" 상태를 모방하는 과정에서 물리학자들은 원자 부분들을 거의 광속으로 가속하여 더 작은 성분들로 분쇄하고 있다.[8] 미래에 새롭고 더 강력한 입자 가속기particle accelerator[입자들을 고에너지로 가속시키는 고에너지 물리학 장치]들이 소위 힉스장Higgs Field[9]을 포함하여 우주에 관한 더 나은 정보를 밝혀낼 수 있을 것이다.

유픽셀이 단지 냉각에 의해서만 물질로 전환된 것은 아니다. 빅뱅 이후 최초의 순간에 힉스장 형성이 일어난 것으로 생각된다. 우주를 완전히 뒤덮은 이 미스터리한 힉스장이 유픽셀로부터 물질을 창조할 수 있게 했다. 따라서 빅뱅 직후 수 초 이내에 우주의 균일한 유픽셀들이 물질의 조건이 되도록 냉각되었다.

유픽셀에서 물질이 형성되고 힉스장이 만들어진다는 내용을 포함한 창조의 세부사항은 밝혀지지 않았다. 중요한 개념은 유픽셀들 — 에너지 — 이 모든 형태의 에너지로 변형되었다는 것이다. 의문은 계속된다. 유픽셀의 기원은 무엇이며, 유픽셀은 어떻게 우주 안에서 한 점으로 압축되었을까?

우주의 빛

우주가 충분히 냉각되고 38만 년이 지나 또 다른 중요한 변화가 일어났다.

원자핵이나 원자들이 너무 많은 에너지를 갖거나 과도하게 뜨거우면 불안정해져서 그대로 있을 수 없게 된다. 반대로 충분히 차가운 온도에서는 안정될 수 있다. 우주가 충분히 냉각되자 전자는 원자핵과 결합하여 헬륨은 물론 가장 단순한 화학요소인 수소를 형성한다. 최초의 원자가 만들어질 때 빛 미립자들이 방출된다. 혹은 창세기식으로 말하면 빛이 어둠에서 분리되었다. 이런 사건이 신의 행위건 아니건 간에 그것은 우주에서 가장 오래 방송되는 라디오 쇼이고 TV 쇼이다.

안테나를 사용하면 방출된 빛이 이런 경이적인 사건을 우리의 라디오나 TV가 받아들이는 정전 잡음의 약 1퍼센트로 방영해준다. 이런 마이크로파 에너지 혹은 빛이 134억 년 전에 생겨나 사방에서 지속적으로 우리에게 몰려오고 있다.[10]

빅뱅이 일어날 때 하나의 점에서 나온 유픽셀들이 38만 년 뒤에 수소와 헬륨, 빛으로 변형되었다.

빅뱅 이론에 대한 도전

빅뱅 이론은 최근에 가장 널리 알려진 창조론이지만 많은 과학자들이 대체할 만한 이론들을 제시하고 있다. 빅뱅을 지지하는 많은 증거들이 있지만 빅뱅 이론은 팽창과 같은 개념을 설명하는 데는 어려움이 있다.[11] 창조는 과학에서 가장 성가신 문제 중 하나이므로 과학자들은 창조의 사실들을 실행 가능한 이론에 맞추는 데 여전히 고투하고 있다.

21세기의 새로운 사고는 무엇일까? 빅뱅을 대체하는 이론은 우주의 대부분은 팽창을 겪지 않았다고 주장한다. 더 정확히 말하면 우주에서 우리의 영역 — 우리가 보고 관측할 수 있는 모든 영역 — 만이 대단히 믿기 어려운 팽창 사건을 겪었다는 것이다. 이 이론에서 우주는 수조에 달하는 가지가 있는 큰 나무처럼 생각된다. 그 가지 중 하나가 빅뱅으로 봉오리를 창조했다는 것이다.

이렇게 유추해보면 우리의 우주, 그 봉우리는 수많은 우주들 가운데 하나, 혹은 무한대 중 하나에 불과할 것이다. 다른 우주들은 우리의 인식 너머에 있다. 이 이론에서의 "우주"는 다른 의미를 지닌다. 보통은 "우주"가 우주 전체 — 존재하는 모든 것 — 를 의미한다. 그러나 여기서의 "우주"는 우리가 관측할 수 모든 것을 의미한다. 그 밖의 우주를 논할 때 과학자들은 "다중우주multiverse"와 "평행우주parallel universe"[12]라는 용어를 사용한다. 다중우주는 우리가 관측할 수 없는 우주의 부분들을 포함하여 우주를 구성하는 모든 것을 의미한다. 평행우주는 우리의 관측 너머에 있는 우주의 다른 차원이나 부분들을 의미한다.

스티븐 호킹Stephen William Hawking과 함께 물리학 부문에서 울프상Wolf Prize[1978년부터 매년 이스라엘에서 수여하는 이 상은 노벨상 다음으로 권위가 있다.]을 공동 수상한 옥스퍼드 대학 수학과의 명예교수 로저 펜로즈 경Sir Roger Penrose은 우주 내의 우리의 특정 영역이 팽창할 가능성을 추정했다.[13] 이 가능성은 10^n분의 1이고 여기서 n=118이다.(10^{118}은 1뒤에 0이 118개 붙어 있는 수이다.)

이것이 의미하는 것은 무엇일까? 펜로즈에 의해 추정된 이 확률은 모든 복권에 당첨된 것과도 같다. 당첨 확률은 5천만분의 일이나 십억분의 일이 아니라 천조분의 일이다. 이 시나리오에서 당신은 한 번만 당첨되는 것이 아니라 한 번도 빼지 않고 연거푸 수백조 번[10^{12}번]이나 당첨되는 것이다. 가능하지만 당신에게 일어날 것 같지는 않다.

이때 나는 깨달았다. 우리는 무한한 우주 안에 살고 있으며, 빅뱅을 겪고 마침내 생명의 창조를 겪은 우주의 이 작은 반점 안에 존재하기 때문에 모든 복권에 당첨되었다고 믿는 확신이 필요하다는 것을. 이것이 그렇게 간단한 일일까?

영국의 왕립천문학자이며 왕립학회의 교수인 마틴 존 리스 경Sir Martin John Rees은 우리의 우주 안에는 우연이 너무 많다고 추론했다. 이런 우연들은 수백만 개나 되는 평행우주에 대한 증거를 제공해준다. 바꿔 말하면 마틴 경은 이런 있음직하지 않은 사건을 설명하기 위해 평행우주 또는 우리의 지각 가능성 너머에 있는 우주의 개념을 사용하고, 우리는 단지 무한한 우주의 일부분일 뿐이라는 것이다. ― 그리고 우주의 다양한 부분들은 모든 특성, 팽창의 특성까지 지닌다는 것이다.[14]

우주가 어떻게 창조되었는지 확실히 알 수는 없지만, 지금은 우주의 크기가 무한하며 여러 우주들이 우리의 우주와 동시에 존재하는 것으로 알려져 있다. 우리가 누구인지를 알고자 한다면 실재의 이런 층들과 우리와 그 층들의 관계를 탐구하는 것이 중요하다.(이런 논의는 뒤의 장들에서 하게 된다.)

그 외에도 많은 다양한 이론과 변종들이 있지만 어느 이론도 창조주를 배제하지도 못하고 창조주의 존재를 증명하지도 못한다. 빅뱅 이론이 시작을 제시함으로써 종교적인 많은 사람들을 흥분시키고 기쁘게 해주었다. 게다가 그 시작은 과학적으로도 설명될 수 있다. 시작도 끝도 없는 무한한 우주도 창조주를 용인하지 않거나 배제하지는 않는다. 그렇다면 과학은 창조주의 존재에 관해 어떤 결론을 끌어낼 수 있을까?

창조주 기피 현상

과학자들은 신의 존재에 "기대지" 않고 우주의 탄생을 설명하고자 한다. 펜로즈는 많은 과학자들의 의견들을 이렇게 요약했다.

우리는 최초의 선택이 "신의 행위"라는 입장을 취하거나 대단히 특수한 빅뱅이라는 성질을 예증할 과학적/수학적 이론을 모색할 수 있다. 나는 이 두 번째 가능성으로 얼마나 많은 것을 얻을 수 있는지 알고 싶다.[15]

나는 수없이 많은 평행우주들과 우리 세계의 창조에 대한 거의 불가능한 가능성을 가진 낯선 이론들을 연구하면서, 우주를 설명하기 위해 과학이 한 세트의 은유를 이용하고 종교는 또 다른 세트의 은유를 이용한다는 것을 알았다.

우리 세계의 창조에 대한 이해는 빅뱅, 정말 믿기 힘든 팽창 가능성, 평행우주들의 가능성 등 미스터리들로 모호한 상태이다. 우리 세계의 나머지 부분에 대한 창조를 이해하면 우리 자신의 존재를 밝힐 수 있을까?

별과 화학원소와 분자의 창조

빅뱅으로 38만 년 뒤 우주에서 가장 유력한 원소인 수소가 형성되었다. 그러나 우리의 세계는 수소보다 더 복잡한 화학원소들로 구성되었다. 과학자들은 최초의 별들이 형성된 때 — 수소가 형성된 지 약 7,500만 년 이후 — 질소 같은 몇몇 원소들이 만들어진 것으로 본다.[16]

이런 최초의 별들은 거대해서 우리 태양보다 1천 배나 되기도 했다. 이 별들은 현재 있는 수십억 년 된 더 작은 많은 별들과 달리 단 몇 백만 년만 존재했다. 이런 별들에서 거대한 열과 압력을 일으키는 핵융합으로 화학원소들이 만들어졌다. 이런 초기의 별들은 거대한 폭발과 함께 탄소, 규소, 산소 같은 화학원소로 된 초신성supernovae[17][폭발하는 별. 엄청난 에너지를 방출한다.]이라는 별 먼지로 흩어지며 생을 마감한다.[18]

화학원소들이 추가로 생성되면서 우주는 더욱 더 복잡다단해졌다. 말하자면 우리의 우주가 진화되면서 유픽셀들이 보다 복잡한 실체로 진화한 것이다. 새로운 별들이 형성되면서 더욱 무거운 원자 요소들이 만들어졌을 뿐만 아니라 원자들이 결합하여 물과 같은 분자를 형성하기도 했다.

더욱 복잡한 실체들이 형성되는 것을 이해하면 우리의 기원을 이해하는 데 도움이 될 것이다. 20세기 초 물리학자이며 천문학자인 아서 에딩턴 경Sir Arthur Eddington은 "별에 대한 지식으로 나아가는 길은 원자를 통해 인도되었고, 원자에 대한 중요한 지식은 별들을 통해 도달되었다."[19]고 했다. 실로 우리와 우리 세계의 모든 화학원소들은 빅뱅의 여파이거나 별들의 핵반응 중 하나에서 비롯되었다.

암흑 면: 4퍼센트밖에 채워지지 않은 컵

1998년 별들에 대한 연구가 우주론과 물리학에서 큰 혼란을 야기했다. 멀리 있는 별을 관측하던 과학자들이 우리 우주가 전보다 더 빠르게 팽창하고 있다는 증거를 발견한 것이다. 왜 그럴까? 아무도 모른다. 우리 우주는 지난 70억 년 동안 팽창률이 증가되어 왔다. 이를 설명하기 위해 과학자들은 암흑에너지dark energy의 존재를 제시했다.

암흑에너지란 무엇인가?[20] 과학자들도 모른다. 알려진 것이라고는 암흑에너지가 우리 우주 속에 있는 모든 것을 한쪽으로 밀어내는 원인이라는 것뿐이다. 그것이 무엇인지는 모르지만, 과학자들은 우주의 질량을 추정함으로써 그 속에 얼마나 많은 암흑에너지가 있는지를 추정할 수 있다. 그런 뒤 우주가 얼마나 빠르게 팽창하는지를 측정하여 현재의 가속비율로 우주를 한쪽으로 밀어내기 위해서 중력을 이겨내는 데 얼마나 많은 에너지가 필요한지 예측할 수 있다.

이 팽창에는 막대한 에너지가 필요하다. 이런 비율로 우주를 폭발시키려면 우주 만물을 에너지로 전환시켜도 충분하지 않다. 따라서 우주에는 물질보다 "엄청나게" 많은, 즉 물질보다 15배나 더 되는 암흑에너지가 있을 수밖에 없다. 아닌 것 같은가? 시카고 대학의 우주론자 마이클 터너Michael Turner는 실로 우리는 불합리한 우주에 살고 있다고 말한다.[21] 그러나 그것은 더욱 더 불합리해지고 있다. 암흑에너지 외에도 "암흑물질dark matter"이 또한 잠복해 있으며, 그것이 최초의 별과 은하를 형성하는 동기가 되었을 것이다. 암흑물질은 별과 은하들에 중력의 영향을 미치는 물질이지만, 별빛이나 현재의 장비로는 그 자체를 밝혀낼 수 없으므로 "암흑dark"인 것이다.

은하계 바깥에 있는 별들의 급속한 속도를 측정하기 위해 암흑물질

1장 창조

이라는 것이 제안되었다.²² 그렇지 않으면 "정상물질normal matter"이 너무 적게 존재해서 뉴턴의 운동법칙과 중력법칙에 위배된다. 뉴턴을 수용하려면 얼마나 많은 물질이 요구될까? 답은 우리가 측정하고 체험할 수 있는 정상물질의 약 10배가 필요하다. 따라서 암흑에너지와 암흑물질은 우리 세계의 마이너 성분이 아니다. 그렇다면 이 모든 암흑성분들은 어디에 있는 것일까? 일부 물리학자들은 그 답은 모든 곳, 즉 우주에, 여러분에게, 나에게 있다고 믿는다.

암흑에너지와 암흑물질은 측정할 수 없고 오직 우리 세계에 미치는 영향에 의해서만 추론할 수 있으므로 그것들은 행방불명인 것이다! 과학자들은 우리 우주의 96퍼센트가 행방불명missing이라고 믿고 있다. 이 암흑성분이 잘못 놓인 것이 아니라면, 과학자들은 그들이 존재한다고 믿는 암흑에너지와 암흑물질을 발견하지 못했을 뿐이다.

암흑물질에 관한 다양한 추론들이 제기고 있지만 유력한 이론은 없다. 앞서 나는 빅뱅 발생 후 수 초 이내에 만들어진, 우리 우주를 에워싼 에너지 장인 힉스장을 언급했다. 힉스장이 암흑에너지의 출처가 될 수도 있다. 이는 최근의 견해이지만 개량된 입자가속기들이 다음 수년 안에 이 미스터리 힉스장의 증거를 제공해줄 것이다.

우리 우주의 대부분이 "행방불명"임을 알고 내가 놀란 만큼 대부분의 과학자들도 놀랐다는 사실을 알고 다소 안심이 되었다. 2003년 6월 과학 작가 찰스 세이프Charles Seife는 저널 『사이언스 *Science*』에 이렇게 썼다. "우주를 한쪽으로 밀어내고 있는 보이지 않는 성분이 무엇인가 하는 것이 물리학에서의 가장 큰 의문이다."²³

물리학 분야의 탁월한 많은 사람들이 그들의 장비로 이 암흑성분을 발견하는 데 실패했다. 숨겨져 있는 암흑물질과 암흑에너지는 창조의 미스터리 목록에 추가되었다. 암흑물질과 암흑에너지는 현재의 과학 이론의 결함을 드러내고 더욱 심원한 실재에 대한 잠재적 단서를 제시한다.

별과 은하의 운동 연구가 우리를 암흑 미스터리로 끌고 갔다. 우리 태양계의 기원을 이해하는 것도 수수께끼를 더 추가하는 것일까?

우리의 태양계: 빅뱅 이후 93억 년

별과 은하의 운동에 의해 수수께끼 같은 문제를 밝히는 것과는 달리, 우리의 태양과 같은 별의 형성에 대해서 아는 것은 훨씬 수월하다. 지구처럼 생명이 자라는 환경이 생기기까지는 믿기 힘든 사건들이 많이 필요했다.

우리의 태양계는 약 45억 년이 되었다. 태양은 대부분 비슷한 크기의 별들과 함께 시작되었을 것이다. 수소가스 구름과 탄소 같은 더 무거운 원소들이 천체 속에 유착되었다. 간혹 가까이 있던 초신성이 폭발 — 생명이 끝나는 거대한 별의 폭발 — 하면서 총성이 눈사태를 일으키듯 과정을 촉발시키는 충격과 같은 소요가 있었던 것으로 보인다.

수십만 년밖에 안 된 젊은 별은 수일에 한 번 꼴로 회전한다. 강력한 자력은 먼지와 가스 분출물을 별로 끌어당긴다. 끌어당겨지는 물질의 약 십분의 일은 이 회전하면서 불룩해진 원반에서 축출된다. 이런 물질의 축출로 인해 별의 회전이 점점 느려지고, 불룩한 것이 별이 되며 원반은 행성들이 된다. 우리의 태양은 회전주기가 약 30일로 늦어졌다.

태양 중심의 고압과 고열에 의해 촉발된 핵융합은 지구상 생명체의 일차 에너지원이 되었다.

우리의 태양이 태어난 지 약 백만 년이 지난 뒤 원반 물질이 미행성체planetesimal라 불리는 작은 행성 같은 물체 덩어리가 되었다. 그것들 간의 격렬한 충돌로 인해 커다란 몸체들이 생겨났고, 그것들 중 일부는 행성과 위성(달)들이 되었다.[24]

이런 있음직하지 않은 사건들이 우리 세계에 생명의 조건을 만든 것이다. 일부 우주론자들은 지구가 형성된 지 얼마 안 되어 화성만한 물체와 정면으로 충돌해 엄청난 양의 파편들이 지구 주변의 궤도로 왔다고 본다. 그 찌꺼기들이 우리의 달에 유착되었는데 달은 지구보다 5, 6천만 년 뒤에 생긴 것으로 보인다. 원래 달은 지구 더 가까이 있었으나 현재 우리로부터 38만 4,400킬로미터 거리에 있다.[25]

화성과의 충돌로 인해 지구의 회전축이 태양 주변을 도는 회전면에서 기울어져서 계절의 변화가 일어나게 되었다. 달은 또한 지구의 회전축을 고정시켰다. 이 확고한 축이 지구가 난폭하게 회전하지 않도록 안전하게 해주며, 그것이 온도와 기후에 대변동을 초래했다. 따라서 달은 지구상에서 생명이 형성되고 진화할 수 있는 중요한 역할을 한다.

그러나 우리의 기원을 이해하기 위해서는 부차적인 충돌도 논해야만 한다.

젊은 지구에는 생명의 구성요소들이 있었다. 이런 구성요소들은 어디서 온 것일까? 지구상의 물 일부는 혜성과 운석의 충돌에서 생겼으며, 과학자들은 이런 충돌들이 생명의 본질이 되는 그 밖의 결정적인 분자 무리를 가져다준 것으로 본다. 지구 표면에는 탄소가 조금밖에 없었으므로 탄소를 함유한 복합분자가 중대했고, 지구상의 모든 생명이 이 요소에 기초하게 되었다.

이런 충돌로 인해 얼마나 많은 물질이 축적되었을까? 약 10^{17}톤에 이른다. 이는 독일 소형차 폭스바겐 6억 대가 1억 년 동안 매년 지구와 충돌하는 것과도 같다. 현재도 매년 약 4만 톤(1만 6천 대의 폭스바겐에 해당한다.)의 행성 간 먼지가 지구로 떨어지고 있다.

생명의 은신처라 할 만한 우리의 행성은 태양에 대해 적절한 크기를 갖고 있고, 우리의 태양은 행성들을 갖고 있기 때문에 지구는 태양에서 최적의 온도를 얻을 수 있는 적정 거리를 유지하고 있으며 지구는 운 좋게도 다른 행성과 충돌해서 우리의 달을 갖게 되었다.[26] 그러나 초기의 지구는 안락한 처지가 못 되었다.

형편없는 기후

지구의 첫 1억~6억 년 사이에 반경 160킬로미터에서 혜성, 운석들과 심각한 충돌이 일어나 뜨거워진 바위의 열이 지구를 에워싸서 바다를 증발시켰다. 맹공격하던 충돌이 잦아들자 뜨거운 바다에서 증발한 증기로 인해 수천 년 동안 비가 내렸기 때문에 지구는 충분히 식었다. 달의 접근으로 인해 초기 지구의 간만은 엄청났다.

지구의 초기 대기를 구성한 것은 무엇이었을까? 과학자들은 안개 속을 헤맨다. 지구의 대기에는 주로 질소가 함유되어 있었지만, 메탄과 이산화탄소는 얼마나 있었는지 과학자들은 알지 못한다. 과학자들이 초기의 대기 성분을 안다면 생명이 초기 지구상에 어떻게 근거지를 마련했는지를 추측할 더 나은 방법을 찾을 수 있었을 것이다.

메탄 대기는 이산화탄소 대기보다 백만 배에서 십억 배에 해당하는 유기합성을 해냈을 것이다. 수백만 년 동안 물에서 산성비가 생기고 고도의 이산화탄소 내용물이 발생했다. 탄소가 메탄이나 이산화탄소 속에 있었든 그렇지 않았든 이제 지구는 생명을 창조하는 데 필요한 탄소를 갖게 되었다.

빅뱅 덕분에 우리는 우주 안에서 유일무이한 생명으로 우뚝 섰다. 우리가 아는 대로 우리는 태양계 안에서 생명을 위한 유일무이한 행성에 살고 있으며, 우리의 행성은 지축을 고정시키는 달을 갖고 있고, 태양에서 적당한 기후를 위한 최적의 거리에 있으며, 생명을 위해 축적된 모든 성분을 가지고 있다.

탐색은 계속된다

과학자들은 우주의 기원과 그것의 모든 요소에 관한 이론을 발전시켜왔다. 그러나 뉴욕 시의 헤이든 천문관Hayden Planetarium 관장인 천체물리학자 닐 디그래스 타이슨Neil deGrasse Tyson은 이렇게 말했다.

코스모스의 역사를 폭로하기 위해 노력하면서 우리는 계속해서 미스터리 속 가장 깊숙이 숨겨진 부분이 기원과 관련된 것임을 발견했다.[27]

우주와 은하와 우리의 태양계에서 이 말은 사실이다. 과학자들은 우주가 언제 어떻게 창조되었는지 정말 알지 못한다. 그리고 행방불명된 우리의 우주 96퍼센트에서 무슨 일이 발생했는지도 알지 못한다.

과학 이론은 계속 발달한다. 과학자들은 새로운 발견들을 참고하여 계속 이론을 수정한다. 과학 이론을 추구하는 데는 이론에 대한 믿음이 필요하고 그 이론을 부정할 수도 있는 과학적 방법론에 대한 믿음도 필요하다. 개념들을 꾸준히 수정해나가는 동안 종교는 좀처럼 관여하지 않는다.

20세기 동안 우리의 창조와 우주에 대한 과학 이론이 평행우주에 대한 주장과 팽창, 행방불명 물질과 행방불명 에너지 등으로 혼란스러워보이게 되었다. 우리에게 이런 설명이 필요할까? 20년 이상 입자 물리학자로 활약한 존 폴킹혼 경Sir John Polkinghorne은 1979년에 영국 성공회의 성직자가 되었다. 그는 종교와 과학의 공존 가능성에 관한 저서를 출간하기도 했다. 그는 수백만 개의 우주들 가운데 생명에 이바지하게 된 이 하나의 우주에 사는 우리의 행운을 논하기보다 오히려 우리의 우주가 "단지 '하나의 낡은 세계'가 아니라 생명을 위해 특별하고 정교하게 조율된 세계인 까닭은 그렇게 되어야만 한다는 의지를 가진 창조주의 창조물이기 때문이다."[28]라고 썼다.

5세기 전, 지구가 우주의 중심이 아니라는 지식은 과학자들이 다투어 이론들을 수정하여 보다 단순하고 설득력 있는 이론을 만들게 했다. 지구의 상태에 관한 부정확한 이론의 많은 문제들이 과학과 종교의 대립에서 발생했다. 대립은 아직 미결로 남아 있다. 우리 세계의 창조를 지지하는 많은 증거들은 21세기 과학 이론에는 적합하지 않다. 이 때문에 복잡하게 변했다. 이런 이론들이 보다 단순한 이론들로 진화되어 과학과 영성의 불화를 해결할 수 있을까?

우리의 존재에 관해 생각하기 시작할 때 나는 이 문제가 단순할 것이라 생각했다. 나는 그것이 우리는 어디서 왔고, 우리는 무엇이며, 우리는 무엇이 될 것인가에 관한 과학적 견해를 발견하고 연구하는 일이라고 생각했다. 그렇게 하는 동안 나는 내가 찾는 깨달음에 도달하기 위해 영적 종교적 가르침을 과학적 신념들과 비교하게 되었다. 유심론과 종교가 믿음에 바탕을 둔 개념을 가르치는 데 반해, 우리의 기원에 관한 과학적 개념들은 공상적으로 보인다. 나의 결론은 더욱 심원한 학술조사가 요구된다는 것이었다.

나는 빅뱅의 원인은 무엇이었으며 빅뱅에 앞서 무슨 일이 있었을까 깊이 생각했다. 20세기의 위대한 물리학자 존 휠러John Wheeler는 우주는 그것을 실재하게 하는 의도적인 관측자 손에 달려 있다고 말했다.[29] 이는 우리 세계를 설명하는 많은 정신적 내용 중 내가 발견한 최초의 것이었다. 그러나 바로 그때 누가 관측자였을까? 혹은 무엇이 있었을까? 나는 "바로 그때"란 없음을 알았다. 우리의 우주에서 우리 세계의 사건들 사이에 간격이란 없다!(이런 과학적 제안은 이 책 후반에서 설명하려고 한다.)

빅뱅의 원인이 무엇이었을까? "저편에out there" 있는 것의 4퍼센트가 진정 우리의 실재를 만든 것일까? 빅뱅과 팽창의 거의 불가능한 가능성들을 이론적으로 예증하기 위해 과학자들은 현재 무한우주infinite universe와 평행우주 개념들을 제시하고 있다. 이것과 우리의 존재를 어떻게 융화시킬 수 있을까? 우리는 무엇이며 그리고 실제 우주의 매개변수들이 무엇인지 규명하기 위해 우리는 실재에 대한 폭넓은 이해를 해야만 한다.

우리 세계는 에너지의 형태인 유픽셀들로 만들어졌다. 그렇지만 이들이 어떻게 생명이 될까?

생명의 기원은 우리의 신비로운 기원의 일부분이다. 나는 생명의 기원에 대한 이해가 실재를 이해하는 실마리를 제공해주리라 믿었다. 내가 예상치 않았고 예상할 수도 없었던 뜻밖의 일들이 나를 기다리고 있었다.

> 코스모스는 늘 그러했거나 그러할 모든 것이다. …… 우리는 우리가 가장 신비로운 것에 접근하고 있음을 알고 있다.[30]
> – 칼 세이건

2장
생명

나는 누구도 백혈병으로 죽어서는 안 된다고 전적으로 확신한다. 그리고 환자가 살고 싶어한다면 어떤 행동을 취하지 않고 환자의 생명을 양보하는 것에 반대한다.[1]

– 로버트 피터 게일Robert Peter Gale

"**생명**"이란 무엇일까? 죽은 유기체나 무생물과는 반대로, 성장하고 재생하며 신진대사(진행 중인 화학적 반응)를 하는 유기체라는 것이 하나의 정의이다. 퍽 간단해보일지는 몰라도 여기에는 우리가 살아 있다고 여기는 일부 요소들이 무의식적으로 배제되어 있다. 수년 동안 동면 중인 씨앗은 살아 있는 것일까? 살아 있는 것이 아니라면 그것들이 "살아나게" 되는 그 순간을 어떻게 정의할 것인가? 씨앗이 이미 살아 있는 것이라면 무엇이 그렇게 만든 것일까? 화학적 반응, 즉 생명의 표시는 나타나지 않고 있다.

그리고 영양소를 소모시키는 소위 그램-양성gram-positive 박테리아는 어떤가? 그것들은 계속해서 살 수 없다는 것을 느끼면 자신의 생물학적 에너지를 생식세포들에 쏟아붓는다. 거친 환경 속에서 그램-양성 박테리아는 생식세포를 창조한 뒤 존재를 멈춘다. 박테리아 생식세포들은 살아 있는 것일까? 씨앗과 마찬가지로 생식세포는 화학적 반응을 나타내지 않는 가운데 수십 년 동안 발육 정지 상태로 있을 수 있다. 영양분과 적절한 환경조건, 습기를 공급하는 환경이 되면 그것들은 갑자기 활발하게 활동하는 박테리아가 된다. 이런 박테리아들은 유전적으로 생식세포를 생산하는 박테리아와 꼭 닮았다. 만약 생식세포가 살아 있지 않다면 그것이 활동하는 박테리아가 되도록 생명을 주는 것은 무엇일까?

생명에 관한 이 모든 의문들은 죽음이란 무엇인가 하는 궁극적인 의문으로 이어진다. 죽음 직전과 직후의 차이는 무엇일까? 죽음과 질병을 연구하는 데서 생명에 관한 가치 있는 정보가 나온다. 나는 개인적인 경험들 때문에 암과 질병을 죽음과 연결시켰다.

동물의 생명은 적절한 세포 증식이나 중지에 의한 정확한 양의 세포 성장과 분열에서 비롯된다. 우리는 하나의 세포에서 태아, 어린이, 성인으로 성장한 뒤 성장이 멈춘다. 병균이 모든 형태의 생명을 감염시키고 죽음으로 내몬다. 박테리아와 모든 생명에게 감염체에 대항하는 방어체를 갖는 것은 중요하다. 골수에서 이루어지는 백혈구 생산은 감염과 질병에 대한 인간의 수많은 방어체 가운데 하나이다. 백혈구가 질병과 싸우는 항체를 생산하고, 항체들은 박테리아를 감싸고 삼켜버려 감염을 방지하는 것이다.

백혈병의 경우 백혈구가 비정상이 되고 지나치게 많이 생산된다.

비정상적으로 많은 백혈구가 몸의 자원들을 탈취해 죽음으로 내몬다. 백혈병과 모든 암이 비정상적인 세포와 통제되지 않은 세포 확산에서 비롯된다. 1980년대의 전형적인 암 치료는 세포를 죽이는 일종의 독물을 사용하는 것이었다. 골수이식과 다른 암 치료들에 사용되는 방사선도 세포에 치명적인 영향을 준다. 암 세포가 정상 세포보다 빠르게 성장하기 때문에 환자를 죽이기 전에 암을 죽이는 것이 목표다. 후보 약품은 그것이 유발시킬 수 있는 독성 때문에 우선 임상 실험에서 안전 테스트를 받아야 한다.

말기 암 환자만이 많은 암 임상 실험들에 참여할 수 있으며 환자들은 필히 위험을 감수한다는 서류에 서명을 해야 한다.

암 환자들은 종종 통증으로 괴로워하며 몸이 쇠해져서 다양한 건강 문제를 겪게 된다. 내가 만난 환자들의 고통이 나를 우울하게 만들었다. 대부분의 암 환자들은 중년이거나 더 위 연배였지만, 백혈병과 같은 몇몇 종류의 암은 젊은이들을 공격하기도 한다. 백혈병은 10 웨스트의 주요 관심사였다.

1년 뒤 나는 로버트 게일을 만나기 위해 10 웨스트로 다시 돌아왔다. 그의 병동에서 나는 전에 만났던 많은 환자들이 병이 재발했거나 사망했다는 것을 알게 되었다. 도리스는 지금도 살아서 잘 지내고 있다고 믿고 싶었다. 그녀의 꿰뚫어보는 눈과 활기찬 제스처, 열정, 그리고 치료에 대한 절절한 애원이 떠올랐다. 치료로 인해 그녀의 모습이 달라졌겠지만 나는 지난번 보았을 때와 달라졌을 도리스를 상상하고 싶지 않았다.

암 병동을 방문하며 우울해질 때마다 나는 도리스의 미소와 생기를 떠올리는 것으로 스스로 기운을 내곤 했다. 10 웨스트로 돌아온 후 그녀의 운명이 너무 궁금했다. 그녀는 한 달 전에 죽었다고 했다. 그녀의 죽음에 관한 세부사항은 없고 죽었다는 사실만 기재되어 있었다. 나는 곧 10 웨스트를 떠났다.

게일은 그날 내게서 별다른 변화를 눈치채지 못했을 것이다. 나와 친구가 된 그는 의약품과 암에 관한 문제들을 조언해주었다. 나의 회사는 생명공학을 선도하며 항암제를 개발했고 나는 신약의 임상 실험을 관찰하기 위해 많은 암센터를 방문했다. 백 개 이상의 질병들이 암으로 분류된다. 생명공학으로부터 놀라운 신약의 약속이 신문 헤드라인을 장식하지만 하나의 특정한 방식이 이런 다양한 질병에 마법약이 된다고는 믿기 힘들다.

10 웨스트를 방문한 그날 밤 나는 어찌할 바를 모르고 내가 묵던 홀리데이인 주변을 이리저리 거닐었다. 나는 나의 직업과 삶에 대해 행복해야 했다. 나는 늘 과학자가 되기를 꿈꿔왔으며, 그리고 지금 나는 가장 흥미로운 과학 분야의 하나인 의료 생명공학 분야 회사에서 연구개발을 이끌고 있다.

나는 내가 성취하려는 것이 무엇이며, 인생에서 하고 싶은 일이 무엇인지를 생각했다. 그날 밤 얼마나 걸었는지, 어디로 갔는지 모르겠다. 숙소로 돌아온 나는 생명의 정의와 사후에 무슨 일이 일어나는지 알아보기로 결심했다. 도리스에게 무슨 일이 일어났는지 알 필요가 있었다. 그리고 수십 년 만에 처음으로 스탠리의 장례식을 떠올렸다.

그날 밤, 하늘을 응시하며 도리스의 운명에서 받은 충격에서 벗어나고자 했다. 저편에 정녕 무엇이 있는지 알고 싶었다. 사후에는 단지 고인의 재 찌꺼기와 살아남은 사람이 간직한 약간의 추억만 남는 것인가? 종교적 영적 가르침처럼 대체 우리를 위한 의미나 계획이 있는 것일까?

나는 죽음의 미스터리와 씨름하기 전에 생명에 대해 더 이해했어야 한다고 생각했다. 별의 "성분"이 어떻게 생명이 되었을까? 무수히 많은 우주들이 있다면 몇몇 우주에만 생명체가 살 수 있을까? 행방불명인 암흑물질과 암흑에너지가 생명에 관여했을까?

생명의 기원에 관해 더 이해하게 되면 스탠리와 도리스, 혹은 다른 사람들의 운명을 이해하는 데 도움이 될까?

우리는 어디서 왔을까?

우주의 유픽셀이 무엇인지, 어디서 왔으며, 어떻게 더 복잡한 실체가 되는지는 과학자들도 모르지만, 유픽셀은 원자와 분자로 변형되었다. 초기의 지구는 어떻게든 해서 적당한 모든 화학물질들을 가지게 되었다. 그런데 이런 화학물질들이 어떻게 생명을 형성하게 되었을까?

단순한 단세포 박테리아는 그것의 생명과정이 기호화된 유전구조 속에 수백 개의 복합 단백질과 수백만 정보조각들을 가지고 있다. 생명을 이루는 단 하나의 단백질이 만들어질 가능성은 대단히 희박하다.

과학자들은 초기 지구의 시뮬레이션에서 단순한 화학성분들을 이런 복합분자로 전환시키는 데 하나도 성공하지 못했다. 20세기의 유명한 천체물리학자이며 수학자인 프레드 호일 경Sir Fred Hoyle은 단세포 생명체의 출현 가능성을 폐품처리장에서 토네이도 소용돌이로 보잉 747을 조립할 확률에 비유했다.[2]

우주 창조와 마찬가지로 생명 창조 역시 과학과 종교의 초점이지 갈등의 원천인 것만은 아니다. 널리 받아들여진 과학 이론으로 우주 창조가 설명되었다고 많은 사람들이 믿는 것과 달리, 생명 창조에 대해서는 지배적인 과학 이론이 없다. 어느 것도 증거가 충분하지 않으므로 어떤 제안도 이론으로조차 불리지 못한다. 이런 견해들 중 어느 것도 창조주를 인정하거나 반대하는 증거를 제시하지 못한다.

"믿음faith"이라는 말은 보통 영성과 종교에 한정된다. 그렇지만 생명이 어떻게 시작되었는지를 보여주는 증거나 견고한 이론조차 없으므로 생명 창조에 관한 과학적 견해 또한 일종의 믿음을 요구한다. 이 경우 과학과 종교 모두 믿음에 의지하는 것이다.

생명의 정의

생명을 정의하는 것은 무엇일까? 화학물질 주머니, 즉 박테리아 생식세포가 화학 반응을 일으키며 생명을 "밝힐" 때 어떤 일이 발생할까? 이런 과정은 또한 우리가 죽음과 내세의 가능성을 생각할 때 중요해진다. 우리가 죽을 때 사라지는 것은 정확하게 무엇일까?

과학전문가들은 생명과 생명의 정의를 어떻게 생각할까? 노벨상 수상자이며 DNA의 이중나선구조를 공동 발견한 프랜시스 크릭Francis Crick은 생명을 이렇게 정의했다.[3]

1. 자기명령과 자기복제에 필요한 모든 장치를 복제하는 능력
2. 비교적 실수 없는 유전 정보 복제
3. 유전자와 유전자의 단백질 생산이 밀접하게 근접하는가?
4. 에너지 공급

그러므로 지구상에 존재하는 생물과 전혀 다를지는 몰라도 생명이란 자기복제를 하는 것으로 정의된다. 생명은 중요한 화학반응을 촉진시킬 수 있는 단백질이나 다른 화학물질들을 가지고 있어야 한다. 생명은 또한 어떤 형태의 유전정보를 가지고 있어야 한다.

촉매는 자체에 악영향을 끼치지 않고 화학반응을 가속시키는 물질이다. 생명에 필요한 많은 화학반응에 촉매가 필요한 까닭은 생명체 속에 있는 물질들이 안정된 상태에 있기 때문이다. 촉매가 없으면 살아 있는 생물을 지탱하는 많은 화학반응들은 매우 뜨거운 열과 상당한 압력을 필요로 할 것이다. 생명체에 촉매 역할을 하는 물질이 있으면 이런 화학반응은 실내온도[섭씨 20도 정도]나 그보다 좀 낮은 온도, 그리고 정상적인 대기 조건에서 발생한다.

수소와 산소로 채워진 기구氣球를 상상하라. 이 폭발성 혼합물은 하루 정도에 걸쳐 서서히 누출될 것이다.(이런 기구들이 인화성 때문에 더 이상 수소를 사용하지 않는다고 생각해서는 안 된다.) 그러나 만약 풍선 속에 백금 platinum 같은 촉매가 있다면 그것들이 결합하여 물을 생산하므로 그 혼합물은 즉시 폭발할 것이다. 생명의 촉매 가운데 많은 것들이 독특한 단백질이다. 그러나 최초의 생명에는 단백질이 아닌 촉매들이 있었을 것

이다.

크릭에 의하면 생명의 필요 요소는 생명에 필요한 "특정" 분자들뿐만이 아니다.

생명에는 어떤 복합분자가 필수적일까?[4] 이는 간단한 질문 같아 보이며 생화학과 분자생물학의 발전을 생각할 때 특히 그렇다. 우리는 살아 있는 생물의 기능과 복제에 필요한 필수 분자들을 잘 알고 있다. 그러나 초기 지구에는 산소가 없었으며 현재의 기준으로 보면 환경이 매우 열악했으므로 우리는 최초 생명의 형태를 밝힐 수가 없다. 어떤 화학물질들이 이용되었는지 알 수 없는 것은 이 때문이다.

이것이 나를 생명의 기원을 다루는 과학의 선구적 분야로 이끌었다. 최초의 생명을 이해하기 위해 과학자들은 최초의 생명이 과연 어떠한 화학성분들로부터 유래되었는지 조사하고 있다. 유력한 과학 가설들은 모두 지구에서 발견된 화학물질, 우주에서 온 화학물질 그리고 우주에서 생성된 생물들과 관련되어 있다.

자, 생명을 창조해보자. 우리는 한 묶음의 화학물질들을 모은 세포 주머니를 가지고 있다고 생각하자. 이제 무엇이 필요할까? 크릭에 의하면 단백질, RNA 혹은 DNA 같은 화학적 지시가 필요하며, 지시를 복제하거나 모사하고 에너지를 공급할 수 있는 화학물질이 필요하다. 젊은 행성에는 수많은 에너지원이 있다. 거기에는 주머니 속에서 에너지 산출을 위해 반응할 수 있었던 다양한 화학물질뿐만 아니라 햇빛이 있다. 문제는 정보의 원천을 결정하고, 어떤 촉매가 지시를 복사할 수 있으며 에너지 생산반응을 일으키는가 하는 것이다.

임의의 단백질 화학합성에서 최초의 생명이 나올 수 있었을까? 단백질에는 단백질의 기초 성분을 만드는 스무 가지의 아미노산이 있으므로 RNA나 DNA보다 더 복잡하다. 거의 무한한 결합이 가능하지만 그 많은 것 중에 아주 작은 수만이 살아 있는 유기체에게 유용하다.

단백질의 기초 성분인 아미노산을 실험실에서 만들 수 있기는 하지만 ─ 운석과 혜성에서도 발견된다. ─ 그것들이 어떻게 결합해서 생명에 필수적인 단백질로 되는지는 분명하지 않다. 프레드 호일 경이 말했듯이 기회는 매우 작다. 한 번의 기회가 발생하더라도 단 하나의 단백질이 될 뿐이다. 생명에는 수백, 수천 개의 단백질이 필요하다. 게다가 지구상에 생명이 나타난 것은 행성의 형성 이후 비교적 얼마 되지 않아서였다.

그러면 생명의 기원에서 만약 단백질이 주된 요인이 아니었다면 다른 가능성이란 무엇이었을까?

일부 과학자들은 생명을 유발시키는 초기의 보다 단순한 형태의 RNA가 있었다고 믿는다. 하버드 대학의 교수 앤드루 H. 놀Andrew H. Knoll은 하나의 단순한 RNA 분자는 아미노산과 단순화된 핵산에서 만들어지지 않았겠냐고 제안했다. 그러나 그런 단순화된 RNA가 초기 지구의 상태에서 쉽사리 생성될 수 있었는지 하는 것과, 그런 분자들이 스스로 복제될 수 있었는지에 대한 증거가 필요하다.[5]

최근 RNA의 보다 단순한 형태 가운데 하나가 보다 기다란 분자로 자가조립되는 예를 발견했지만 그것이 RNA 정보 원천이 되기에는 아직도 매우 미미하다. 그러나 근래에는 한 걸음 더 나아가 RNA 같은 화합물들이 어떻게 생성되고 생명의 기초가 될 수 있었는지 보여준다.

솔크 연구소Salk Institute의 과학자 레슬리 오겔Leslie Orgel은 "화학자와 분자생물학자들이 합동 연구 프로그램을 추진하고 있으므로 그 간격이 좁아질 것"[6]이라며 낙관적이다. 운석과 혜성을 포함하여 우주에서 온 물체에 대한 연구에서도 생명의 시작에 대한 중요한 단서를 기대하고 있다.

그 이유는 생명에 필요한 화학물질들이 지구상에서 형성된 것이 아니라 우주에서 왔을 것이기 때문이다. 이 물질들은 화학물질이 최초의 생명 주머니를 만드는 데 어떻게 기여했을까?

지구의 초기에 운석과 혜성들이 바다가 생기게 하고, 상당한 복합유기화합물들을 제공했다. 아미노산을 포함하여 복합유기화합물은 두 가지 형태 중 하나이다. 운석에서 발견된 "L" 타입은 생명체계에서 발견되는 형태이다. 1969년 지구를 강타한 머치슨Murchison 운석에서는 수많은 복합유기화합물은 물론 70개 이상의 아미노산이 발견되었다. 몇몇 아미노산들은 출중한 L 형태를 지니고 있었다. 지구상의 생명에서는 보통 발견되지 않는 수많은 다른 아미노산들도 이 운석에서 발견되었다.

1970년에 시작되어 20년 이상 지속된 이 연구를 통해 분자의 근원이 지구 대기권 밖이라는 사실이 다양한 영역에서 수많은 연구자들의 증거로 입증되었다. 애리조나 주립대학의 생화학자 존 크로닌John Cronin은 머치슨 운석은 결정적인 분자들이 어디서 왔는지를 연구하는 데 "새로운 차원"[7]을 보탠 것이라고 한다.

우리는 어디서 왔을까?

우주 화학

단순화합물이 우주에서 복합분자를 산출할 수 있다면 생명이 어떻게 시작되었는지에 대한 단서도 제공할 수 있을까? 우리가 올려다보는 어둡고 끝없는 하늘이 모든 것을 시작한 거대한 페트리 접시Petri dish가 될 수 있을까?

수십 년 전 나는 실험실에서 분자 생산법을 공동 발명했는데, 단순한 무기염을 촉매로 사용하여 메탄올을 복합유기화합물들로 변환시키는 것이었다. 이 작업과 수많은 다른 연구자들의 실험은 일산화탄소, 이산화탄소, 메탄올 같은 단순화합물들이 우주에서 더 큰 분자를 산출하는 반응을 할 수 있다는 증거를 제시하는 것이었다.

더욱이 과학자들은 운석에서 정교한 탄화수소들을 많이 발견했다. 이것들은 생명에 필요한 더 복잡한 분자를 위한 기초 성분을 제공하는 일종의 화합물이며, 아미노산과 같은 이런 많은 화합물들은 십중팔구 충돌로 인해 생겨났을 것이다. 과학자들은 혜성 같은 우주 물질에서 단서를 찾기 시작했다.[8]

이런 연구를 통해 우주에서 날아온 복합분자의 종류들이 밝혀질 것이다. 따라서 과학자들은 운석과 혜성의 성분을 더 잘 이해할 필요가 있다. 그곳으로 가서 샘플을 채취하는 것보다 더 나은 방법이 있을까? 2005년 초에 우주탐사기가 샘플들을 지구로 가져왔다. 최근 과학자들은 젊은 지구에 떨어진 암석의 유기성 부스러기에서 단서가 될 만한 자료를 면밀히 살피고 있다.

미소운석: 작은 물질이지만 중요한 단서

이른바 미소운석micrometeorite은 지구상의 초기 물질의 원천이었다. 태양계가 형성될 때 이런 작은(5미터 미만 크기) 운석들이 우주에 널리 퍼져 있었다.

미소운석은 자체의 "열 차단제"를 지녔고 지구 대기권으로 진입하면서 그 일부가 점차 소멸된다. 그것들은 점차 속도를 줄이며 먼지 크기의 입자로 대기로부터 떠내려갔다. 차단제로 보호된 이런 미소운석에는 아미노산과 많은 복합유기화합물이 들어 있다.

지구의 처음 수백만 년 동안 미소운석들이 매년 500톤에 이르는 유기화합물을 지구로 날랐다. 미소운석을 채취하는 사람들은 그린란드에서 남극대륙까지 여행하며 지구 대기권 밖의 이 독특한 물질을 연구하고 있다.

놀랍게도 미소운석에는 금속원소가 들어 있으며 촉매작용을 하는 성질이 있다. 이들의 독특한 물리적 구조가 초기 지구에 많은 화학반응들을 촉진시킬 수 있었다. 새로운 화학적 반응들이 일어나자 우리의 지구에서는 생명을 위한 새로운 화학적 자원들이 생겨났다.

미소운석 입자에는 작은 구멍들이 있어 분자 스펀지처럼 작용한다. 이런 "스펀지들"이 한때 지구에 있던 복합유기분자들을 흡수할 수 있었다. 프랑스 오르세 출신으로 미소운석 전문가인 천체물리학자 미셸 모레트Michel Maurette는 이런 입자들이 생명을 위한 주요 성분을 나르고, 유기화합물을 흡수하며, 반응을 촉진시켜 살아 있는 생물들의 복잡한 원조물질precursor들을 산출하는 역할을 담당했다고 주장한다.[9]

우리 존재의 씨앗이 아직도 우리에게 있는가?

젊은 지구에는 분명 생명이 어떻게든 존재했다. 초기의 이 원시적 생명 형태가 아직도 존재할까? 지금 어딘가에 그것들이 잠복해 있고 보다 새로운 생명 형태로 진화도 할 수 있을까? 그것들이 아직도 지구상에 존재한다면 우리가 이런 생명의 초기 형태를 발견할 수 있을까?

초기 지구의 대기권에는 산소가 없었다. 최초의 미생물들은 오래전에 죽었거나, 돌연변이를 일으켰거나, 땅속이나 깊은 바닷속 같은 산소가 없는 드문 지역들로 갔을 것이다. 실제로 지하 깊은 곳의 박테리아 생물량이 지구 표면의 박테리아 생물량과 같은 것으로 추정된다. 만약 그 잔재들이 아직도 존재한다면 어떻게 발견할 수 있을까? 만약 발견한다면 생명의 시작에 관한 훌륭한 정보를 얻을 수 있을 것이다.[10]

연구자들은 우선 이런 잔재를 찾아야 한다. 그런 뒤 지구의 깊숙한 곳과 같이 수십억 년 동안 산소가 차단된 환경으로 연구를 확장해나가야 한다. 과학자들은 또한 산소에 노출되지 않은 샘플들을 수집할 필요가 있다. 그것들을 성장하게 하는 화학물질과 환경이 무엇인지 알아야 한다. 아직까지 아무도 특이한 RNA를 가진 생물이나 최초의 생명을 암시하는 특이한 화학물질을 발견하지 못했다.

지금까지 나는 화학물질들로부터 지구상에 생명이 어떻게 나타났을까에 관해 논했다. 그러나 생명이 정말 화학물질에서 왔을까? 다른 가능성은 생명이 우주에서 왔다는 것이다. 과학자들이 아직 특이하거나 단순한 단백질, RNA 혹은 DNA의 형태를 가진 생물을 발견하지 못했으므로 나는 최초의 생명은 죽었거나, 숨었거나, 혹은 오늘날 생물들에서 발견되는 복합분자를 이미 갖고 있었던 것으로 결론짓는다. 최초의 창조물이 오늘날의 복합분자를 가지고 있었다면 많은 과학자들은 그것들이 우주에서 왔다고 할 것이다. 우주생물학exobiology은 살아 있는 생물들에 관한 증거를 우주에서 찾는 최근의 과학이다.

생명이 우주에서 왔을까?

생명이 지구에서 비롯되었는지 우주에서 씨가 뿌려진 것인지 하는 문제는 중요하다. 우리의 태양은 약 45억 년 되었다. 관측 가능한 우주가 약 140억 년 되었으므로 우리의 태양이 존재하기 전에 다른 태양계들이 생명을 잘 발달시켰을 수도 있다.

우주의 물질에 대한 탐구가 지구에서 생명이 어떻게 출발했는지를 밝혀줄 것이다. 우리 태양계 안에 있는 행성들과 140개 이상의 위성 가운데 행성으로는 유일하게 화성과, 두 개의 위성 티탄과 유로파에만 지구상에 생명이 어떻게 시작되었는지에 의문을 가진 과학자들이 관심을 갖는 특성이 있다. 토성의 위성 티탄Titan[11]은 우리의 태양계에서 유일하게 우리의 초기 행성에서 발견되는 것과 같은 상당량의 가스 대기권을 가지고 있는 또 하나의 상당한 크기의 물질이다. 지구와 마찬가지로 티탄의 대기권에 있는 가장 일반적인 성분은 질소이다.

티탄, 유로파Europa[목성의 2호 위성이며 목성의 네 번째로 큰 위성. 얼음이나 물이 매우 적고 주로 암석으로 이루어져 있다.] 그리고 그 외의 지구 대기권 밖의 물질들에서 발견된 유기화합물들은 초기 지구의 유기화합물들에 대한 보다 나은 자료를 제공할 것이다.[12] 그런 자료가 이곳에서 생명이 어떻게 형성되었는지에 관한 단서를 이끌어낼 수 있다.

화성에는 생명이 있을까?

지구가 운석과 혜성들의 포격을 받았을 때 화성도 두들겨 맞았다. 여기서 나온 많은 물질들이 물을 가져다주었다. 초기의 화성에 시내와 바다를 이루는 물이 있었던 것으로 보인다. 지금은 화성 표면이 사막이지만 만년설 속에 그리고 표면 아래에는 많은 물이 아직도 있을 것이다. 액체인 물은 초기의 지구에서와 마찬가지로 미생물을 위한 집이었을 것이다.

화성의 역사 내내 다른 물체와의 충돌로 표면에 생겨난 물질들이 우주로 배출되었다. 그 물질의 일부는 중력에 의해 지구로 끌어당겨졌다. 이런 운석들은 화성에서도 생명이 발생했음을 우리에게 보여줄 것이다. 일부 과학자들은 화성의 생명이 지구 생명의 출처라고 추론하기도 한다.[13]

실제로 지구에는 화성에서 온 것으로 믿어지는 35개의 운석이 있다. 나사NASA의 데이비드 맥케이David McKay는 이런 운석 중 하나가 과거 화성에 생명체가 있었다는 증거를 갖고 있다고 주장했다. 이 주제는 많은 논쟁을 야기했지만 화성에 대한 앞으로의 과제가 논쟁을 해결해줄 것이다. 나사와 유럽 항공우주국이 향후 수십 년 내에 이루어낼 몇 가지 임무들을 계획하고 있다. 많은 과학자들은 지구 밖 생명체의 증거를 발견할 최고의 기회는 화성을 심층 탐사하는 것이라 생각한다. 행성들과 그 위성들을 탐사하는 데 수십억 달러를 소비하는 것보다 지구 어딘가에 아직도 존재할지 모르는 원시생물을 발견하는 것이 더 쉽다고 말할 수 있을까?

내기 걸기: 생명의 가능성들

1979년에 프레드 호일 경[14]과 찬드라 위크라마싱헤Chandra Wickramasinghe가 우리의 광대한 우주 어딘가에서 생명이 최초로 형성되었다는 가설을 제기했다. 이후에 이들은 단백질 효소가 만들어질 가능성이 거의 없다는 결론에 근거하여 그 가능성이 너무 낮다고 보았다. 그들의 추정치는 $10^{-40,000}$이었다.

4만분의 1은 매우 낮은 가능성이다. 그러나 이것을 균형 있게 보자. 이는 1장에서 언급한 복권과 유사하여 당첨될 가능성이 1조분의 1에 불과하다. 그러나 이 경우 여러분이 당첨될 확률은 펜로즈 경이 우주 팽창에 필요하다고 주장한 연속적인 100조 번이 아니라, 계속해서 "단지" 천 번 정도만 당첨되는 것에 해당한다.

우리가 모든 복권에 당첨된다는 그 아이디어에 과학자들이 일반적으로 동의한다면 어째서 호일 경과 위크라마싱헤가 훨씬 덜 불가능한 방법으로 제기한 생명 발생 가능성을 받아들이지 않는 것일까? 바꿔 말해서, 지구에서 적절한 단백질이 자발적으로 발생할 가능성이 아무리 낮다 하더라도 지구가 존재하기 전 수십억 년 동안 우주 안에 막대한 수의 물체들이 있었음을 고려한다면 그 가능성은 더 높아질 것이다. 더욱이 생명은 단백질을 창시한 분자 외의 몇몇 다른 방법으로도 시작될 수 있었을 것이다.

천체물리학자이며 뉴욕시의 헤이든 천문관 관장 닐 디그래스 타이슨은 생명을 위한 보다 간단한 기준을 제시했다.[15]

1. 에너지의 원천을 갖고 있어야 한다.
2. 복잡한 구조(분자)를 만들기에 충분한 원자를 갖고 있어야 한다.
3. 그 속에서 분자들이 상호 작용할 물이나 그 외 액체 같은 액체 용제가 있어야 한다.
4. 생명이 싹트기 위한 충분한 시간이 있어야 한다.

이런 요건들에 따르면, 우리 태양계가 형성되기 전에 상당히 많은 기회가 있었던 것으로 보인다.

지구상 최초의 생명은 무엇이었으며 어떻게 발생했을까?

나는 생명의 기원에 관한 이론이 부족한 것에 실망했다. 그 뒤 나는 천문학이나 생물학 같은 다른 과학 영역과 달리 이 분야가 매우 젊다는 걸 알았다. UCLA의 순고생물학paleobiology[화석 생물의 발생, 진화 등을 다루는 학문] 교수 윌리엄 스코프William Schoff는 아래와 같이 지적했다.

겨우 1950년대부터 시작된 활발한 연구와 함께 이 분야는 젊고, 약동하며 빠르게 발전하고 있다. 주어진 시간과 노력, 그리고 상상력 풍부한 학생들과 신선한 아이디어들이 지속적으로 유입되어 우리는 언젠가는 생명의 기원이 무엇이며 언제 어떻게 시작되었는지에 대해 충분히 답할 수

있을 것이다.[16]

우주의 창조는 모두 수학적 가능성에 관한 것이다. 생명을 생산하기에 적합한 분자를 창조할 가능성은 대단히 낮다. 그렇지만 극도로 희박한 빅뱅과 팽창의 가능성은 무한우주와 평행우주의 원리로 극복된다.

그러므로 생명의 기원이라는 수수께끼를 풀기 위해서는 우주의 기원에 관한 이론들도 고찰해야 할 것이다. 결국 과학과 영성은 화해할 수 있다. 생명의 창조에 관한 있을 법하지 않은 가능성은 충분한 기회들로 극복된다. 90억 년 동안의 수십억 생명의 잠재적 근원과 더불어 그 가능성은 더 높아진다.

최초의 생명은 우리의 태양이 존재하기 전 행성들을 이끌던 수십억 개의 별들 중 일부에서 비롯되었을 것이다. 우리 태양계의 재료는 소멸된 별들의 파편과 아마 그 별들의 행성에서 왔을 것이다. 생명이 그 파편들을 타고 여행했을 것이다. 그러나 이는 추론이다.

창조주에 관하여

생명의 기원에 대한 다양한 의견을 검토했지만 누구의 설명에도 이론이라고 할 만한 충분한 증거가 들어 있지 않은 것이 분명하다. 분명 최초의 해명은 노벨상감이다. 그리고 이런 가설들 중 어느 것도 창조주의 가능성을 배제하지는 않는다.

과학자들은 자연의 과정들을 통해 생명의 창조를 설명하고자 하며, 실제로 이 과정들이 존재한다는 믿음을 갖고 있다. 『지구 생명의 출현

The Emergence of Life on Earth』의 저자이며 텔아비브 대학의 콘 인스티튜트Cohn Institute 교수인 아이리스 프라이Iris Fry는 이렇게 썼다.

> 어떤 과학 이론이라도 지구상 생명의 출현에 관해 충분히 납득할 만한 설명을 하지 못하는 한, 생명의 기원 문제에 대해 진화론적 견해를 채택하고 합목적적 설계론 사상을 배척하는 데는 매우 강한 철학적 책임이 따른다.[17]

창조주를 믿는 데 신념이 필요한 것과 마찬가지로 창조주를 배제한 생명의 기원을 믿는 데도 신념이 필요함을 간단하게 언급한 것이다.

창조주가 존재하든 않든 논점은 과학과 영성 사이에 불화할 이유가 없다는 것이다. 과학자들은 창조주의 개념을 배제할 증거를 갖고 있지 않으며, 유심론자들은 과학의 믿음에 위협받는다고 느낄 필요가 없다. 1장 서두에 매튜 폭스의 말을 인용한 대로, 영적 각성은 과학과 영성 사이의 불화가 해결되면 성취될 수 있을 것이다.

창조주를 생각하는 많은 사람들은 신과 같은 존재가 지구상에 생명을 배치했기를 기대한다. 우리가 과학과 종교의 가르침의 은유적인 특성을 받아들이고 그래서 무한한 지혜의 창조주가 수많은 우주들을 창조했다고 받아들이면 생명이 더 많은 곳에서 싹트는 것을 알게 될 것이다.

유픽셀, 주머니, 에너지 그리고 생명

결론부터 말하면 빅뱅 이후 단 수초 만에 우주의 유픽셀들이 보다 복잡한 실체들로 전환되었다. 그것들은 단순한 원자를 형성했다. 이들이 모여 별이 되었고 그 별들이 나머지 화학원소들을 창조했다. 이 원소들이 결합하여 분자를 형성했다. 계속되는 복잡함으로의 변환은 유픽셀이 우리 자신을 포함해 우주 안에서 우리가 체험하는 모든 것으로 진화했다는 것을 말해준다.

과학자들은 에너지 형태인 이 유픽셀들이 어떻게 생명이 되었는지 알지 못한다. 단지 우주 안의 수십억 곳에서 수십억 년 동안 주사위를 굴리는 가운데 에너지가 생명이 되었을까? 또는 생명의 가능성을 주는 유픽셀에 미리 계획된 특징이라도 있었을까? 어쨌든 에너지가 생명을 초래했다. 모든 생명에는 에너지를 변형시키는 복잡한 화학반응들의 네트워크 연결이 요구된다. 바꿔 말하면 생명은 한정되고 갇힌 우주에서 에너지를 변형시키는 일에 관여하는 것이다.

과학자들과 마찬가지로 우리도 최초의 생명이 "무엇"이었는지는 알지 못하더라도 "어떻게" 시작되었는지는 이해할 수 있을 것이다. 현재 지구상에 있는 모든 박테리아는 소형 배터리와 유사한 에너지를 창조하기 위해 자신들의 세포 "주머니" 속으로 양성자를 밀어넣는 것으로 알려졌는데, 이는 댐 속의 물이 수력전기의 에너지를 생산할 수 있기 때문에 에너지를 만들기 위해 물을 산으로 끌어올려 댐 안에 채우는 것과 같은 방식이다.[18] 양성자들의 저수지가 전기를 만들고, 모든 박테리아가 그런 전기화학 에너지를 생산한다. 미생물들은 양성자들을 밀어넣는 데 태양, 무기화학물질, 유기화학물질 같은 수많은 에너지원을 사용한다.

오늘날의 박테리아가 원조생명original life의 후손이라는 것이 널리 받아들여졌으므로, 초기 생명이 유픽셀을 세포막 안으로 밀어넣기 위해 유효 에너지원들을 이용했다는 가정도 할 수 있다. 그러나 최초의 화학물질 주머니에 어떻게 생명이 주어졌을까? 나는 존 휠러가 제시한 의식consciousness을 적용했는데, 유픽셀과 빅뱅을 실재로 전환시키는 것이 이 의식이다. 이것이 사실이라면 의식은 최초의 생명 창조에 도움이 되었을까? 의식이 어떻게 생명보다 앞설 수 있을까? 나는 과학자들이 시간은 하나의 신화이고 모든 시간[과거, 현재, 미래]은 저편에 존재한다고 믿고 있음을 떠올렸다. 이는 매우 중요한 개념이므로 5장에서 보다 구체적으로 다룰 것이다.

지금까지 우리의 기원에 대해 검토했지만 우리가 어디서 왔는가에 대한 지식은 얻지 못했다. 대신 우리는 더 많은 미스터리에 직면했다. 삶과 죽음의 차이를 실재와 내세에 관한 이후의 장에서 논할 것이다.

최초의 생명에 관한 문제를 좀 더 깊이 논하면 어떻게 될까? 생명의 기원에 관한 비교적 새로운 과학과는 달리, 진화에 대해서는 과학자들이 백 년 이상 연구해왔다. 과학과 많은 종교 이론가들 사이의 또 다른 투쟁의 장인 진화는 우리가 어디서 왔는가 하는 문제에 초점을 맞춘다. 우주의 창조와 생명의 기원과 마찬가지로 진화에도 불확실성과 미스터리가 따르는 걸까? 실제로 진화는 생명을 이해하는 데 놀라운 단서를 제공할 수 있다.

우리가 우주와의 관계와 일체감 그리고 그것의 모든 힘을 알 때, 그리고 우주의 중심에 위대한 정신Great Spirit이 거주하고 있으며 더욱이 이 중심이 실로 모든 곳에 있고 우리 각자 속에 있다는 걸 알 때, 가장 중요한 최초의 평화가 우리의 영혼 속으로 온다.
- 블랙 엘크Black Elk[19]

3장
진화

:
:
:
:

우리가 회의주의에서 출발한다면 어디에도 도달할 수 없을 것이다. 우리는 지식으로 보이는 무엇이라도 폭넓게 수용하는 데서 출발해야 하며 이는 특정 이유로 거부되어서는 안 된다.[1]

– 버트런드 러셀Bertrand Russell

생명체는 진화하면서 놀라울 정도로 다양한 종을 만들어내고 가장 낯설고 상상도 할 수 없는 곳에서도 살아간다. 어떤 생물들은 해저에 있는 열수 분출구hydrothermal vents에서 살고 있다. 그곳의 온도는 화씨 300도[섭씨 149도]가 넘으며, 압력은 지표 환경의 몇천 배에 달해 지구 표면에 사는 동물에게는 치명적이다. 소위 "얼음 벌레ice worm"들은 빙점 이하의 북극 얼음에서도 살 수 있다. 빙점보다 조금이라도 온도가 높아 "따뜻해지면" 용해되어 죽는다.

진화는 기회 속에서 성장한다. 이것은 대양 속, 얼음 속, 땅속 그리고 지구 표면의 극한 환경들에서 서서히 발전하여 생존하는 생물들에 의해 증명되었다. 생명의 이러한 상서로운 특징과 진화는 생물이 생물을 잡아먹고, 기생 혹은 공생하도록 만든다.

많은 사람들은 다른 종들의 진화가 인간과 무관하다고 믿는다. 그러나 그렇지 않다. 인체 속에는 적어도 100조 개의 미생물이 살고 있다. 이는 인체의 세포 수보다도 많은 것이다. 박테리아의 크기는 인체 세포의 천분의 1보다 작으며 바이러스는 박테리아보다 더 작다. 우리가 살아남기 위해서는 몸속에 사는 많은 박테리아들이 필요하다. 수십 조의 장 박테리아는 음식물을 소화시키는 데 필요하고, 수십 조의 다른 박테리아는 우리 구강의 다양한 부분에 이식하여 병원체를 억제하는 항생물질을 생산한다.

많은 사람들은 우리가 이런 미생물들과 공진화co-evolution하는 가운데 가장 복잡하게 구성된 유기체라는 데 놀란다.[2] 인간은 인체 세포, 몸속에 사는 유익한 박테리아, 몸 내외부에 사는 미생물과 병원균들의 모자이크이다. 박테리아에 감염되면 궤양과 심장병에 걸리고, 바이러스에 감염되면 몇 가지 암의 형태에 영향을 미친다. 인체에 침투하는 병원체 박테리아, 바이러스 그리고 그 외의 미생물들은 기회주의적이며 우리를 전멸시킬 만한 잠재력을 가지고 있다. 다행히 진화 덕분에 소위 면역체계라 불리는 복잡한 방어체계를 갖추게 되었으며, 이것이 특수 세포들과 면역화학물질 분비를 통하여 우리의 몸이 질병의 원인을 알아내고 박멸하게 해준다.

인체의 가장 효과적인 화학물질들이 최신 침입자들과 싸우는 이런 방어 또한 진화에서 생겨난 것이다. 진화하는 면역-방어 분자와 새로이 진화한 병원균 사이에서 벌어지는 투쟁은 적자생존을 위한 궁극적 진화 경쟁의 본질적 사례이다.

나의 업무는 암과 같은 질병들과 싸우는 자연적인 인체 방어체계를 발견해서 사용하게 하는 것이었다. 이런 면역화학물질들은 암 치료에 사용되는 전형적인 독약과는 달리 인간에게 치명적이지 않다. 생명공학의 혁명이 이런 방어분자들의 분리와 생산을 가능하게 한다. 진화론에 의존하는 생명공학은 횃불이 밤길을 밝히듯 이런 분자들을 발견하게 해준다.

동물 및 그 밖의 생물들에서 많은 중요한 유전자와 생화학물질들이 최초로 발견되었다. 인간과 아주 유사한 것을 발견하려는 경쟁이 뒤이어 일어났다. 진화에서 다른 생물들의 유전자를 비교할 때 좀 더 유사한 유전자들, 생명의 형태에 좀 더 가까운 것들이 진화 계도evolutionary tree에 있다. 암과 질병의 방어체계를 구축하는 데 동물들은 면역 반응을 발달시켰다. 질병과 싸우는 분자의 한 유형인 인터페론이 인간을 포함하여 쥐와 많은 다른 동물들에서 발견되었다. 인터페론 분자는 종에 따라 약간씩 다르다. 예를 들면 원숭이 인터페론은 쥐 인터페론에 비해 인간의 것과 더 유사하다.

나는 연구개발 책임자로서 미래의 성과를 위한 전략을 세우면서 신약 개발을 담당하고 있었다. 우리 회사는 암 및 다발성경화증 같은 질병 치료를 위한 자연적 방어분자와 같은 계열인 유전자공학 인간 인터페론을 두고 다른 회사들과 경쟁하고 있었다. 나는 최고 연구책임자와 함께 탐방한 몇몇 생명공학 회사들 가운데 한 회사와 5천만 달러에 매매 계약을 해야 한다고 임원들을 설득했다.

이 특별한 회사는 인터페론을 생산하는 박테리아를 설계한 것이다. 그래서 우리는 임상 실험을 위한 인터페론을 충분히 만들 수 있는 거대한 발효시설 건립에 추가자금을 투자하게 되었다. 인간 인터페론은 질병, 심지어 암과도 싸우는 건강한 사람들에게서 생산된다. 우리는 박테리아에서 생산된 화합물을 인체에 투여하여 암과 다발성경화증 같은 질병 대부분이 화학약품의 부작용 없이 억제되기를 희망했다.

몇몇 종류의 인간 인터페론들이 개발되었다. 이 흥미로운 기술을 좀 더 이해하기 위해 나는 실험실에서 몇 가지 인터페론 유전자를 분리하도록 거들었다. 십 년이 걸려서야 다발성경화증 치료를 위한 인터페론이 시장에 나올 수 있었다. 인터페론은 재발을 줄이고 다발성경화증 환자들의 삶의 질과 지적 기능을 향상시키는 것으로 나타났다.

인터페론 연구가 끝난 뒤 나는 과학자이자 회사의 부사장으로서 박테리아 진화 연구에 관여했다. 이 단순한 유기체에서 우리가 발견한 변화는 엄청났으며 많은 간행물과 특허권들의 주제가 되었다. 인간의 질병을 이해하고 치료하는 분자생물학을 이용하는 생명공학 혁명은 또한 유전적 수준에서 다양한 생명 형태들의 차이를 이해하게 해준다. 인간으로의 진화론적 진로는 서로 의존하는 공진화가 관여되는 복잡한 과정이므로 진화를 이해하면 우리의 존재를 좀 더 이해할 수 있다.

왜 이것이 논점인가?

우주의 창조와 생명의 기원에 관한 과학과 종교 사이의 충돌 너머에는 인간이 어떻게 존재하는가에 대한 또 다른 논쟁적인 주제가 있다.

우리는 어디서 왔을까?

우주의 창조나 최초의 생명과 달리, 진화는 과학자들이 받아들였으며 그들 내에서는 일반적으로 쟁점이 되지 않는다. 반면 우리가 다룰 거의 모든 주제와 관련해서는 미스터리, 수수께끼, 모순들이 있다. 진화의 수수께끼와 역설들은 과학의 다른 영역에서 발견된 것에 비하면 아직도 미미한 편이다. 그리고 진화는 생명과 우리가 어떻게 창조되었는가를 이해하는 데 도움이 될 수 있다.

진화의 시기별 조망

과학자들은 최초의 생명이 어떤 형태였는지, 그것이 어떻게 시작되었는지, 또는 창조주가 관여되었는지에 대해 알지 못한다는 것을 일반적으로 인정한다. 그러나 과학자들은 생명의 특징을 다양하게 갖춘 생물들이 지구상에 나타난 대략의 시기를 밝혔으며, 진화론을 뒷받침하는 중요한 증거를 발견했다.[3]

표 1. 지구상에서 생명의 진화

시대	사건	설명
?	최초의 생명	기원을 알 수 없는 이 유기체에 DNA나 RNA가 있었는지는 알려지지 않음.
19억~39억 년 전	시안기를 함유한 박테리아 같은 유기체	이산화탄소를 사용하여 산소를 만들어내고 이는 마침내 우리가 숨 쉬는 대기가 된다.
7억 2,000만 년 전	대합조개	초기 두뇌
5억 4,400~5억 4,300백만 년 전	새로운 생명 형태의 폭발적 증가	눈eyes
2억 5,100만 년 전	대부분의 종이 멸종	80~95퍼센트의 종이 멸종되었다.
2억 2,000만 년 전	벌bees	사회적 곤충의 시작

표 1은 생명의 형태가 나타난 대략의 시기, 발생된 특정 사건과 그 사건의 의미에 대한 설명이다.

지구상에서 생명의 진화는 언제 시작되었을까?

일부 화석들이 가리키는 대로 일부 과학자들은 일찍이 39억 년 전에 생명이 처음 나타난 것으로 본다. 이는 지구가 형성된 지 불과 5억 년 이후이므로 과학자들은 생명이 어떻게 그렇게 빨리 형성될 수 있었는지에 대해 곤혹스러워한다. 생명이 우주에서 왔다면 이 시기는 논리적일 수 있으나 일부 사람들은 생명이 나타나기까지의 자연과정에 시간이 충분하지 않았을 것이라면서 이 "생명의 이른 출현"을 창조주의 증거로 사용했다.

그렇지만 일반적으로 받아들여진 유일한 증거는 약 19억 년 전의 화석으로 지구가 형성된 지 대략 25억 년 후의 것이다. 최초 생명의 가장 이른 예로는 다양한 출처에서 나온 35억 년 전 화석들이 새로운 증거로서 유력하다.

진화론에서는 유기체가 환경에 적응하고, 돌연변이를 통해 좀 더 적응할 수 있는 후손을 진화시켰다고 한다. 그렇지만 초기 생명에서는 유전자들이 어떻게든 자유롭게 교환되었으며 따라서 유전자를 교환하는 다양한 유기체들의 공동체가 진화했다. 이는 박테리아가 빠르게 유전자를 교환한 이래 지금까지도 여전한 사실이다.

그런데 이 정보가 왜 중요할까? 그것은 모든 생명이 연관되어 있고 상호 의존하는 정도를 밝혀주기 때문이다.[4]

지구의 초기 생명

초기 지구는 글자 그대로 딴 세상이었다. 산소가 없고, 바다는 뜨거웠으며, 대기 압력과 혜성 및 운석들의 끊임없는 충돌로 숨막히는 곳이었다. 최초의 생명이 우주에서 왔든 지구상의 성분에서 출현했든 우리가 아는 건 이렇다.

1. 39억~19억 년 전 사이에 "시안기를 함유한 박테리아cyanobacteria"가 나타나 우리의 행성을 변화시켰다. 이 박테리아가 빛과 물, 이산화탄소를 산소와 유기물질로 전환시켰다. 대기 중의 산소는 6억 년 전까지만 해도 현재의 수준에 도달하지 못했다.
2. 최초의 생명을 어떻게 정의하든 그것은 고도의 적응력을 갖춘 미생물을 생산하도록 진화되었다. 최초의 생명과 유기체들은 화학물질 "주머니"로서 재생과 같은 생명의 단순한 기능만 했을 뿐이다.

초기의 모든 생명은 단세포, 즉 전기화학 에너지를 일으킬 수 있는 화학물질 "주머니"로 구성된 미생물이었던 것으로 보인다. 오늘날 박테리아는 좀 더 커다란 박테리아 내에서 발견된다. 이는 약 15억 년 전 무슨 일이 일어났는지에 대한 실마리로서, 단세포들이 주머니 안에 주머니를 지닌 유기체로 진화된 것이다. 이 새로운 주머니인 세포핵은 미생물의 DNA를 둘러싼 세포막이다.

그 외의 세포막 같은 구조들도 나타났다. 세포 내에 있는 이런 상이

한 종류의 주머니들은 분리될 수 있었다. 재생조직을 수용한 세포핵 에너지를 생산하는 성분을 가진 미토콘드리아mitochondria[세포 소기관의 하나로 세포호흡에 관여하며, 호흡이 활발한 세포일수록 많은 미토콘드리아를 함유하고 있다.], 햇빛과 이산화탄소, 물을 당糖과 산소로 전환하는 분화된 화학물질들을 품은 엽록체가 그것이다. 세포 내에 있는 이런 주머니들의 결과로 생명은 좀 더 복잡해졌다.

미토콘드리아와 엽록체들은 포획된 미생물들에서 생겨났다. 현대 DNA 분석이 가리키는 대로 미토콘드리아가 되는 본래의 박테리아는 대부분의 유전자들을 숙주인 세포핵에게 기증까지 한다. 박테리아는 진화하면서 복합적인 유기체가 되었다. 그 같은 내부의 주머니들과 함께 유기체들은 수백 수천의 미토콘드리아가 양성자 펌프를 통해 에너지를 생산하기 때문에 박테리아보다 수천 배나 커질 수 있었다.

진화된 "주머니"들을 가진 단세포 유기체들이 지속적으로 밀집하여 군체群體를 이루었다. 현대의 아메바들은 여전히 이런 특징, 즉 점균류 slime mold로 밀집하는 능력을 가지고 있다. 세포 안에 있는 기능이 분화되면서 주머니들은 좀 더 복잡한 유기체가 되었으며, 세포다발은 좀 더 정교한 생물이 되었다. 나는 이런 다발을 "자루sack"라고 부른다.

최초의 자루는 약 10억 년 전에 발달했다. 그것은 세포다발을 감싸는 줄기 같은 구조로 되어 있다. 이것이 다른 많은 세포들을 가진 좀 더 복잡한 유기체로 진화했는데 이 유기체의 세포는 박테리아보다 수천 배나 크다.[5] 이 유기체들은 특화된 다양한 세포자루들을 가졌으며, 각 자루들은 특화된 기능들을 수행했다. 그 결과 장기organ들과 몸체의 여러 부분들이 생겨났다. 단순한 몸체의 윤곽이 입과 창자, 젤라틴 모양의 몸체로 나타났다. 한 예가 대합조개인데 이것은 7억 2,000만 년 전에 생겨났다. 대합조개는 뇌의 초기 형태까지 갖고 있다.[6]

5억 4,400만 년 전까지만 해도 동물들의 진화는 천천히 진행되었다. 이 시기 지구에는 오직 세 과divisions(혹은 유형types)의 동물만 있었는데 이 과를 필라phyla[동물 분류상의 문門phylum의 복수. 계界kingdom와 종류class/kind 사이의 분류군을 말한다.]라고 한다. 이런 속도로는 인간과 같은 복잡한 유기체로의 진화를 설명하기가 어려울 것이다.

지구상에서 새로운 생물의 "급증"

그렇지만 5억 4,400만 년 전부터 백만 년 동안에 필라의 수가 3에서 38로 급증했다. 이는 고고학자들이 캐나다와 세계 각지에서 새로운 동물이 "급증"한 것을 보여주는 화석의 발견으로 알아낸 사실이다. 다윈은 이런 급증이 자신의 진화론을 거스르는 잠재적 증거를 보여주는 것임을 알고 당황했다. 19세기에서 20세기에 걸쳐 이 미스터리는 과학자들을 계속 난처하게 만들었으며 만족할 만한 이론이 나오지 못했다. 그후 21세기가 시작될 무렵 매우 그럴 듯해보이는 한 이론이 제기되었다.

옥스퍼드 대학의 연구자 앤드루 파커Andrew Parker는 저서 『눈 깜빡할 사이에 In the Blink of an Eye』(2003)에서 생명 형태가 급증한 것은 가장 최근에 분화된 세포자루인 눈을 가진 생물들에서 비롯되었음을 이론화했다.[7] 동물들은 환경을 분별하는 데 단지 감각과 화학적 수용체에 의존하기보다 제한적이지만 시각을 가졌다. 시각은 먹이를 쉽게 포획하고 포식자들을 미리 경계할 수 있게 해주었다. 눈은 또 생명체들이 시각적으로 배우고 서로 모방하게 해주었다. 5억 4,300만 년 전에 발생한 가장 유용한 감각, 시각이 발달하면서 우리가 만들어지게 되었다. 그때까지 생명은 다섯 가지 주요 사건을 겪었다.

1. 지구상에서 생명이 시작되다(여전히 미스터리).
2. 세포핵과 그 외 세포기관 형성
3. 다세포 생물의 부상
4. 뇌와 같은 기관의 분화
5. 눈의 출현

앤드루 파커의 이론은 하나를 제외하고 모든 의문에 응답하는 것처럼 보였다. 그 하나는 무엇이 눈의 진화를 유발했을까 하는 것이다. 우리는 알지 못한다. 종종 과학은 하나의 수수께끼를 풀고 또 다른 수수께끼를 발견한다.

진화에 대해 일부 종교단체들은 하나의 생명 형태가 다른 생명 형태로 진화한 것을 증명해줄 두 종 사이의 "사라진 고리missing links"를 요구했다. 예를 들면 바다 생물이 육지에 적응한 증거를 요구했다. 2006년에 그런 고리가 발견되었다. 과학자들은 약 3억 8,500만 년 전에 살았던 사지가 있는 물고기 같은 화석을 발견한 것이다.[8]

2억 5,100만 년 전 화석에 의하면 가장 극적인 대량 멸종사건이 발생했다. 육지와 바다에 살던 모든 종의 95퍼센트가 전멸했다. 공룡은 약

6,500만 년 전에 멸종했는데, 소행성이 지구와 충돌하여 기후 변화가 일어나고 식물이 파괴되었기 때문이다.[9]

일부 종교단체는 동물의 진화는 인정하지만, 인간이 유인원에서 진화하고 있다는 개념은 받아들이지 않는다. 자, 알려진 것을 살펴보자.

유인원에서 인간으로

유인원 같은 조상에서 인간으로의 진화는 약 5, 6백만 년 전에 시작된 것으로 보인다. 유인원의 뇌용량은 인간의 약 3분의 1이었다. 약 250~180만 년 전 호모 에렉투스Homo erectus(직립원인)가 나타났다. 호모 에렉투스는 현재 인류의 약 절반 크기기는 해도 보다 큰 뇌를 갖고 있었으며 도구와 간단한 언어를 사용했다. 이들은 약 80만 년 전에 아프리카에서 유럽으로 이주한 것으로 보인다. 15만 년 전에 나타난 네안데르탈인Homo neanderthalensis은 우리와 같은 크기의 뇌를 가졌다. 그 후 약 10~15만 년 전 아프리카에 호모 사피엔스Homo sapiens(인류)로 알려진 인간이 나타났다.

약 7만 년 전 지금의 인도네시아에서 초대형 화산이 폭발하여 기후 변화가 일어나 호모 사피엔스는 거의 전멸되고 아프리카 대륙에서 겨우 몇천 명만 살아남았다. 이들은 약 4~6만 년 전 아프리카 밖으로 이동했고, 4만 년 전부터 언어와 새로운 도구를 사용하기 시작했다. 약 1만~1만 5,000년 전 호모 사피엔스는 시베리아와 알래스카 사이의 얼음 다리를 지나 아메리카로 이동했다. 호모 에렉투스와 네안데르탈인은 각각 다른 시기에 다른 대륙에서 멸종했다는 증거가 최근에 나왔다.[10]

표 2. 인간 진화의 개요[11]

시대	유인원 조상	내용
5, 6백만 년 전	현재의 아프리카 유인원과 인간 공통의 조상	이 조상은 아직 확인되지 않았다.
400~250만 년 전	오스트랄로피테쿠스 아파렌시스Australopithecus afarensis	루시Lucy로 알려짐.
200만 년 전	호모 하빌리스H. habilis, 호모 루돌펜시스H. rudolfensis & 호모 에르가스테르H. ergaster	앞서 발견된 유인원보다 더 큰 뇌를 가졌다.
180만 년 전	호모 에렉투스H. erectus	뇌용량이 앞선 유인원의 약 두 배이다.
15만 년 전	네안데르탈인H. neanderthalensis	뇌용량이 호모 에렉투스보다 크다.
10만 년 전	호모 사피엔스 사피엔스H. sapiens sapiens	현재의 인간

눈을 가진 동물들은 서로 흉내 내면서 배웠다. 밈meme[재현·모방을 되풀이하며 이어가는 사회 관습·문화], 즉 다른 것들로부터 배운 아이디어들이 동물들에게는 행동 습성이나 음조tune가 되고 인류에게는 말이 되었을 것이다. 좀 더 원시적 종들도 소리 밈verbal mim을 사용했겠지만, 인류는 언어 사용으로 언어 밈language mim이 생겨나 복잡한 정보를 보다 빨리 전달할 수 있게 되었다. 모든 세포 "자루" 가운데 인류의 보다 큰 뇌는 말하기, 배우기, 언어 이해, 복잡한 정보의 구성을 가능하게 했다.[12]

언어는 인류의 진화에서 중요한 역할을 한 것으로 보인다. 언어와 밈이 도구를 사용하게 했다. 약 1만 년 전에 인간은 농경에 도구를 사용하기 시작했으며, 가축을 기르고 농작물을 재배했다.

과학자들은 특정한 메커니즘을 사용하여 진화를 설명하고자 한다. 진화의 그 모든 변화들이 어떻게 생겨났을까?

진화의 메커니즘: DNA 혼합, 재배치, 돌연변이

유기체들은 변화하는 환경에 적응하면서 생명에 관한 문제에 더욱 정교한 해결책을 찾아나갔다. 어떻게 이런 적응이 일어났을까?

2장의 서두에서 언급한 생식세포를 발달시키는 평범한 흙 박테리아, 즉 그램-양성 박테리아의 행동에서 그 메커니즘을 볼 수 있다. 그렇지만 나의 관심과 흥미를 끄는 이 종들은 또한 살충제를 만들도록 진화되었다.[13]

우리 연구 그룹과 다른 그룹들은 모든 대륙에서 이 평범한 박테리아의 수천 개 다른 계통을 발견했다. 영양분이 고갈되어 모든 생물학적 자원을 생식세포를 만드는 데 써야 할 때 박테리아는 그 에너지의 절반을 살충 단백질을 만드는 데 바쳤다. 왜 그랬을까? 박테리아가 죽기 전에 살아남을 수 있는 생식세포를 만드는 데 종의 생존이 달려 있다면 어째서 귀중한 자원을 살충 단백질을 만드는 데 쓴 것일까?

살충 단백질은 특정 유전자가 만든다. 우리는 돌연변이를 통해 만들어진 이런 유전자에서 백 개 이상의 변종을 발견했다. 이 상이한 유전자들은 각 계통에 독특한 살충 단백질을 만들 수 있게 했다.

나는 다양한 계통들이 다양한 살충제를 생산하는 이유는 그들이 벌레와 공진화하기 때문으로 추론한다. 벌레는 박테리아의 생식세포와 함께 살충제도 섭취한다. 벌레는 그 독소로 인해 죽어서 이제 성장을 시작한 생식세포를 위한 음식물 주머니(죽은 벌레)로 남게 된다.

박테리아가 벌레와 공진화하는 건 당연하다. 벌레들은 새로운 종으로 진화하므로, 박테리아는 돌연변이, 즉 상이한 독소를 만들어내고 그들 중에는 새로운 벌레를 죽일 수도 있는 성향을 통해 생존의 기회를 높이게 된다. 따라서 이 박테리아의 전략은 생명체의 성장과 생식을 지탱해주는 환경(풍부한 음식물 주머니)에서 생식세포가 성장할 기회를 증가시키는 것이다.

이 박테리아는 벌레 외에도 선충류(기생충) 같은 유기체를 죽이는 단백질 돌연변이체를 만든다. 미생물은 다른 유기체와 공진화를 모색하면서도 자기 종의 존속을 위해 그 종을 죽일 정도로 기회주의적이다.

새로운 유기체와 유기체 내의 변종을 만드는 데는 수많은 진화의 메커니즘이 사용된다. DNA 서열의 변화 또는 DNA의 커다란 부분들이 위치를 바꾸는 과정 혹은 성적 과정[예를 들어 염색체 감수 분열] 등의 돌연변이는 커다란 영역을 교환하게 하고 염색체 전부를 교환하게 한다. 바이러스는 극한 환경에서도 정상적인 환경에서도 존재하는데 환경에 의해 박테리아는 보다 고등한 유기체의 유전자들과 혼합되게 된다.[14]

교차 혼합되는 유전자들

식물과 동물 심지어 효모균조차 하나 이상의 염색체 카피를 갖고 있다. 염색체는 새로운 유기체와 생명에 필요한 모든 유전자를 코드화하는 데 필요한 유전적 정보이다. 유기체는 유성생식을 통하여 각 부모로부터 상이한 염색체 세트를 물려받는다. 새로운 유기체가 만들어질 때 그것의 DNA는 "교차crossing over"라는 과정을 통해 혼합된다. 이 과정에서 그 DNA는 한 염색체에서 부서져, 부서진 각 부분이 다른 염색체와 결합한다.

수없이 많은 결합이 가능하며, 이 결합은 우리 어머니와 아버지의 유전자가 교차할 수 있는 방법으로 일어난다. 여기에 개별 세포에서 일어날 수 있는 돌연변이는 포함되지 않는다. 이것이 형제 자매들이 때로는 육체적·유전적으로 완전히 다른 이유이다. DNA의 커다란 영역을 움직이고 섞는 유성생식은 적응력을 높이고 보다 빨리 진화하게 한다.

어떻게 그토록 빠르게 진화했을까?

생물이 진화하는 속도를 가정하는 것과 관련하여 진화론에 대한 또 다른 비판이 있다. 앞장에서 우리는 생명의 본질적인 분자들이 아무렇게나 형성될 가능성은 거의 없을 것이라고 했다. 그러나 일단 생명 형태가 존재하게 되면 거기에는 급속히 진화할 근거가 있었다.

음식물을 며칠 동안 방치해두면 거기에 다양한 색의 둥그스름한 작은 덩이가 있는 걸 보게 된다. 이 덩이들은 음식물에 있던 하나의 생식세포나 미생물에서 시작된 수백만 미생물의 군체群體이다.

미생물은 실내온도에서 매 20분마다 두 배로 증가할 수 있다. 초기 지구에서도 유사한 생식시간과 충분한 영양분이 있어서 며칠 사이에 수천 억의 이런 초기 생명체가 생길 수 있었다. 이 새로운 생물에서 수천 번의 돌연변이가 발생했을 것이다.

관련된 아주 많은 생명체들과 그런 신속한 생식으로 돌연변이가 새로운 생명 형태를 빠르게 야기시켰다. 열과 늘어난 복사열로 인한 극한 조건 때문에 초기 지구에서 돌연변이율이 높았을 것이다. 그런 새로운 생명 형태가 더 많은 생명체를 만들고 이들은 또 새로운 생명체로 돌연변이했다. 이런 일이 수십억 년 동안 수많은 곳에서 일어났다.

돌연변이는 유해하거나 하찮거나 유익하다. 치명적인 돌연변이가 일어나거나 부정적인 형질이 만들어지면 그 생명체는 좀처럼 살아남지 못한다. 드물지만 유익한 돌연변이는 적응력을 높이고 심지어 적절한 살충제를 만드는 박테리아 같은 경쟁력을 가진 새로운 종을 만들기도 한다.

인간이 많은 도구와 정보, 건축자재를 가짐으로써 컴퓨터, 건물, 선박, 비행기 등 모든 산물을 만들 수 있는 것과 마찬가지로, 초기 미생물에서 진화된 다량의 유전자들이 모든 생명체를 초래했다. 유전자가 생명체 정보, 세포 내의 도구, 구성물질들을 생산했다. 박테리아 속에 있는 수천 개의 유전자들은 다양한 방법으로 약간 변형되어 사용될 수 있었고 이것이 엄청난 양의 미생물을 초래했다. 인간과 동물에게서 발견된 2만 개의 유전자들은 벌레, 파리, 박테리아의 유전자와 매우 유사하다. 이것이 유전자에서 어떻게 정보, 도구, 구성물질이 생산되어 자연의 모든 생명체를 만드는 데 다양하게 이용되었는지를 설명해준다. 그러나 많은 세부사항들, 즉 유사한 유전자들이 어떻게 다른 생명체에서 정렬되고 독특하게 사용되었는지 등은 알려지지 않았다.

의식을 다루는 7장에서는 하나의 유전자가 어떻게 박테리아의 움직임으로 그리고 인간의 사고와 기억으로 나아가는지 논할 것이다.

적응하는 미생물

인간이 지구상의 다른 생물에 비해 훨씬 더 "진보했다"는 믿음은 진화를 비판하는 사람들이 언급하는 또 하나의 문제이다. 오늘날 지구상에 있는 박테리아와 마찬가지로 초기의 생명은 매우 제한된 감각능력을 갖고 있었다. 이들은 직접적인 환경, 즉 젖은 것과 마른 것, 신맛 그리고 화학물질들을 그들의 세포막과 세포막에 있는 감각기관으로 느꼈을 것이다. 지능을 편의적으로 환경에 대응하는 것, 즉 자극에 다가가거나 멀어지고, 영양 부족에 적응하며, 생식하는 것 등으로 규정한다면, 이들은 원시적 지능을 갖고 있었다.

그러나 박테리아와 그 밖의 미생물들은 고도로 진화된 생명체이다. 이들은 지구상에서 상상할 수 있는 거의 모든 환경에 적응했으며, 다른 모든 생명체의 안이나 밖에서 살아왔다. "진보한다"는 것을 환경에 적응하는 능력으로 받아들인다면 미생물들은 인간보다 훨씬 더 "진보했다."

"코넌 박테리아Conan the bacterium"[15]라는 한 박테리아 유형은 인간을 죽이는 방사선의 3천 배에도 견딜 수 있다. 말하자면 이 박테리아는 히로시마에 투하된 원자폭탄보다 열 배나 강력한 방사선에서도 살아남는다는 것이다.

미생물은 지구상에 가장 널리 퍼진 생명체이다. 아직도 식별되지 않은 많은 박테리아들이 있다. 과학자들이 이 사실을 알고 있는 것은 이들의 독특한 RNA 흔적들이 발견되었기 때문이다. 박테리아를 포함하여 식별되지 않은 이런 미생물이 우리의 입과 창자 속에 살고 있다. 따라서 보다 많은 미생물이 있으며 더욱이 과학자들은 이들을 식별할 수 있을 때까지 그것이 얼마나 많은지 알지 못할 것이다.[16]

박테리아의 적응력 덕분에 인간으로 진화할 수 있었다. 이 장 앞부분에서 논한 대로 우리는 혼합체이며 박테리아는 우리에게 필수적이었고 지금도 필수적이다. 박테리아는 벌레와 공진화한 것처럼 우리와도 공진화했다. 모든 생명은 변화하는 세계에 적응할 필요가 있다.

생명은 환경을 느끼고 환경에 반응해야 한다

환경을 느끼고 거기에 반응하는 것은 생명의 진화에서 핵심 요인이다. 모든 생명은 자신의 환경을 느끼고 감지된 신호에 반응하는 것이 생존의 본질이다. 단순한 단세포 생명체들은 태양을 감지하여 그 에너지를 이산화탄소로 전환하고 물을 당과 산소로 전환한다. 이 산소가 지구 대기를 변화시키며 새로운 생명 형태들은 그 산소를 이용하여 이산화탄소를 배출한다.

눈은 5억 년 전에 생겨나 빛과 운동, 형태를 감지하게 했다. 물고기는 옆구리에 닿는 물의 움직임으로 음파를 감지한다. 일부 해양 생명체와 박쥐는 수중 음파 탐지를 포함하여 그들의 환경에 대한 감각능력을 발달시켰다. 새들은 자기磁氣를 길잡이로 사용했고, 식물은 꽃을 피우기 위해 낮의 주기를 감지했다. 육지 동물이 소리로 위치를 감지하는 것은 수억 년 전에 발달되었으며 턱 근처에 청각기관이 자리 잡았다.

문어 같은 두족류頭足類는 어떻게든 그들의 환경을 감지하여 피부의 질감과 무늬, 피부색을 민첩하게 바꾸어 놀랍게 위장하게 되었다.[17] 그들 뇌의 많은 부분이 이런 놀라운 능력에 사용되었다. 고양이와 개 같은 동물은 인간보다 더 예민한 후각과 야간 시각, 미각, 청각이 있다. 그런 예리한 감관은 생과 사를 결정하기도 한다. 반면에 인간은 20미터 떨어진 소화전에 있는 오줌 냄새를 맡을 필요가 없다.

큰 뇌를 가진 인간은 언어 소통과 빠른 학습으로 환경에 더욱 잘 적응한다. 인간의 두뇌력은 진화를 이해하는 모델은 물론 복잡한 문제를 풀어 세계를 이해하게 하는 컴퓨터를 만들었다.

진화를 이해하는 데 컴퓨터가 도움이 될까?

박테리아보다 수천 배나 빨리 증식하는 디지털 유기체들이 진화를 밝혀내기 시작했다. 미시간 주립대학의 200개 컴퓨터 클러스터가 컴퓨터 바이러스를 만들어내고 있다. 이 디지털 바이러스는 몇 분 안에 수천 개의 디지털 비트 모사본을 만들 수 있다. 이 비트들은 DNA 돌연변이 방식으로 돌연변이할 수 있다. 이들이 아직 신진대사에 해당하는 것을 보여주지는 못했지만 생물학적 생명의 특징에 해당하는 목록을 만족시킬 정도로 매우 근접하고 있다.

디지털 유기체는 실험실에 보관하지 않아도 매우 잘 진화한다. 이들은 반복되는 실험을 통해 생명과 같은 산물로 진화한다. 그러나 컴퓨터가 인간처럼 복잡한 존재의 진화에 관해 가르쳐줄 수 있는 것이 무엇인지는 분명하지 않다.[18]

과학자들은 우주 창조나 생명의 기원보다는 진화에 관해 더 많은 정보와 증거를 가지고 있다. 그러나 아직은 진화가 중대한 미스터리에 답하지 못한다. 최초 생명의 형태는 무엇이었을까?

진화와 영성

나는 진화가 과학적 증거로 지지되는 경우를 설명했다. 그러나 이것이 영성이 필요 없으며 영성을 위한 여지란 없다는 뜻일까? 아니다.

1장과 2장에서는 물리학자, 우주론자, 화학자, 생물학자들이 우주가 어떻게 창조되었으며 최초의 생명이 무엇이었느냐에 대해 설명할 수 없다는 사실을 상기시켜주었다. 이 장에서는 최초의 생명이 현재의 생명처럼 기본 성분을 가지고 있었다고 가정할 경우, 원시 생명이 어떻게 인간으로 진화되었는지를 설명하기 위해 과학자들이 진화를 어떻게 이용하는지를 요약했다. 이는 지구상 최초의 생명 형태가 이미 현대 생명과 유사한 DNA나 RNA를 가지고 있었다는 가정에 대한 믿음이다. 그러나 그런 믿음은 당치 않으며 지구 최초의 생명은 매우 달랐다고 가정해보자! 지구 대기권 밖의 생명이 DNA나 RNA 혹은 단백질을 가지고 있지 않다고 밝혀지면 어떻게 될까? 그러면 과학자들은 그런 생명이 어떻게 지구의 생물로 진화되었을까 하는 이론을 다투어 발전시킬 것이다. 이 경우 최초의 생명이 어떻게 비롯되었는지에 대한 의문은 여전히 남게 된다.

영성이 필요하거나 가능할까?

자, 과학자들이 옳고, 유픽셀과 우주의 규칙을 이해하는 것이 다음

과제라고 가정해보자. 그렇다면 유픽셀로 생명을 구성한 것은 어떤 규칙일까? "창조주Creator"란 다음 중 하나를 의미할 것이다.

1. 신이든 아니든, 우리 세계를 창조하고는 내버려둔 창조주
2. 어디에선가 생명을 창조하여 우주에 원시 생명의 씨를 뿌린 신이 아닌 존재
3. 지구든 어디든 생명을 창조한 (초자연적이거나 신 같은) 창조주
4. 생명, 특히 인간을 지구상에 창조한 창조주

2의 변형은 지구든 어디서든 저절로 진화하는 생명으로 나아갈 수 있다. 생명이 다른 어떤 곳에서 시작되었다면 의도적인 파종이 아니라 순전히 우연히 지구상에서 생명 형태들이 만들어졌을 것이다.

논리적인 사람은 창조주 혹은 그 밖의 어떤 가능성도 무시할 수 없다. 그러나 과학자들은 시험 가능한 이론을 원한다.

시험할 수 있을까?

실험이나 관측을 통한 시험은 과학의 초석이다. 일종의 창조주는 우리가 논한 모든 것과 일치하지만 시험할 수 없다는 사실 때문에 과학이 이런 논점을 무시하게 된다. 과학자들은 빅뱅이나 팽창 같은 개념들과 씨름하면서 이런 이론들을 어떻게 시험할 수 있을까 씨름한다. 그러나 우주 창조나 생명의 기원 같은 큰 문제들은 과학으로 설명되지 않는다. 여기에 믿음의 여지가 있다. 또한 여기에 믿음이 있어야 할 강한 필

요성이 있다. 나는 과학을 믿지만 영성이 우리의 기원을 설명하는 데 도움이 된다면 나는 그런 믿음을 받아들일 것이다. 생명은 기적일까? 우리는 얼마나 탁월할까?

우리가 어디서 왔는가를 알려고 하다가 나는 유픽셀을 이해하는 데 그 답이 있다는 생각을 했다. 유픽셀은 어디서도 오지 않았고, 우리 세계를 만들었으며, 생명을 낳아 우리로 진화시켰다. 우리의 세계가 이런 신비한 유픽셀로 이루어졌다면 우주에는 정말 무엇이 있을까? 존 휠러가 옳다면 우리는 우주를 정신적인 것으로 여길 수 있으며, 거기에는 마음이나 의식도 있을 것이다. 실재란 무엇일까? 정신적 혹은 영적 우주까지 입증할 증거가 있을까? 우리는 암흑에너지와 암흑물질, 평행우주에 관해 알아보았다. 우리 우주의 96퍼센트가 행방불명임을 알았다. 실재가 이보다 더 기괴할 수 있을까?

그렇다. 내가 밝히려는 대로 만물은 에너지이며 공간이다. 그러나 공간은 빈 것이 아니다!

나 자신의 일부, 나는, 가족의 생명을 구하기 위해 무서운 적에게 용감했던 영웅적인 작은 원숭이, 혹은 무서운 개떼에 맞서 동료들을 승리로 이끈 산에서 내려온 늙은 개코원숭이의 후손이다. ― 또한 적을 고문하기를 즐기고, 피 흘리는 희생물을 제물로 바치며, 양심의 가책 없이 유아를 살해하고, 아내를 노예로 취급하며, 품위를 모르고, 가장 지독한 미신에 시달리는 야만인의 후손이기도 하다.[19]
― 찰스 다윈Charles Darwin

| 실재란 무엇인가? |

과학과 실재

잘못된 지각

4장
과학과 실재

> 유일한 실재는 마음과 관찰이지만 관찰은 사물이 아니다. 우주를 있는 그대로 보려면 관찰력을 사물로 개념화하려는 경향을 버려야 한다. 우주는 비물질적, 즉 정신적이고 영적이다.[1]
>
> – 리처드 헨리Richard Henry

내 친구의 아홉 살 난 아들 타미는 그의 새 컴퓨터에 흥분한다. 그는 컴퓨터를 산 뒤로 컴퓨터 게임을 해왔다. 하루는 내게 "컴퓨터는 대단해요! 어떻게 이 모든 자료stuff들이 스크린에 나타날까요?" 하고 물었다.

나는 어떻게 답할까 잠시 망설였다. "자료는 픽셀이라는 각 점들에서 온단다. 그 점들이 모여 이미지를 만드는 거야."

"픽셀이 뭐예요?" 나는 픽셀은 에너지의 작은 조각들로 만들어진 것이라고 설명했다. 이 에너지들이 각 픽셀들을 만든다.

타미는 머리를 갸웃거리며 말했다. "그럼 제가 보는 자료는 단지 에너지군요."

"꼭 그런 건 아니다." 하고 나는 말했다. "네가 보는 자료는 에너지에 의해 만들어진 것이지."

그는 의자 앞으로 몸을 내밀었다. "근사해요! 그럼 내가 에너지를 갖고 있으면 스크린에 자료를 만들 수 있겠네요?"

"그런데 또 하나 결정적인 게 필요하단다. 에너지가 어떻게 이미지를 만들지 지시하는 정보가 필요하단다. 그래서 네 말대로 에너지와 올바른 정보가 있으면 모든 자료를 만들 수 있지."

"그러면 이 상자는 왜 있어요?"

"상자는 벽에서 코드를 통해 오는 에너지를 전환시키는 컴퓨터란다. 컴퓨터는 정보와 에너지를 사용해서 모든 자료로 만든단다."

"멋져요!"

아이들은 굉장한 질문들을 한다. 비록 그 대답은 컴퓨터 이미지 같은 경우였지만 타미가 주변에 있는 사물에 대해 묻는 게 아니라 모든 물질이 어떻게 만들어지는지 물어주어서 나는 기뻤다. 우리 세계의 모든 "물질"은 에너지가 정보에 따라 전환되어서 생긴다고 과학자들은 믿는다! 그러나 그 설명은 타미에게 한 것보다 매우 복잡하다.

두 가지 예외

19세기 말, 두 가지를 제외하고는 물리학의 거의 모든 것이 예증된 것 같았다. 하나의 예외는 소위 에테르ether였다. 에테르는 진공 공간에 있는 신비로운 물질로 알려졌다. 즉 1800년대에 과학자들은 진공 혹은 진공 근처의 공간에 신비스런 것이 있다고 생각했다. 당시 과학자들은 원자와 물질에 대해 지금만큼 알지 못했으므로 우리는 그들의 그런 확신을 무시할 수 있다. 그러면 우리도 그럴 수 있지 않을까?

20세기 초 아인슈타인은 그의 이론을 갖고 에테르의 개념을 부정했다. 그의 이론 또한 오차를 추가하여 정지된 우주와 일치시키고 팽창하는 우주 이론을 부정했다. 정지된 우주란 팽창도 수축도 하지 않고 늘 같은 상태로 있는 우주를 말한다. 아인슈타인은 훗날 이 오차는 그의 가장 큰 실수임을 시인했는데, 그의 본래 이론이 움직이는 우주를 예언했기 때문이다.[2]

21세기에 일부 과학자들은 아인슈타인의 오차를 환기시키고 있다. 그들은 이 오차를 적절히 조절하여 반중력anti-gravity의 힘으로 암흑에너지를 설명하고자 한다. 그러나 암흑에너지가 우리의 실재에서 어떤 역할을 할까? 암흑에너지는 우리 우주의 73퍼센트(23퍼센트는 암흑물질이고 나머지 4퍼센트는 감춰지지 않은 물질과 에너지이다.)에 해당한다고 알려졌으며, 과학자들은 암흑에너지가 점점 커져가는 우리 우주의 팽창 비율을 설명해줄 것으로 생각한다.[3] 그러나 놀랍게도 우주는 또 다른 종류의 에너지를 가지고 있는 것 같다.

공간과 진공, 물질로 가득 찼다!

21세기의 많은 과학자들은 공간을 생각하지 않고는 우주의 본질을 이해할 수 없다고 믿는다. 우리는 공간을 거의 빈 것으로 생각하지만 양자 이론quantum theory에 의하면 실제로 공간은 영점 에너지장zero-point field[진공이 아니라 물질이 충만한 공간]이라는 **엄청난 양의 에너지**로 가득

차 있다. 과학자들은 이런 에너지를 관측하거나 측정할 수 있는 도구를 갖고 있지 않으므로 대부분의 물리학자들은 공간 에너지를 무시한다.[4]

공간에는 일시적인 소립자도 있다. 전자와 양성자 같은 소립자는 원자를 만드는 구성요소이다. 이런 입자들을 우주의 가장 작은 구성요소로 여겨왔으므로 잘못된 이름으로 불렸던 것이다. 소립자 또한 유픽셀로 만들어진다. 그리고 그들 자체는 반대 버전을 가지고 있다. 전자 등의 모든 소립자에는 반입자anti-particle가 존재한다.

이유는 모르지만 우리 세계에서 반입자는 거의 발견되지 않았다. 그러나 작은 물질 조각을 거의 광속으로 분쇄하는 입자가속기를 이용하여 반입자를 만들 수 있다. 전자와 그 전자의 반전자anti-electron가 만나면 서로를 소멸시키며 에너지를 산출한다.

공간에 관한 이상한 사실은 그런 입자와 그것의 반입자들이 끊임없이 생성되고 있고, 결합하면 즉시 소멸된다는 것이다. 그러나 입자를 만드는 에너지와 그것들의 소멸로 인해 방출되는 에너지는 과학으로 측정되지 않는다. 그것들의 일시적인 존재는 실험에 의해 확인된다.

물리학자이며 노벨상을 수상한 로버트 B. 로플린Robert B. Laughlin은 대형 입자가속기 실험으로 공간이 빈 것이 아니라 "물질"로 가득 차 있음을 추론할 수 있다고 한다. 그는 빈 공간과 물질은 거의 절대영도 [-273.15C]로 냉각되는 것이 유사하며 내부의 운동도 물리적으로 구별할 수 없다고 지적한다. 말하자면 보통의 물질이 충분히 냉각될 때 그것은 공간처럼 행동한다는 것이다. 혹은 공간이 물질처럼 행동한다. 그래서 로플린은 진공은 아인슈타인이 부정한 에테르와 같다고 말한다. "그

것(에테르)은 대부분의 물리학자들이 실제로 진공에 대해 생각하는 대로 관심을 끈다."[5]

진공에너지의 절대가치에 대해서는 상이한 평가들이 있다. 한 추론에 따르면 빈 공간은 우주에 있는 모든 에너지나 부피보다 더 많은 에너지를 갖고 있으며, 신비의 암흑에너지를 능가하는 약 40종의 거대한 것들이 있다! 다른 과학자들은 공간에 얼마나 많은 에너지가 있는지 확실히 알지 못한다. 그 외의 과학자들은 아직도 진공에너지가 암흑에너지라고 믿고 있다. MIT 물리학 교수이며 노벨상 수상자인 프랑크 윌첵 Frank Wilczek은 빈 공간 에너지는, "……모든 물리학에서 가장 신비한 사실이며, 근간을 흔들 만큼 엄청난 가능성을 가진 것"[6]이라고 믿는다.

알수록 놀라운 것은 공간과 진공이 에너지로 가득 찼다는 것이며, 마찬가지로 당황하게 하는 것은 진공이 다른 무수한 상태들에서도 존재할 수 있다는 사실이다.

진공 상태는 생명의 가능성을 결정한다

진공 상태는 진공이 작용할 수 있는 다양한 방식이다. 무수히 가능한 진공 상태 가운데 몇몇 상태들만이 우리 우주 안에서 우리가 아는 생명을 유지시킬 수 있다. "잠깐만"이라고 말할 것이다. 대부분 사람들이 "무nothing"라고 생각하는 것(진공 혹은 공간) 속에 에너지뿐만 아니라 수많은 무의 형태들이 또한 존재한단 말인가? 어떻게 다른 진공 상태들이 있을 수 있단 말인가?

과학자들은 다른 우주들 속에는 자연의 상이한 특성 혹은 상이한

"자연법칙"이 있을 수 있다고 믿는다. 과학자들은 왜 우리는 우리 세계에 있는 물질과 에너지의 특성을 갖고 있는지 깊이 생각한다. 예를 들면 양성자는 고정되어 있지 않다. 원자는 고정될 수 없을 것이다. 천문학자 마틴 리스 경은 정교하게 들어맞는 몇 가지 요인들이 우리 우주에서 생명을 위한 조건들을 야기했다고 지적한다. 다음의 요인들은 우리가 "매우" 특별한 우주에 살고 있음을 말해준다.[7]

1. 빅뱅으로 인해 헬륨으로 전환된 산소의 양: 너무 적었더라면 무거운 원자들이 형성되지 못했을 것이며, 너무 많았더라면 오늘날 별들이 있지 못했을 것이다.
2. 중력의 힘: 중력이 약했더라면 별들이 형성될 수 없었을 것이며, 강했더라면 별들이 아주 빠르게 연소되어 생명이 진화될 시간이 없었을 것이다.
3. 우주의 밀도: 너무 작았더라면 우주는 빠르게 식었을 것이며, 너무 컸더라면 생명이 시작되기 전에 우주가 붕괴되었을 것이다.
4. 우주의 가속: 너무 작았더라면 우주는 붕괴되었을 것이며, 너무 컸더라면 우주가 너무 빠르게 팽창하여 생명이 시작되기도 전에 결빙되었을 것이다.
5. 우주의 불규칙성: 조금만 더 작았더라도 우주는 별들을 형성하기에 지나치게 획일적이었을 것이며, 조금만 더 컸더라면 우주가 거대한 별들을 창조했을 것이고 그 결과 별들이 붕괴되어 블랙홀들이 되어 우리가 살고 있는 것과 같은 세계는 없었을 것이다.

그러나 점점 더 어려워진다. 과학자들은 다른 진공 상태에는 다른 유형의 소립자가 있으며 다른 수의 공간 차원까지 있다고 믿는다. 얼마나 많은 진공 상태가 있을까? 끈 이론자들, 즉 우주의 유픽셀을 에너지의 진동하는 끈으로 훌륭하게 묘사한 과학자들은 엄청난 수의 진공 상태가 가능하다고 주장한다(10^{500}개라는 게 하나의 추정이다.). 그럼 우리의 우주 안에 존재하는 하나의 진공 상태를 만드는 것은 무엇인가?[8]

MIT의 물리학자들 알란 구스Alan Guth와 데이비드 카이저David Kaiser는 우리는 다중우주multiverse[메타우주meta-universe라고도 하는데 우리가 살고 있는 우주를 포함하여 우주들 전체를 의미한다.]의 일부라는 설명이 가능하다고 했다. 이 다중우주에서 우리의 우주는 무한하거나 엄청나게 많은 우주들 가운데 하나일 뿐이다.[9] 그들은 또 우리의 우주에 대한 진공 여부를 결정하는 것은 없다고 주장한다. 대신 관측 가능한 우주는 가능한 모든 유형의 진공으로 구성된 다중우주 내의 하나의 작은 반점으로 보인다. 즉 다른 많은 우주 속에는 다른 가능성들 또한 많이 있으므로, 진공이 작용할 수 있는 거의 무한한 방법 중 어느 하나가 우리 우주의 진공 상태를 결정한 것은 아니다. 이는 1장에서 논한 로저 펜로즈 경의 개념, 즉 우리의 우주는 우주를 이루는 수십조의 가지 중 하나의 봉우리로 시작되었다는 개념과도 일치한다.

구스와 카이저가 정의한 대로 인류발생론이 본질적으로 말하는 것은 우주에는 수많은 법칙이 가능하며 우리가 우리의 우주를 갖게 된 이유는 우리가 여기서 그것을 관찰하기 때문이라는 것이다. 우주의 법칙이 인간이나 생명이 존재할 수 없는 그런 것이라면, 다중우주의 다른 곳에서도 누구도 그 우주의 다른 법칙을 관측하거나 기록할 수 없을 것이다.

다른 우주가 존재하든 않든 끈 이론은 수학 방정식을 통해 우주에는 일곱 개의 다른 차원이 있다는 주장도 내놓았다. 우리는 왜 이런 다른 차원들을 보지 못하는 것일까? 이런 차원은 우리가 보고 탐지할 수 있는 가장 작은 입자보다 수십조나 작은 영역에 존재하기 때문이라는 설명이 있다. 그 영역은 약 10^{-35}미터 크기이다. 끈 이론이 대단히 복잡하고 논쟁적이지만 대부분의 다른 이론들도 이 매우 작은 스케일 10^{-35}미터에 우리 우주의 근본 성분이 있다고 제시한다. 따라서 그것은 유픽셀이 있는 곳이다.

19세기의 에테르 개념이 21세기에는 에너지로 가득 찬 우주 개념으로 진전되었다. 이런 관념은 과학자들이 우리 우주의 독특한 면 중 하나가 진공 상태임을 시사하게 했다. 이는 결국 생명을 용인하지만 다른 일곱 차원들 그리고 상이한 진공 상태를 가진 다수의 우주들을 요구할 수 있는 쪽으로 조율된다. 실재에 대해 이처럼 이상하게 보이는 서술은 1800년대 이후의 두 미스터리 중 하나의 결과이다.

19세기의 또 하나의 수수께끼는 가장 근본적인 수준의 물질은 무엇인가 하는 의문이다. 대부분의 사람들, 심지어 물리학자가 아닌 사람들도 물질은 입자로 이루어진 것으로 간주한다. 그렇다면 논쟁할 것이 무엇이란 말인가?

"물질"은 매우 독특한 성질을 가지고 있다: 양자 수수께끼

그 외 해결되지 않은 19세기의 미스터리는 흑체-복사black-body radiation[모든 파장의 복사 광선을 완전히 흡수하는 가상의 무반사, 무광택의 물체인 검은 물체에서 나오는 방사]였다. 텅스텐 같은 물질에 충분히 열을 가하면 빛을 방사한다. 어째서일까? 많은 새로운 수수께끼나 역설들과 마찬가지로 이런 미스터리가 양자 이론을 이끌었다.

아인슈타인은 물질과 에너지가 호환된다고 보았다. 하나가 다른 하나로 전환될 수 있다는 것이다. 원자폭탄은 매우 작은 물질 조각이 엄청난 양의 에너지로 전환된 것이다. 빅뱅의 경우 모든 것이 에너지점으로 불가해하게 압축된 것이며, 그것의 팽창과 냉각으로 물질 및 여러 에너지 형태가 생겨났다. 물질에 대한 또 다른 관점은 인간이 에너지의 어떤 면을 설명하는 데서 생겨난 은유이다.

20세기에 양자 이론이 등장했다. 양자 이론은 물질과 에너지가 동일한 방법으로 각자의 파동과 입자 특성을 갖고 있다고 설명한다. 이 이론은 전자와 광자 같은 매우 작은 입자들에는 적용되지만 당구공처럼 보다 큰 물체에 적용할 때는 양자 효과quantum effect가 미미해진다.

어떤 것이 어떻게 파동과 입자가 될 수 있을까? 양자 이론이 나온 지 약 80년이 되었지만 전문가들은 아직도 그 설명에 동의하지 않는다. 그러나 양자 이론은 훗날 실험을 통해서야 얻게 되는 대단히 새로운 것들을 예측했다. 파동은 사방으로 퍼지므로 파동이 있는 하나의 지점을 생각할 수가 없다. 마찬가지로 양자 이론은 분자 안에서 전자의 위치를 말할 수 없으며 전자는 어느 순간 어디에나 있을 수 있을 뿐이다.

결국은 사라지는 행위

뉴욕 시립대학의 물리학자 미치오 카쿠Michio Kaku는 전자의 위치가 불확실한 것에 대한 뛰어난 한 예를 제시했다. 그는 전자가 어떻게 규칙적으로 비물질화되어서 다른 쪽 벽, 혹은 PC와 CD 안에서 물질화되는지를 설명했다! 그는 안정된 분자 안에 두 원자를 묶어두면 전자들이 동시에 수많은 장소에서 일제히 나타나 원자를 묶는 전자 "구름"을 형성할 수 있다는 것을 설명했다. "……분자가 안정되고 우주가 붕괴되지 않는 이유는 전자가 동시에 수많은 장소에 있을 수 있기 때문이다." 그러나 어떻게?

유픽셀들이 자리다툼을 한다

진공에 관해 설명해보자. 전자가 진공 상태에 들어가면 다른 전자로 대치되지만 다른 위치에 있게 된다. 처음의 전자는 다른 우주에 들어가서 또 다른 우주에서 온 전자로 대치된다. 이는 거대한 의자 뺏기 놀이로 한 전자(혹은 빛 광자나 어떤 양자)가 계속 대치되면서 무한한 수의 평행우주를 통해 전자의 운동이 일어나는 것이다. 이런 대치는 막스 플랑크Max Planck의 시간 스케일인 1.616×10^{-44}초 내에서 발생한다. — 매우 근소하지만 카쿠의 이론처럼 동시에 일어나는 것은 아니다. 플랑크는 양자 이론의 아버지였으며, 우주의 불변하는 특징을 산출해냈다. 플랑크의 시간은 이런 상수constant들 가운데 하나이다.[10] 플랑크의 길이 Planck's length는 약 10^{-35}미터이며, 이것이 중력과 시공간에 대한 고전물리학 이론을 무력하게 만들고 양자 효과를 부각시켰다. 플랑크의 시간

은 광속으로 플랑크의 길이를 여행하는 데 걸리는 시간을 말한다.[11]

『양자 뇌 The Quantum Brain』의 저자 제프리 새티노버Jeffrey Satinover는 위대한 물리학자 리처드 파인먼Richard Feynman과 존 휠러가 진공에서 사라졌다가 다시 나타나는 이런 입자들에 대해 놀라워했음을 상기시킨다. 그들은 우주에는 오직 하나의 전자만 있을 거라고 농담을 했다.

세계는 시간 속에서 전진하고 후퇴하는 다중우주 간의 접속역학을 편안하게 논할 수 있는 곳이다. 파인먼과 휠러가 그랬듯이 우주 속의 모든 전자가 같은 것인지, 단지 시간 속에서 복합적인 고리들을 통해 다시 나타나는 것인지 진지하게 질문할 수 있다.[12]

유픽셀들의 이런 자리 뺏기 운동은 다른 우주들을 통해 하나의 유픽셀이 어떻게 입자이자 파동처럼 활동할 수 있는지 설명해준다. 이는 바로 소위 "다중세계들the many-worlds"의 변형판으로 불리는 양자 이론의 가정 가운데 하나이다. 유픽셀이 다른 위치에서 재출현하므로 그것은 또한 입자들이 어떻게 움직이는지 설명해줄 것이다.

양자 이론이 실제로 무엇을 의미하는지 충분히 합의되지 않았음에도 불구하고, 양자 역학 없이는 레이저, 텔레비전, 컴퓨터, 마이크로파, CD와 DVD 재생기, 이동전화 그리고 현대의 많은 기기들을 가질 수 없었을 것이다. 물리학자이며 노벨상 수상자 닐스 보어Niels Bohr는 말했다. "양자 이론에 충격받지 않은 사람은 양자 이론을 이해하지 못한 사람이다."[13]

수십 년 후 또 다른 노벨상 수상자이며 존 휠러의 제자였던 리처드 파인먼은 양자의 세계는 인간이 직접 체험하는 것과는 전혀 다르게 작용한다고 말했다. 그는 캘리포니아 테크놀로지 인스티튜트 신입생들에게 양자 이론을 포기하지 않도록 용기를 북돋우면서 말했다.

양자 이론을 이해하지 못해서 외면하려는 여러분을 설득하는 것이 내가 할 일입니다. 여러분도 알다시피 나의 물리학 학생들도 그것을 이해 못합니다. …… 이는 나도 그것을 이해하지 못하기 때문입니다. 누구도 이해하지 못합니다.[14]

물질: 우리가 볼 때까지 모든 곳에 있다

항구에서 파도를 막고 있는 방파제를 생각해보라. 방파제가 부식되어 두 개의 틈이 생기면 파도가 이 틈들을 지나 항구로 빠져나간다. 항구의 파도들은 이 두 틈에서 서로 충돌하고 간섭한다. 이와 같이 빛은 좁은 틈을 통과하면서 만나고 간섭 패턴을 만들기도 한다.[15]

하나의 광자나 전자가 좁은 틈(면도날 크기나 그보다 작은)을 통과할 때 양자 이론의 참으로 신기한 증거가 나타난다. 하나의 광자가 두 개의 작은 틈이 있는 벽을 지나 각 틈 뒤에 있는 탐지기에 닿으면 하나의 파동이 두 개의 틈 모두를 통과한 것과 같은 패턴이 나타난다. 이는 논리를 무시하는 것처럼 보인다. 하나의 실체가 어떻게 동시에 두 곳을 통과할 수 있을까?

양자 이론은 하나의 광자, 혹은 양자 수준의 어떤 것이든 A에서 B

를 지나는 모든 가능한 통로를 취함을 암시한다! 이 광자는 우리가 측정하거나 관측하지 않는 한 파동처럼 작용한다. 그러나 우리가 관측하려고 하면 이내 눈에서건 장비에서건 그 파동은 사라지고, 광자 입자는 두 틈 중 하나 뒤에는 나타나지만 다른 하나의 뒤에는 나타나지 않는다. 이는 마치 미스터리를 풀려고 하면 이내 자연이 그 파동을 한쪽으로 사라지게 만드는 것과도 같다.

이런 현상을 설명할 수 있을까? 일부 사람들은 견고한 세계에서 그것들은 역설에 지나지 않는다고 한다. 그러나 모든 것이 공간이고 에너지라면 왜 에너지가 공간을 채우지 못하고 A와 B 사이의 모든 가능한 통로를 취하는 것처럼 보이는가? 과학자들은 공간에 있는 에너지를 설명하기 위해 광자와 전자 같은 "물질"과 "입자"의 은유를 만들었다. 그러나 은유는 실재가 아니다. 물리학자 스티븐 호킹 또한 입자의 존재에 의문을 가졌다. "아마도 입자의 위치와 속도는 없고 파동만이 있을 것이다. 우리는 단지 우리가 미리 생각한 것에 그 파동을 끼워맞추려 할 뿐이다."[16]

파동이 A에서 B를 지나기 때문에 "입자"는 가능한 통로 모두를 취할 수 없다는 선입견은 세계가 당구공처럼 견고한 물질로 구성되어 있다는 패러다임에 기반한 것에 불과하다. 실재 견고한 입자란 없고 오직 공간을 채우는 에너지 파동만 있을 뿐이다.

내가 생각을 바꾸면 어떨까?

내가 광자를 측정하는 장비를 빛이 통과할 수 있는 틈 앞에 놓아둔다고 가정하자.(여기서 광자를 표시하는 세부사항은 중요하지 않다.) 이 경우 광자를 표시하는 것은 관측이고, 결과는 그 광자가 파동이 아니라 입자로 작용하며 하나의 틈 뒤에서만 탐지된다는 것이다. 이번에는 내가 그 틈들 앞에서 광자를 표시하는 실험을 고안했지만 광자가 탐지기에 닿기 "전에" 내가 생각을 바꿔 광자를 표시하지 않는다고 가정해보자. 결과는 광자가 파동으로 작용한다는 것이다! 이는 의식이 실재를 만든다는 것을 의미한다. 즉 휠러가 지지한 양자 이론 설명이다.

양자 세계는 80년 동안 과학에서 가장 탁월한 사고들을 혼란에 빠뜨렸다. 이 현상에 대한 합의된 설명이란 없다. 그리고 아인슈타인이 "유령 같은spooky"이라고 부른 것은 양자 세계에 대한 또 다른 관점이다.

비국지성: 순간 교신 혹은 유픽셀 텔레파시

양자 수준의 입자는 순식간에, 광속보다 빨리 전달될 수 있다. 비국지성nonlocality이라 불리는 이런 효과는 아주 먼 거리에 있는 입자를 이용해 증명된 적이 있다. 우리가 논한 대로 양자 수준의 입자는 개연성 상태로 존재하며, 모든 상태가 가능하다. 그러나 그것들이 상호 작용을 할 때는 각기 다른 양자의 상태를 "알고" 거리와 상관없이 순식간에 그 속성들과 짝을 이룬다.[17]

여기에 하나의 허구적인 예가 있다. 프랭크와 피터는 라스베가스와 애틀랜틱시티, 몬테카를로에 게임 시설을 가지고 있는 카지노 주인들이다. 그들은 세계의 최고 보안 회사를 고용해서 속임수를 살피고 있다. 유령 현상을 알게 된 프랭크가 피터에게 전화를 건다. 그는 한 사람에게 허용된 두 대의 슬롯머신을 떼어놓으면, 그 두 대의 슬롯머신은 동시에 같은 결과를 낸다고 말한다. 한 머신이 체리, 바, 세븐을 나타내면 다른 머신도 체리, 바, 세븐을 나타낸다는 것이다. 이것은 그 머신들이 다른 슬롯머신들에게 노출되지 않을 때만 발생한다. 피터는 프랭크가 마침내 돌았다고 생각한다.

프랭크는 피터에게 각자의 슬롯머신을 가지고 라스베가스 근교에서 만나자고 한다. 프랭크는 2천 달러 내기를 걸었다. 쉽게 돈 벌기를 좋아하는 피터는 프랭크가 취했다고 생각했다. 그들은 각자 스포츠카 뒤에 슬롯머신을 하나씩 싣고 사막에서 만났다. 피터는 자신과 프랭크의 슬롯머신을 만진 뒤 스포츠카 뒤에 실었다.

"이제 됐어?" 피터가 말한다.

"그래."

피터는 20킬로미터를 운전해 가서 그의 집 콘센트에 슬롯머신 플러그를 꽂는다. 프랭크도 집으로 간다. 그들은 핸드폰으로 통화한다. 그들이 동시에 손잡이를 당기자 두 슬롯머신에 똑같이 바, 세븐, 세븐이 나타난다. "내게 2천 달러 빚졌어, 피터." 피터는 천만에라고 하며, 판돈을 배로 늘이고 이번에는 애틀랜틱시티에서 슬롯머신을 가져와 다시 해보자고 한다. 그는 그렇게 했고, 양쪽 슬롯머신에 똑같이 세븐, 바, 세븐이 나타난다. 피터는 다시 판돈을 배로 늘이고 몬테카를로에서 슬롯머신을 가져와 프랭크의 것을 만지고 콜로라도 주로 가서 테스트한다. 두 머신 모두에 체리, 바, 세븐이 나타난다. 피터는 졸지에 8천 달러를 잃는다. 프랭크가 피터를 놀린다. "헤이, 피터! 힘 내. 그래도 동전 네 개는 벌었잖아."

　실제 슬롯머신에서는 이런 기묘한 "텔레파시"가 발생하지 않지만 유픽셀에서는 발생하며, 양자 차원에서 존재하는 이상한 현상을 설명해준다. 광자와 같은 유픽셀 "입자들"이 상호 작용하면 뒤얽히게 된다. 광자가 물러갈 때조차 한 광자의 회전 수는 다른 광자에게 순식간에 예측 가능한 회전가spin value를 취하게 만든다. 회전은 양자 입자가 갖고 있는 특성으로 팽이의 회전과 유사하다. 광자들이 상호 작용하게 하는(뒤얽히게 하는) 실험에서 과학자들은 광자의 특성들이 동시에 일어나게 한다. 슬롯머신 이야기와 달리 다음 사례는 실제 실험을 요약한 것이다.[18]

　땅 위에서 회전하는 팽이를 상상하라. 땅과 팽이의 각도는 상관없다. 이제는 회전하는 두 개의 "양자 팽이quantum tops", 즉 광자들이 광케이블 안에 있다고 상상하라. 그것들은 뒤얽히게 된다. 그것들은 다른 광자를 "막아내거나" 다른 광자와 뒤얽히게 될 것이다. 각 광자는 모든 회전 상태가 가능하다. 그리고 이들은 서로 떨어진다. 여러분이 그 광자 중 하나의 회전 상태를 관측한다면, 그것의 회전 상태의 하나를 실재라고 "고정freeze"시키게 된다. 이 하나의 회전 상태가 여러분에게 관측된다는 사실은 즉각 다른 광자로 전달된다. 다른 광자는 이제 반대의 회전 상태를 갖는다. 그 광자는 눈으로 볼 수 있는 광섬유에서 3킬로미터나 떨어져 있어도 광자로 인정되어왔다.

　비국지성의 잠재적 효용은 놀랍다. 과학자들은 유픽셀의 이런 놀라운 특징을 이용해서 양자 컴퓨터를 만들려고 하고 있다. 그러나 그것들이 이런 "유픽셀 텔레파시"를 어떻게 설명할까? 어떤 연결 형태가 이런 유픽셀들이 순식간에 교신하게 할까?

양자 이론의 비국지적 특성은 과학자들로 하여금 정보가 숨겨진 변수, 다른 차원들 혹은 다른 우주들을 관통하리라는 생각을 품게 한다. 이는 놀라운 가능성이다. 유픽셀이 우주를 구성하는 기본요소이기 때문에 하나의 유픽셀에 작용하는 것을 우주의 모든 유픽셀이 "느낄" 수 있을까? 그렇다면 우주는 살아 있는 것으로 간주해도 좋을 것이다.

전체

비국지성은 전체를 의미한다. 간단히 말하면 우주는 전체로 볼 수밖에 없다. 유픽셀들이 순간 교신하므로 우리의 행위와 다른 사람의 행위가 우주 전체에 영향을 미치는 것이다. 광대한 바다를 생각해보라. 당신이 바다의 물 한 컵, 바다의 늪이나 조수를 연구하더라도 전체를 알지는 못할 것이다. 작은 물고기의 지느러미가 주변 물 분자들의 움직임을 바꾸고 미세한 분자의 상호 작용이 전체 바다에 영향을 준다. 양자 역학도 이와 같은 상호 작용을 의미한다. 다만 유픽셀의 경우는 그 효과가 동시에 일어난다는 것이다. 세계적인 물리학자 데이비드 봄David Bohm은 "상대성 이론과 양자 이론의 개념들은 전적으로 충돌된다."고 말했다. 그는 새 이론이 필요하다며 "(두 이론이 가진) 공통점이 가장 좋은 출발점이다. 그것은 분할되지 않은 전체이다."[19]라고 했다. 말하자면 우리는 다른 사람과 하나이며 우리는 우주와 하나이다. 다른 개념도 많은 종교적 영적 가르침과 일치한다. 힌두교의 브라만은 상호 연결된 코스모스의 연결망cosmic web이다. 대승불교의 경전 『화엄경』은 세계를 상호 관계의 네트워크로 묘사하는데 이 속에서 모든 사건과 사물들이 무한히 복잡한 방법으로 상호 작용한다.

양자 이론을 연구하고 있는 데이비드 봄과 그 외의 양자 물리학자들을 방문한 달라이 라마Dalai Lama의 불교적 견해는 봄의 양자 견해를 반영한다.

……고유의 자주적 존재를 가정하는 객관적 실재에 대해서는 어떤 믿음도 주장할 수 없다. …… (그런 존재를 가지려면) 사물과 사건들이 어떻게든 그 자체로 완전해져서 완전히 자족적이어야 할 것이다. 이는 다른 현상과의 상호 작용이나 영향을 행사할 일이 전혀 없음을 의미하며 …… 세계에 대한 소박하거나 상식적인 견해로 우리는 사물과 사건이 마치 고유의 실재를 갖고 있는 것처럼 생각하고 있다.[20]

그러면 어떻게 우주를 온전히 연구할 수 있을까? 우주의 다른 구성 요소를 고려하지 않고 하나의 원자나 유픽셀의 양자 효과를 연구하는 것은 분명 실재의 한 측면만 관찰하는 결과를 초래한다는 것을 전체는 말해준다. 우리는 우주에서 볼 수 있는 모든 것, 즉 평행우주, 그 외의 숨겨진 차원, 암흑물질, 암흑에너지 그리고 진공에너지를 어떻게 포함시킬 수 있을까? 사람들은 이 모든 것을 행방불명된 정보로 간주한다.

정보가 에너지를 실재로 변형시킨다

우주의 유픽셀들을 물질, 에너지, 시간, 중력, 운동 그리고 우리의 실재로 변형시키는 규칙은 무엇일까? 어떤 규칙이 유픽셀을 우리 세계로 귀착시켰을까? 아인슈타인은 죽을 때까지 이를 연구했다.

아인슈타인은 정보로 간주할 만한 것이 무엇인지 찾았다. 그래서 만물은 정보에 의해 변형된 에너지일 뿐이라는 견해를 갖게 되었다. 분명 정보는 물질이 아니다. 그러나 의식 없이 어떻게 정보가 있을 수 있을까? 그것은 어쩌면 각자가 살아 있음을 증명하는 것이라고 믿는 "정신"에 더 가까울 것이다.

모든 것은 에너지와 정보이다. 실재를 만들려면 의식이 있어야 한다. 나는 우리 세계의 재료를 유픽셀이라고 부른다. 20세기의 위대한 과학자 아서 에딩턴 경은 그것을 이렇게 말했다. "단도직입적으로 말하자면, 세계의 재료는 마음-재료mind-stuff이다."[21]

이런 견해는 이 장의 서두에서 인용한 물리학자이자 천문학자 리처드 헨리의 말대로 21세기에 더욱 유력해지고 있다. "우주는 비물질적, 즉 정신적이고 영적이다."

21세기의 관점: 유픽셀의 계산이 우리의 세계가 되었다

양자-정보 이론quantum-information theory과 양자-중력 이론 quantum-gravity theory을 선도하는 과학자들 MIT의 세스 로이드Seth Lloyd와 노스캐롤라이나 대학의 잭 넥Jack Ng은 2004년에 우주는 여태까지 10^{123}번 작동해온 최고의 컴퓨터라고 말했다. 그들은 "······우주는 자신을 계산하고 있다."고 말했다. 이런 일이 어떻게 가능할까?[22]

유픽셀들 간의 모든 상호 작용이 정보를 전달한다. 따라서 유픽셀들은 충돌을 계산한다. 유픽셀은 그들 자체의 역동적인 진화를 계산하는 것이다. 그것들이 우리 세계로 진화했다. 그런 "우주적인" 컴퓨터 프로그램이 있을까? 그러나 유픽셀들 자체의 계산이 우리의 실재가 되었다면 그 컴퓨터 프로그램이 주는 정보는 무엇일까?

유픽셀을 우리의 실재로 변형시키는 프로그램, 정보 혹은 규칙이 무엇인지 아무도 보여준 적이 없다. "정보"는 우리 실재의 한 요소를 묘사하는 은유이다. 실재의 다른 가능성은 무엇일까? 우리는 전체 그림을 "보지" 않고 있다.

혹은 플라톤의 은유를 선택할 수도 있다

영국 방송 대학의 물리학자 스티븐 웨브Stephen Webb는 포로들이 2차원의 그림자 세계만 볼 수 있는 플라톤의 "동굴의 우화"를 묘사한다. 웨브는 이 포로들 가운데는 물리학자도 있으며, 그들이 2차원 세계에서 물체들이 어떻게 움직이고 상호 작용하는지에 관한 이론을 발달시켰을 것이라고 가정한다. 동굴 속에 있는 누구도 3차원 세계가 있다는 걸 이해하기는 어렵거나 불가능할 것이다.[23]

우리는 3차원 세계 속에서 더 높은 차원 세계의 그림자만 바라보고 있는 것은 아닐까? 과학의 많은 은유들이 다른 차원들, 우주, 혹은 우리의 이해력 너머의 세계들이 있거나 있을 수 있다는 걸 설명하지만, 다른 차원이나 우주들은 유픽셀이 우리의 실재가 되는 방식을 어떻게 설명할까?

저편의 것, 즉 공간, 정보, 다른 우주, 다른 차원, 유픽셀에 관한 21

세기의 이론들은 우리의 실재를 이루는 콜라주의 요소 같다. 이런 요소들의 일부는 우리가 가까이하기 어려운 영역에 있다. 나는 "영역들 realms"이란 말을 사용하지만 러시아 마트로시카 인형처럼 그것들 모두는 동일한 실재가 모두 포개진 형태라서 우리의 지각이 접근하기 어렵다. 이에 대해서는 다음 장에서 더 설명할 것이다. 우리의 우주에서 일부 유픽셀들이 더 커다란 실재로 덩어리질 때만 우리는 "물질"을 인지하게 된다.

실재의 영역들

실재에는 네 영역이 있다. 그러나 겹겹이 포개진 러시아 인형처럼 우리는 우리 세계의 커다란 면만 볼 수 있을 뿐이다. 그 첫 번째 면이 정보이다. 여기서는 정보를 즉시 이용할 수 있으므로 정보가 즉시 전달될 수 있는 현상, 즉 비국지성이 허용된다. 여기 있는 만물에 대한 정보는 과거부터 있어왔고 현재 있으며 앞으로도 있을 것이다. 우주의 규칙이 이제 그 정보를 실재의 다른 영역들로 전환시키고 그 다음 영역에서는 누군가가 유픽셀을 발견한다. 정보가 의식 없이도 존재할 수 있을까? 우리는 7장에서 의식/마음이 이 정보 영역 안에 존재하는 방식을 탐구할 것이다.

실재의 두 번째 영역은 전자와 빛 그리고 다른 양자 실체quantum entity들이 끊임없이 한 우주에서 나타나 또 다른 우주로 나아가는 양자 입자를 가진 진공 상태이다. 앞서 우리는 한 곳에서 갑자기 튀어나와 끊임없이 다른 곳에 다시 나타나는 양자 재료quantum stuff의 이런 특징을 진공 공간의 특징이라고 논했다. 여기에 진공의 에너지가 있다. 다른 우주들은 이러한 실재의 영역에서 왔을 것이다.

세 번째 영역은 양자 차원, 즉 약 10^{-35}미터 내에 있다. 여기서 우리는 양자 세계와 공간, 다른 차원의 결합체를 고려하게 된다. 10^{-35}미터에서 더 작은 부피의 공간을 연구하면 양자 변동에는 엄청난 소요가 일어난다. 유픽셀은 진공이나 다른 우주들에서 오는 이 세 번째 영역에서 나타난다. 여기서 전자와 빛의 입자, 다른 양자 실체들이 우리 세계로 들어오고 우리의 실재가 되는 보다 큰 "물체object" 덩어리가 된다. 어떻게?

바다의 파도를 얼핏 보면 동일한 물 분자들이 움직이는 듯한 착각을 일으키며, 파도와 동일한 물 분자들이 움직이는 것처럼 보인다. 자세히 관찰하면 물 분자들이 매 순간 파도의 내외부로 움직이는 걸 알게 된다. 이런 식으로 유픽셀은 우리의 세계를 진공의 "바다" 내외부로 들락거리게 하며, 다른 우주들이 한순간 우리의 우주 안에 있게 만들고, 움직임의 환영을 만드는 데 일조한다.

유픽셀들이 매초마다 수십조 번 혹은 그 이상 교환되었다고 상상하라. 그것은 유픽셀의 움직임을 보여줄 것이다. 그러나 실제로 우리가 움직임을 지각하게 해주는 각 유픽셀은 매 순간 다르다.

우리는 곧 네 번째 영역에 도달할 것이다. 우선 유픽셀이 진공에서 어떻게 나타나는가 하는 중요한 점을 논해보자.[24]

유픽셀은 순식간에 우리 세계의 내외부로 들락거린다

전자 그리고 모든 양자 수준의 실체들은 끊임없이 진공, 평행우주들 혹은 다른 차원들을 통해 존재의 내외부로 들락거린다. 우리는 이러한 일이 일어나는 것에 대해 알 길이 없으며 그 양자 실체들이 동일하며 움직인다고 가정할 뿐이다.

우리는 우리 태양계의 만물과 함께 시속 약 92만 킬로미터로 은하 주변으로 움직이며, 우주는 그보다 몇 배나 더한 속도로 팽창하고 있다고 한다. 따라서 공간에서 우리와 우리 주변의 것들은 시속 160만 킬로미터 이상으로 움직이는 것 같다. 그렇지만 우리와 우주 만물은 유픽셀로 구성되어 초당 $10^7 \times 10^{12} \times 10^{12} \times 10^{12}$번(혹은 플랑크의 시간 5.391×10^{44}번) 존재의 내외부로 들락거린다. 유픽셀들의 자리 뺏기 운동은 움직임의 비유적 설명이며 이것은 평행우주들 혹은 끈 이론의 다른 차원들과 일치할 수 있다.

바닥에 동전 하나가 있다고 가정하자. 이제 또 다른 동전을 그 옆에 던지고 본래의 동전을 치운다. 이것이 위에 설명한 과정과 유사하다. 거기에 동전 대신 유픽셀이 있고 본래의 유픽셀은 유픽셀 너비(플랑크의 거리인 1.616×10^{-35}미터)만큼 떨어진 곳의 또 다른 유픽셀로 대치된다. 이제 1초 내에 이것이 5.391×10^{44}번이나 발생한다고 상상하라. 1초 내에 그 유픽셀이 299,792킬로미터 움직이는 것으로 나타나는데, 이는 정확히 광속이다! 그 유픽셀은 이미 5.391×10^{44}번 대치되었다. 그것이 몇 번일까? 1초에 그 유픽셀은 양성자가 나란히 있는 수보다 천 배나 더 대치되는 것으로, 빅뱅 이후 빛이 13×10^{22}킬로미터 여행한 것에 해당한다.

이는 여러분과 나, 우리 주변 것들의 재료가 이런 어마어마한 속도로 변화한다는 걸 의미한다. 우리는 어떻게든 인식하고 느끼며 살아가고 있다.

마지막으로, 우리가 체험하는 세계: 네 번째 영역

모든 영역들이 실재이다. 정보 영역, 진공 영역, 양자와 유픽셀 영역, 그리고 마지막으로 네 번째 영역이다. 이 영역에서 양자 입자들은 결합하여 우리가 알고 관측하는 것과 같은 물질을 산출한다. 그러면 우리는 무엇일까? 우리는 위의 모든 것이다. 하나의 영역 안에서 우리는 정보에 지나지 않는다. 우리 삶에서 일어나는 모든 일들은 이 실재 영역 안에 기록된다. 또 다른 영역 안에서 우리는 에너지이다. 이 에너지는 우리가 충분히 이해하고 받아들여야 할 본질적인 측면이다.

표 3. 실재의 영역들에 대한 추론적 설명

실재의 영역	내용
정보	우리 우주의 과거, 현재, 미래, 그리고 다른 모든 우주들에 관한 정보
진공과 (가상) 에너지	다른 우주들에 접근
양자, 약 10^{-35}미터	이는 진공과 다른 차원과의 연계이다. 유픽셀과 양자 입자들은 진공 영역으로 움직이고, 이들은 즉시 입자는 같지만 다른 장소에 대치된다.
원자, 약 10^{-18}미터 혹은 그 이상	우리가 지각한 실재의 대부분. 유픽셀은 소립자가 된다.

이는 과학자들이 우리 세계를 찍을 때 화질이 나쁜 디지털 카메라를 사용하는 것과 같다. 판독 가능한 실재의 이미지를 확대하면 그 그림은 먼저 낟알 모양이 되었다가 흩어진 픽셀들이 있는 추상적인 이미지가 되어버린다. 우리 세계의 그 외의 96퍼센트가 내포된 낟알들 사이에는 거대한 공간이 있다. 현재의 카메라와 과학 장비들은 이 여백을 채우지 못했다. 우리가 알 수 없는 것들을 충분히 이해할 때까지 실재 그림은 초월적인 것으로 남을 것이다. 그리고 우리가 밝혀내고자 하는 이 세계는 무한한 우주 속의 작은 반점에 지나지 않을 것이다.

혹은 그 다음 이론을 기다릴 수도 있다

현재의 과학적 은유들, 즉 평행우주를 포함하여 행방불명인 암흑물질과 에너지, 에너지를 물질로 전환시키는 정보, 공간의 에너지, 에너지 끈 등은 이를 이해하려는 사람에게 모두 나쁜 과학 소설처럼 보일 것이다. 작가 더글러스 애덤스Douglas Adams는 『우주 끝에 있는 레스토랑 The Restaurant at the End of the Universe』에 적었다.

우주는 무엇을 위해 왜 여기에 있으며, 그것은 즉시 사라지고 더 기괴하고 불가해한 것으로 대치될 것임을 정확히 발견한 사람이 있다는 이론이 있다. 이런 일이 이미 일어났다고 주장하는 또 다른 이론도 있다.[25]

오래된 영적 진실이 새로운 과학적 진실이다

16세기에 코페르니쿠스는 태양이 지구 주위를 돌지 않음을 증명했다. 이것이 근대 과학시대의 시초이다. 20세기 초에 양자 이론은 유물론과 언어를 넘어서는 초월로 이끌었다. 21세기에 새로 드러난 사실들과 함께 우리는 과학과 영성의 개념이 융합되는 새로운 진실의 새벽을 맞고 있다. 이런 새로운 진실은 우리의 세계관을 급진적으로 변화시킬 것이다. 우리는 우리의 세계와 하나이며 이런 동일성, 정보, 마음, 의식이 우주이며 또한 우리이다.

우리의 실재는 정보에 의해 전환된 에너지로 만들어졌다. 영성이 가르치는 것과 마찬가지로, 우주는 정신적이며 영적이다. 이런 깨달음이 과학과 영성 사이의 불화를 해결하는 큰 걸음이다. 수천 년 동안 동인도인과 중국인은 만물은 에너지라고 가르쳤다. 많은 동양 종교 역시 인생은 환영이라고 주장한다.

이 환영에 대한 과학적 설명이 있을까? 물질이 실체가 없다면 우리가 보고 체험하는 것은 무엇일까? 암흑에너지와 진공에너지에 의해 전해지는 정보란 무엇일까? 우리 인간의 실재는 "저편"에 있는 것의 4퍼센트에만 근거하고 있다. 다음 장에서는 우리가 그 4퍼센트의 10억분의 1만을 지각(혹은 착각)하고 있음을 보여줄 것이다!

"실재reality"에 관해 말할 때 어떤 이는 늘 분명하고 잘 알려진 것을 의미하지만, 나는 우리 시대의 가장 중요하고 대단히 어려운 과제는 분명 실재에 대한 새로운 아이디어를 잘 만들어내는 일이라고 본다. 이 역시 내가 늘 과학과 종교가 어떤 방법으로든 관련이 있음을 강조할 때, 말하려는 것이다.[26]

- 볼프강 파울리Wolfgang Pauli

5장
잘못된 지각

실재는 상상하는 것보다 더 이상할 뿐만 아니라 상상할 수 있는 것보다 도 더 이상하다.[1]

- J. B. S. 홀데인J. B. S. Haldane

나와 우리 형제자매들은 추수감사절 때 부모님을 방문한다. 어머니는 우리의 방문을 생각하고 며칠 전부터 음식을 장만하신다. 부모님 댁에 이르면 길에서부터 칠면조, 감자, 파이 등 맛있는 음식 냄새가 진동한다.

우리 모두 식탁에 앉아서 먹는 동안에도 어머니는 우리 주위를 돌며 빈 접시를 발견하면 음식물을 쏟아부으신다. 새 식구가 된 우리 형제자매의 배우자들도 더 이상 음식을 담지 못하도록 잽싸게 손으로 그릇을 막는 "김씨 작전"을 빠르게 익힌다. 그러나 그들도 가끔은 한 손은 새 접시로 다른 손은 국자로 무장한 어머니를 막는 데 실패한다. 대개는 음식물이 접시를 채우지만 때때로 손등에 쏟아져 무승부가 되기도 한다.

우리는 수백 칼로리에 이르는 음식의 맹공격을 피해 밖으로 나간다. 밖에서는 울긋불긋한 나뭇잎들이 차고 신선한 공기 속으로 흩날리고 있다.

안으로 들어오면 이제는 각종 디저트가 담긴 커다란 접시들이 테이블을 장식하고 있다. 어머니는 말씀하신다. "아직 식사 안 끝났다. 앉아서 좀 더 먹으렴."

궁극의 신기루

인간의 실재는 하나의 환영, 불완전한 우리 세계의 표현이다. 그러나 우리의 감각과 지성 모두가 어떻게 신기루로 기록될 수 있을까? 만물이 에너지라면 우리가 경험하는 것은 무엇인가? 내 주위 가족들의 모습, 의자에 앉는 느낌, 대화 소리, 음식 냄새와 맛, 이 모든 것들이 어떻게 정보에 의해 전환된 에너지에서 오는 걸까?

나는 우리는 어디서 왔으며 누구인가에 대해 과학 이론을 연구하면서 그런 문제는 "실재란 무엇인가?" 하는 문제와 같다는 걸 깨달았다. 실재는 "저편"에 확실히 존재하는 것이다. 유픽셀은 어떻게든 우리의 실재로 전환되었다. 나는 내가 추수감사절에 가족들과 한 저녁식사를 알고 있지만 거기에 확실히 있었던 것은 무엇일까? 몇몇 동양의 종교가 인생은 환영이라고 가르치지만 그건 무슨 뜻일까?

실재에 대한 중대한 미스터리는, 어떻게 공간과 에너지 모두 우리가 체험하는 것으로 되는가이다. 그 답의 일부는 실재를 나타내는 우리의 뇌가 우리에게 "속임수"를 쓴다는 데 있다.

우리가 우리 자신을 바라본다고 상상하자. 우리가 보는 것은 우리 자신이다. 그런가? 틀렸다. 자, 모든 분자를 이루는 기본 요소인 원자에 대한 우리의 근본 지식으로 돌아가자.

뇌가 재현하는 것은 대단히 복잡한 세계를 우리가 그 속에서 활동할 수 있도록 단순화시킨 구성이다. 우리의 지각은 불완전하다는 걸 깨닫는 것이 실재를 이해하는 첫 걸음이다.

원자 차원에 관한 짧은 강의

처음 화학공부를 할 때 원자는 원자핵 궤도를 도는 전자들로 이루어졌으며, 원자핵은 양성자와 중성자로 이루어졌다고 배웠다. 고등학교 수업에서의 모형은 대략 농구공만한 원자 중심에 야구공만한 원자핵이 있는 것이었다. 야구공만한 원자핵의 약 15센티미터 거리에서 궤도를 선회하는 전자의 크기는 대략 구슬만하다고 했다.

정확한 비율을 위해 원자핵의 지름을 30센티미터로 하겠다. 양성자와 중성자는 지름 약 3센티미터 공간을 점유한다. 일상 온도로 한정하면 작은 아원자 입자는 매우 활동적이다. 따라서 원자핵 속에 있는 양성자와 중성자들은 매초 6만 4,000킬로미터로 서로 스쳐간다.

이제 마라톤을 하자. 전자들은 아마 매 순간 약 42킬로미터 멀리 있기 때문에 거의 광속으로 사방에 아마 있다 없다 할 것이다. 이 문장에서 왜 "아마"를 두 번이나 썼느냐고? 전자는 주어진 장소에 있을 어떤 가능성만 갖고 있기 때문이며, 그것들은 부피가 없으므로 눈에 보이지 않기 때문이다.

앞에서 우리는 전자가 어떻게 동시에 여러 장소에 있는 것처럼 보이는지 논했다. 이런 특징이 분자들을 한꺼번에 묶는 것이다. 원자 부피의 1조분의 1에 불과한 것이 원자핵이다. 나머지는 공간이다. 원자핵조차 그 자체는 속에 약간의 에너지가 있는 공간에 불과하다. 따라서 원자와 분자는 공간과 에너지이다. 우리는 우리를 확실히 보지 못한다. 만물은 그 속에 에너지가 있는 공간이다. 에너지에는 면적이 없으므로 뇌가 복잡한 실재를 단순화시키는 것이다.

여러분은 "그래서?"라고 할지도 모르겠다. 아마 우리 눈이 보는 건 공간이 아니라 한 조각 물질일 것이다. 그러나 그렇지 않다.

우리 뇌의 속임수

외부에 무엇이 있는지 감각으로 알아내려는 우리 뇌의 시도를 설명하기 위해 스탠포드 대학의 재료과학자 윌리엄 틸러William Tiller와 월터 디블Walter Dibble은 모든 것이 거꾸로 보이게 하는 "거꾸로 안경upside-down glasses"을 끼는 실험을 했다. 약 두 주 동안 피실험자들은 거꾸로 안경을 쓰고 거꾸로 된 세계를 보았는데, 그래도 그들의 뇌가 이미지를 바로 세웠다. 틸러와 디블은 피실험자들이 거꾸로 안경을 벗은 뒤에 이미지들이 정상으로 돌아오기까지 약 2주 동안 거꾸로 된 세계를 보았다고 보고했다.[2]

이는 우리가 보는 것이 실재가 아님을 분명히 말해주는 예이다. 세계가 거꾸로 되었더라도 본 것을 이해하게 하려는 우리 뇌의 시도가 시각이다. 그러나 거꾸로 안경을 쓰지 않은 그 밖의 모든 시간은 어떤가?

우리는 무엇을 보는 것일까?

우리는 허위 이미지를 보도록 진화되었다[3]

빛은 다양한 주파수를 가질 수 있는 에너지의 한 형태이다. 주파수는 에너지나 빛이 여행하면서 진동하거나 흔들리는 비율이다. 광자는 진동 가능 폭이 매우 넓으며, 우리는 이 주파수의 약 10억분의 1만 빛으로 볼 뿐이다. 내가 한 물체를 볼 때 내가 "보는" 것은 그 물체의 분자들을 눈에 반사하는 광자들(빛)이다. 분자가 그 속에 약간의 에너지를 가진 공간이라면 빛이 어떻게 반사될 수 있을까?

빛은 원자에너지나 분자에너지와의 상호 작용이 느려질 때 반사된다. 우리는 맑은 유리가 광원과 각을 이룰 때 반사광을 본다. 이는 운전하는 동안 햇빛이 자동차 유리에 바로 비칠 때 생생하게 예증된다. 너무 눈부시면 시력이 손상될 수 있다. 빛은 유리 분자에너지와의 상호 작용에 의해 느려지고, 반사 각도에서 "굴절된다". 이는 자동차의 절반 정도는 포장도로 위를 달리고 다른 절반은 자갈길을 달리는 것과 같다. 자갈길 쪽은 타이어와 자갈길의 상호 작용 때문에 자동차의 속도가 느려지는 반면 포장도로 위의 타이어는 느려지지 않는다. 이 경우 자동차는 자갈길 쪽으로 기울어질 것이다.

여러분과 빛 사이에서 유리를 똑바로 세우고는 반사광을 보지 못한다. 빛은 유리를 통과하고 여러분이 보는 모든 것은 밝은 빛이다. 이는 도로 위를 운전하다가 자갈길로 방향을 바꾸는 것과 같다. 자동차 앞바퀴들이 동시에 자갈길과 상호 작용하므로 그 자동차는 길을 벗어나는

게 아니라 속도가 늦어진다.

　물리학자이며 천문학자 아서 에딩턴 경은 원자에 관해 말할 때 "그것은 '참으로' 빈 공간입니다."[4] 하고 말했다. 내가 추수감사절 날 본 것은 광자들이 에너지와 상호 작용하며 내 눈으로 굴절된 것이다.

　그렇다면 색은 무엇일까?

색이 정말 존재할까?

　추수감사절의 호박은 정말 "오렌지색" 분자나 "오렌지색" 에너지로 이루어진 것일까? 거기에 실제의 색은 없다. 빛에는 색이 없다. 색은 환영이다. 그것은 단지 우리 눈에 들어오는 가시광선의 상이한 주파수들을 뇌가 처리하는 한 방법일 뿐이다. 우리가 이해하기 좋게 지도를 채색하는 것과 비슷한 방법으로, 뇌는 수집된 정보를 다양한 색으로 나타내는 것이다.[5]

　이런 과정은 어떻게 일어나는 걸까? 가시광선은 다양한 진동수들의 혼합이다. 빛이 같은 주파수를 가진 원자나 분자 속의 전자를 비추면 그 빛은 흡수된다. 흡수되지 않은 주파수는 반사된다. 눈이 이런 빛의 주파수들을 받아들이며, 뇌는 입수된 것들을 계산하여 색으로 "칠한다". 모든 가시광선이 전부 흡수되면 뇌는 그 부분을 검정색으로 칠한다.

　눈은 눈에 반사된 광자들을 처리하여 그 정보를 두뇌에 전달한다. 이때 뇌는 그 정보를 우리가 보는 것의 진정한 재현이라고 느끼는 이미지로 처리한다. 달리 말하면 우리 눈에 도달한 빛은 상호 작용한 에너지 형태의 어떤 정보로서 우리 뇌에 전달될 뿐이다. 우리의 뇌는 빛 에너지가 제공하는 정보를 처리하여 건물과 바위, 땅과 별 등 우주 만물과 같은 물질적 대상으로 그 에너지를 재현해주는 것이다.

앞장에서 우리는 물리학자들이 어떻게 우주를 정보에 의해 전환된 에너지로 보는가를 논했다. 아무튼 뇌는 유효 에너지의 아주 적은 비율을 알 만한 정보로 전환시킨다. 이렇게 해서 뇌는 에너지/정보의 실재를 단순화시킨다. 심리학자 로버트 E. 온스타인Robert E. Ornstein은 저서 『멀티마인드 Multimind』에서 "우리 세계가 그런 방식으로 보이는 까닭은, 세계가 그래서가 아니라 우리가 그런 방식으로 보기 때문이다."[6]라고 말했다.

뇌와 눈은 빛의 좁은 스펙트럼을 포착하며, 실제로 저편에 있는 것을 나타내지는 못해도 이미지를 만들어낼 수 있고, 세계 속에서 활동하도록 도와주는 놀라운 도구임을 생각하라.

나는 다양한 형태의 빛, 또한 전자기 방사선이라는 것이 있음을 언급했다. 인간과 대부분의 동물들은 가시광선이라는 스펙트럼의 구획을 인지하도록 진화했다. 우리의 인체 구조 안에 다른 형태의 전자기 방사선을 받아들이고 처리하는 적절한 기구가 있다면 전기제품 없이도 라디오, 텔레비전 그리고 핸드폰 메시지를 직접 받아들이고 해석할 수 있을 것이라고 상상하는 건 재미있다!

빈 공간으로 돌아가자

모든 것이 주로 공간이라면 우리는 어떻게 물체를 느끼며 의자에 앉을 때 밑으로 빠지지 않는 걸까? 그 답은 모든 원자가 원자핵 주위를 날아다니는 전자를 갖고 있으며, 모든 전자는 음성(-)이기 때문이다. 전자가 동시에 모든 곳에 있는 것처럼 보인다는 걸 기억하라. 의자든 인간이든 본질적으로 미량의 에너지를 지닌 공간이지만 전자들의 반발작용이 우리가 의자에서 떨어지지 못하게 한다. 양성(+)끼리나 음성(-)끼리는 서로 밀어내는 것처럼 이렇게 밀어내는 힘은 우리의 피부로 감지되며 우리의 뇌로 전달된다. 이는 물체는 견고하며 더욱이 세계는 견고한 물체들로 채워졌다는 환영에 기여한다. 우리의 기만은 우리의 두 감각, 즉 시각과 촉각에 의해서 강화된다.

당구공들은 서로 튕기며 현혹이 더해지고 우리는 공이 서로 부딪히며 내는 멋진 소리를 듣는다. 튀는 것은 전자의 반발작용에서 비롯된다. 이것이 음파를 만든다. 음파는 공기의 운동이며, 그런 운동으로부터 좁은 범위의 에너지가 우리의 귀에 의해 정보로 해석되어 뇌로 전달된다.

물질은 느껴질 뿐만 아니라 무게도 있다. 물질이 에너지에 불과하다면 뭉우리돌은 왜 무거울까? 무게는 부피에 가해지는 중력 때문이며 모든 물질은 부피를 갖는다. 그러나 부피란 무엇일까? 노벨상 수상자 프랭크 윌첵은 "일반normal" 물질(암흑물질의 반대로서)의 부피는 단지 원자핵 속에 있는 유픽셀의 운동(부피의 99.9퍼센트) 그리고 전자의 운동(부피의 0.1퍼센트)에 기인한다고 설명한다. 앞장에서 설명한 대로 이런 운동은 우리의 우주 내외부로 들락거리는 유픽셀들의 자리 뺏기 교환과 일치한다. 우리는 단지 공간과 에너지에 불과하므로 공간과 에너지의 일부 형태들(예를 들면 뭉우리돌)이 우리의 미미한 시도에 영향받지 않는 건 놀라운 일이 아니다.[7]

우리가 보고 느끼고 듣는 것은 그러므로 우리가 우리 세계를 이해할 수 있게 해주는 우리 뇌의 산물이다.

또 하나의 환영, 시간

시간은 어떤가? 시간 역시 환영일까? 그렇다.

우리는 시계에 따라 살고 있는 것 같다. 시간은 우리가 무엇을 하고 언제 할지 결정한다. 물리학자들은 아직도 공간과 관련짓지 않고는 시간을 정의할 수 없다. 따라서 시간이 모든 사람에게 같다는 것은 우리가 가진 또 하나의 환영이다. 이는 참이 아니다.[8]

우리가 여행을 할 때는 언제나 여행하지 않는 사람에 비교해 우리의 시간이 다르다. 우리가 여행하는 속도에서 그 차이는 대단히 작지만 실재한다. 우리 모두 시간에 대한 자신의 감각을 갖고 있으며 자신의 시계를 갖고 있다. 우리가 어떤 사람을 볼 때 우리는 그것이 실제로 시간 안에서 이루어지는 것으로 생각하지만, 그것은 빛이 우리에게 도달해서 우리의 뇌가 그 데이터를 처리하는 시간이다. 우리가 그 사람의 이미지를 가졌을 때는 사실상 그 사람은 이미 달라졌을 것이다.

과학자들이 5만 광년 떨어진 행성을 탐지하는 장비를 개발했다고 가정하자. 이때 우리가 보게 되는 건 5만 년 전의 행성이다. 또한 우리가 이 행성을 관측하는 그때 그 행성의 누군가가 거기서 지구를 관측하고 있다고 가정하라. 그는 우리와 우리에 대한 어떤 증거도 보지 못할 것이며 관측하는 것이라고는 5만 년 전의 지구일 것이다. 따라서 우리 모두 "동시에" 존재할 수는 있어도 서로 보거나 소통할 수는 없다. 우리는 서로가 존재하는지조차 알지 못한다. 우주론자가 관측한 130억 년 된 은하는 우주에서 가장 오래된 화석들이다.⁹ 그러나 그것들은 환영이다. 이 은하의 대부분 별은 오래 전에 다 타버렸으며, 그것들의 빛이 우리에게 오는 동안 그 잔재들은 수조 킬로미터이나 움직였다.

우리의 모든 오해 중에서 가장 파악하기 힘든 개념은 시간 자체가 허깨비라는 것이다.

몇 시인가?

아인슈타인은 말했다. "우리는 과거, 현재, 미래의 구분은 단지 환영일 뿐이지만 지속적이라고 물리학자들을 설득시킨다." 물리학자이며 작가인 브라이언 그린Brian Greene은 아인슈타인의 말을 과거·현재·미래 모두가 시공간 속에 존재하는 것으로 해석했다.

그것들은 시공간 속에서 그들의 특정한 점을 영구히 갖는다. 거기에 흐름은 없다. 여러분이 1999년 새해를 알리는 중요한 시간을 가졌다면, 그것은 시공간 속에서 불변하는 한 지점이므로 여러분은 아직도 그 시간을 가지고 있다.¹⁰

우리 삶의 매 순간이 어떻게 시공간 속의 어딘가가 될 수 있는 걸까? 이는 더 이상해진다. 많은 과학자들은 우리가 무한한 우주 안에 살고 있으며 게다가 시공간 저편에서는 모든 일이 가능하다고 믿는다. 이는 환상적으로 들린다. 나는 과학자들이 왜 이런 주장을 하는지에 관해 다음 몇 페이지에 걸쳐 설명하려고 한다. 그러나 "저편"에서 모든 일이 가능하다면 왜 우리가 하늘에 있지 않으며 또는 우리 삶을 다시 살지 않는 것일까? 이것이 내세에 대한 설명이 될 수 있을까? 만약 그렇다면 이 이론은 과학과 영성 사이의 불화를 치유하는 데 도움이 될 것이다. 자, 이 이론을 좀 더 탐구해보자.

앞장에서 유픽셀이 평행우주들로부터 그리고 평행우주들을 향해 초당 10^{44}번 내에 우리의 우주 내외부로 들락거린다고 설명했다. 또한 어떻게 아원자 물질은 관측할 때는 입자처럼 행동하고 관측하지 않을 때는 파동처럼 행동하는지도 설명했다. 한 예로 이중 틈의 파동-입자 수수께끼를 사용해 이 "다중세계" 이론을 설명하겠다.

한 과학자가 오늘이냐 내일이냐 언제 실험을 할지 심사숙고한다. 그녀는 오늘 하기로 결정하고 그 때문에 앞장에서 논한 대로 정보 영역에 존재하는 수많은 가능성 중 하나에 접근한다. 우리의 우주와 평행우주에 대한 정보가 진공에서 입수된다. 다른 우주에서는 실험을 미룰 가능성이 있는데, 다른 세계에서는 다음날 실험하기로 결정한다. 우리 우주에서는 오늘 그녀가 광자를 관측하는 두 틈 앞에 탐지기를 설치한다. 탐지기를 사용하기로 한 그녀의 결정이 그 틈 중 하나 뒤에 있는 입자를 관측하게 한다. 다른 우주에서는 그 입자가 다른 쪽 틈 뒤에 나타난다. 아직도 그녀가 탐지기를 사용하지 않았다면 입자는 파동으로 존재하며 다른 우주에 남아 있게 될 것이다.

양자 이론의 다중세계에 관한 설명은 앞장에서 언급했다. 양자 이론의 주장 중 하나는 "유픽셀의 모든 결합 가능성"이 "무한히 많은 평행우주" 속에 있다는 것이다. 우리는 이런 다른 우주들을 왜 지각하지 못하는가? 많은 과학자들은 이상해보이는 이 이론을 정말 믿고 있을까?[11]

많은 물리학자들이 다중우주 혹은 평행우주 개념에 동의한다. 노벨상 수상자 스티븐 와인버그Steven Weinberg는 라디오 비유를 사용한다. 우리 주위는 라디오 파동과 빛의 주파수들로 가득 차 있다. 하지만 우리는 라디오로 한 번에 오직 하나의 주파수만 맞출 수 있다. 우리가 하나의 주파수를 맞추는 동안 그 외의 주파수는 잡을 수 없다. 이런 식으로 우리는 우리 우주에만 "주파수를 맞춘다". 물리학자 미치오 카쿠는 평행우주와 우리 세계의 관계를 설명한다.

> 그리고 각각의 세계가 몇천 조에 몇천 조를 더한 원자들로 구성되었다는 것은 그 에너지의 차이들이 매우 클 수 있음을 의미하며 …… 이는 각 세계의 파동이 다른 주파수들에서 진동하며, 더 이상 상호 작용할 수 없음을 의미한다. 어느 점으로 보나 이 다양한 세계들의 파동은 상호 작용을 하거나 서로에게 영향을 끼치지 않는다.[12]

이 세계들은 상호 작용을 하거나 영향을 끼치지 않으므로 그것들은 우리의 우주처럼 같은 공간을 차지할 수 있다! 이런 다른 세계나 다른 우주는 우리의 세계와 더불어 공간이 왜 엄청난 에너지로 채워졌는지를 설명해줄 수 있다. 그러나 과학자들이 이 중 어느 것이라도 증명할 수 있을까?

과학자들은 양자 역설과 저편에 모든 가능한 사건이 있다는 시공간 수수께끼 같은 과학의 애매한 개념들을 설명하기 위해 다중 혹은 평행우주를 주장한다. 아이러니하게도 이런 미스터리에 대해 과학자들은 영적이 아닌 해법을 찾으려 함으로써 실험도 증명도 할 수 없는 이론을 제시하기 때문에 믿음faith이라 할 수 있는 것을 받아들인다. 과학은 실험이나 미래 관측을 예측함으로써 증명할 수 있는 설명들이 있다고 뽐낸다. 그렇지만 다중 혹은 평행우주가 입증될 수 있을지 모르겠다.

모든 과학자가 평행우주 개념에 동의하는 건 아니다. 물리학자 로버트 로플린은 실험할 수 없는 이론에 도움을 청하는 데 반대하는 과학자들에게 경고하며, 이런 류의 "이론"을 신화를 받아들이는 것에 비교한다.

> 우리는 다른 특성들을 갖고 싹트기 시작한 작은 아기 우주에 대해 정말 믿을 만한 개념을 갖고 있다. …… 게다가 우리는 인류의 원칙, 즉 우리가 볼 수 있는 이 우주는 그 안에 우리가 존재하기 때문에 그 특성을 지닌다는 "설명"을 갖고 있다.[13]

비판에도 불구하고 많은 과학자들은 과거, 현재, 미래 그리고 모든 가능한 사건이 시공간 속 저편에 있다는 걸 믿는다. 이를 곰곰이 생각하며 나는 이 주장이 사실이라면 빅뱅의 "시간"과 모든 "시간들"이 지금이라는 걸 깨달았다. 우리는 이런 다른 세계들, 즉 "과거"의 사건들과 "미래"를 의식하지 않는다. 와인버그의 말대로 우리가 다른 세계에 귀 기울이지 않기 때문이다.

더 많은 영적 증거

앞장에서 물리학자들은 우리가 정신적이고 영적인 우주에 살고 있음을 믿는다고 설명했다. 이 영적 우주는 사건과 사건 사이에 간격이 없는 모든 시간을 함유한다.

파동/입자 딜레마와 평행우주들의 추론 외에 저편에 모든 "시간들"이 있음을 뒷받침해줄 어떤 증거라도 있을까?[14] 있다. 앞장에서 양자 얽힘을 논했다. 유픽셀은 얽혔을 때 정보를 전달할 수 있으며, 과거, 현재, 미래가 모두 들어 있는 정보 영역의 개념을 즉각 지지한다. 얽힘을 어떻게 설명할 수 있을까? 공간의 다섯 번째 차원[15]은 인간이 관측하기에는 너무 작은 차원이다. 이 영역과 얽힘은 영적 관련을 갖고 있다.[16] 과학저술가 브레인 클러그Brain Clegg는 저서 『신의 효력 *The God Effect*』에서 얽힘을 신과 같은 현상에 비유했다. 런던 임페리얼 칼리지의 물리학자 블랏코 베드랄Vlatko Vedral은 얽힘과 생명 사이의 고리를 시사한다. "그래서 양자 효과는 무생물의 활동 원인일 뿐만 아니라, 얽힘의 마법은 또한 생명이 생기는 데도 결정적인 것으로 보인다."[17]

왜 모든 유픽셀의 얽힘이 우주에 즉시 퍼지지 않는 걸까? 로저 펜로즈 경은 생명으로부터의 관측이 그것을 중지시킨다고 주장했다.[18] 예를 들면 광파light wave가 관측될 때 그것은 하나의 입자로 변화되는데, 적어도 우리의 우주에서는 관측자가 빛을 간파하면 사건이 계속 이어질 것으로 추측한다.

2001년에 노벨상을 수상한 물리학자 브라이언 조지프슨Brian Josephson은 얽힘이 텔레파시를 설명하는 메커니즘을 제공한다고 주장했다. "이런 발전(얽힘)이 전통적인 과학에서 아직도 알려지지 않은 텔레파시 같은 과정에 대해 설명해줄 것이다."[19]

ESP[extrasensory perception의 약어. 초감각적 감지, 영감]를 경험했거나 죽음과 접촉한 사람들이 우리 대부분에게는 유효하지 않은 우주의 이런 영역에 귀 기울일 수 있을까? 시간에 대한 우리의 착각이 대부분의 우리를 가로막고 있을 수 있다. 우리는 이후의 장에서 얽힘과 생명, 정신의 관계를 좀 더 논할 것이다.

우리의 의식은 현재와 과거에만 국한되었을까? 과거와 미래가 저편에 있다면 어째서 시간은 연대순으로 흐르는 것처럼 느껴질까?

우리의 우주 안에서 시간은 한 방향으로만 흐르는 것처럼 보인다. 우리는 유리잔이 떨어져 깨지는 걸 보지만 깨진 유리조각들이 테이블 위로 올라와 다시 유리잔이 되는 걸 본 적이 없다. 이는 하나의 과학 법칙 때문이다. 하나의 예를 가지고 이 순서의 법칙이 서서히 무너지는 것을 설명하겠다.

고양이 난동

당신이 책을 쓰면서 매주 원고를 수정하고 있다고 상상하라. 책꽂이에는 마음대로 원고 페이지를 뺐다 끼웠다 하게 되어 있는 80편의 수정본이 있다. 마지막 몇몇 수정본은 아직 컴퓨터에 입력하지 않았다. 당신의 고양이들이 책꽂이를 넘어뜨려 원고들이 바닥 여기저기 흩어진다. 고양이들이 원고더미를 공격하고 원고들을 질질 끌며 놀고 있다. 고양이들을 혼내고 어질러진 원고를 주워 몇 개의 커다란 상자에 넣고 당신은 근처 술집으로 가서 술로 슬픔을 달랜다.

무질서가 발생했다. 원고들이 뒤범벅되었다. 집으로 돌아왔을 때 당신은 녀석들이 또 그 상자들을 차면서 갖고 노는 걸 보게 된다.

당신은 동물 애호가라서 고양이를 계속 키우기로 했다고 가정하자. 당신은 매번 그 원고들을 상자에 넣고, 고양이들은 그것들을 갖고 놀아 더 무질서해진다. 당신의 고양이가 계속해서 원고를 헝클고 당신은 정리하는 일을 계속 반복할 정도로 오래 살 수는 없을 것이다. 그래서 원고가 정리되어야 한다면 고양이에게 매달려 있어서는 안 된다. 우리 세계에서 모든 것이 더 무질서로 나아가는 경향이 있는 것은 질서가 극도로 희박한 상태에서 우리가 출발했기 때문이다. 왜? 모든 사건이 저편에 있다면 무슨 일이 벌어지고 있는 걸까?

우리는 시간이 현재에서 미래로 나아간다고 "믿는다". 이는 단지 우리의 우주가 더 큰 무질서로 서서히 나아가고 있는 것에 대한 우리의 지각일 뿐이다. 시간이 흐르는 것처럼 "보이는" 까닭은 특정 순간의 정보가 어떻게든 유픽셀에게 작용하기 때문이다. 우리의 우주에서 유픽셀은 보다 큰 무질서로 서서히 나아가는 것으로 보인다. 이것이 여러분이 물컵 속에서 얼음이 녹는 것은 보지만 컵의 물이 각빙ice cube을 형성하는 건 보지 못하는 이유이다. 지각된 무질서는 우리의 의식 속에 시간으로 투사된다. 유픽셀이 더욱 무질서하게 나타나면 우리는 시간의 경과를 "지각"한다. 그렇지만 과학자들은 과거와 미래가 우리의 지각 너머에 있다고 믿는다. 저편에 있는 모든 실재가 선택된 것과 같이, 뇌는 극도로 복잡한 세계를 단순화시킬 필요가 있다. 우리가 과거와 미래에 다가

가는 것으로 이를 증명할 수 있다면 우리가 과학과 영성 사이의 불화를 치유하는 데 도움이 되지 않을까? 이 논의를 다음 장에서도 계속할 것이다.

시간에 대한 과학의 개념은 새로운 걸까? 고대 동양의 종교는 공간과 시간의 체험에 보다 높은 의식 상태가 필요하다고 설명했는데 이는 현대 물리학의 교훈과 유사하다. 도교와 불교는 무한하고, 시간을 초월한 역동적인 현재의 자각을 언급한다. 흥미롭게도 이런 영적 견해와 평행우주의 존재는 오류라는 입증을 할 수 없는 것들이다.

세계에 대한 우리의 착각이 이상한 만큼 세계는 더욱 더 이상해진다.

우리는 이전의 우리 자신의 그림자이다: 어느 것이 우리일까?

보는 것, 만지는 것, 소리, 시간은 환영이지만 우리의 몸은 어떤가? 사람이 같은 강에 들어갈 수 없는 것은 물을 구성하는 분자들이 끊임없이 변하기 때문이라고 한다. 마찬가지로 우리 속에 있는 분자도 계속 변하고 있다.

앞서 언급한 대로 과학자들은 우리 속에 있는 요소들이 별에서 왔다고 믿는다. 게다가 현재 우리 체내에 있는 거의 모든 요소가 몇 년 전만 해도 없던 것들이다. 우리의 몸은 약 70퍼센트의 물과 약 30퍼센트의 견고한 성분(뼈, 근육, 단백질을 포함한)으로 되어 있다. 우리 몸속의 대다수의 분자들(물)이 끊임없이 배출되고 우리가 마시는 물로 대치된다.

현재 우리 속에 있는 물의 일부는 혜성과 유성에서 왔다. 당, 탄수화물, 지방, 단백질 그리고 뼈의 구성요소 등과 같은 그 외의 분자들도 끊임없이 대치되고 있다. 우리의 수백억 세포들 — 우리의 피부와 내부 장기 — 은 매일 죽으며 새로운 세포로 대치된다. 우리가 태어난 이래 원자와 분자들이 우리 인체를 통해 순환되어 왔다. 우리 체내에 있는 원자와 분자의 평균 수명은 단지 몇 주에 불과하다. 몸은 계속해서 새로운 원자와 분자를 받아들이며 그 전의 요소들을 배출한다.

DNA도 보수되고 합성된다. 우리가 분자 속에 배열된 원자의 집합이라면 어떤 원자들이 우리를 구성하며 우리를 설명해줄까? 우리에게는 지난해의, 지난달의, 지난주의 그리고 어제의 원자들이 있다.

끊임없이 세계 속으로 용해되고 있는 우리를 유지시키는 것은 무엇일까?

한때 우리 속에 있던 원자들이 지금은 다른 사람, 식물 혹은 바닷속에 있을 것이다. 분명한 건 그것들이 멀리 그리고 광범위하게 흩어진다는 사실이다. 우리가 당과 탄수화물로 섭취하는 탄소와 산소를 생각해보라. 이 당과 탄수화물 대부분은 에너지로 전환되고 폐에서 이산화탄소로 배출된다.

물론 우리가 배출하는 이산화탄소는 탄산염 무기물(바위)이 되거나 식물이 흡수하여 바이오매스biomass[에너지 자원으로 이용되는 식물체 및 동물 폐기물]로 전환될 수 있으며, 동물이 섭취하여 마침내 인간이 섭취할 수도 있다. 하나의 물 분자는 시간과 더불어 먼 은하에서 비롯되어 혜성의 일부, 지구의 초기 대양의 일부가 되고 수많은 생명을 거쳐 그 환경으로 되돌아가기 전 단 몇 분 동안 우리 체내에서 지낸다. 모든 사건이 동시에 "저편"에 있다면 이런 일은 어떻게 일어날 수 있을까?

우리 체내의 모든 원자가 환경과 하나라는 것이 중요하다. 우리는 단지 체내의 분자, 세포, 근육과 신경 조직, 장기들로 형성된 원자들의 집합체일 뿐이다. 이런 원자와 분자 모두 끊임없이 우리의 내외부로 움직이는 것처럼 보이지만 실제로는 유픽셀들이 다른 차원 혹은 다른 우주를 통해 나아가는 것이 이런 환영을 초래하는 것이다. 우리가 동일한 사람으로 지각되어도 우리는 그 사람이 아니다. 우리를 구성하는 유픽셀과 우주 만물은 존재의 안팎, 심지어 평행우주들의 내외부로도 점프한다.

많은 저명한 과학자들이 추가된 차원/혹은 평행우주 같은 다양한 은유들을 사용한다. 우리가 우리 앞에 있는 대부분의 것들 — 무한한 우주, 다른 차원, 평행우주들 — 을 지각할 수 없다면, 우리는 실재에 대한 완전한 개념을 결코 알 수 없고 붙잡을 수도 없을 것이다.

영적 가르침: 우리 세계의 중요한 부분들은 숨겨져 있다

지난 수십 년 동안 동료들과 의견을 달리하고 다른 생각을 하고자 하는 물리학자들이 점차 늘어났다. 그들은 평행우주와 존재의 내외부를 들락거리는 유픽셀들에 대한 새로운 은유로 우리가 마음과 에너지 파동의 정신적 우주 안에 살고 있다는 결론에 이르렀다. 이 모든 것이 일체wholeness의 개념을 입증한다. 우리 모두 서로서로 그리고 우주 — 동양의 종교가 가르친 또 다른 개념 — 와 복잡하게 연결되어 있다. 유픽셀들은 비국지적으로 연결되어 있다. 분자를 만드는 유픽셀은 코스모스와 인간과 우리 환경을 통해 돌아다닌다. 따라서 "물질"과 "원자"에 대한 은유들이 실재, 생명, 인간을 존재하게 했다는 것을 설명하기는 어렵다. 마음과 의식이 유픽셀을 우리의 실재로 전환시키는 것을 보아왔다. 그러나 어떻게 전환시키는가?

우리는 착각을 어떻게 정당화시키는가?

인간은 불완전한 지각을 가지고 있다. 저편의 것과 관련된 미미한 양의 정보가 두뇌 속에서 처리되고 자세히 묘사된다. 대부분 행방불명인 "저편"의 것에 대한 제한된 정보를 통하여 수용과 처리, 이해를 함으로써 사람들은 편향된다.

우리는 에너지 파동의 바다에 살고 있다. 우리가 발견한 그 4퍼센트의 파동은 너무 많은 정보로 넘쳐나고, 우리는 이용 가능한 것의 10억분의 1만 시험하여 그 정보를 시간·색·무게·물질·시각의 개념들로 단순화한다. 우리는 우리의 감관에 의해 잘못 전달된 시각·청각·촉각·시간의 지각에만 현혹되는 것이 아니라 일생 동안 동일한 사람으로 살고 있다는 믿음에도 현혹된다. 우리의 세계는 비물질이며 우리 또한 그러하다. 우리는 어떻게든 에너지 조각을 처리하고 우리 마음속에 시간, 물체의 움직임, 사고를 담아내는 비디오를 만든다. 그렇지만 이런 처리를 하는 동안에도 "우리"는 1초에 수억 번이나 용해되고 재형성되므로 유픽셀들이 우주와 교환되는 것이다. 우리는 참으로 우리의 세계와 하나이다.

생명이란 무엇일까? 우리는 무엇일까? 이런 질문에 대한 답을 찾는 데서 사람들은 하나의 세포에서 출발하여 50조의 세포로 성장한 인체를 연구하고 이해하려고 한다. 그런 모든 세포는 어떻게 기능적인 몸과 뇌와 마음을 만들었을까? 미래와 가능한 모든 사건이 존재한다면 우리가 그것을 이용할 수 있을까? 우리는 이런 사건들의 단 한 부분이라도 어떻게 깨달을 수 있을까? 그리고 만물이 공간과 에너지라면 몸과 뇌와 마음은 어떻게 설명할 수 있을까?

나의 종교는, 우리의 여리고 나약한 마음으로도 지각할 수 있는, 미미한 곳에 자신을 드러내는 무한히 뛰어난 정신에 대한 겸손한 찬미이다. 내가 생각하는 신은 파악할 수 없는 우주에 나타난 탁월한 이성 존재에 대한 심오한 감성적 확신이다.[20]

– 알베르트 아인슈타인

우리는 무엇인가?

몸과 뇌
마음-물질의 문제 그리고 의식
치유하는 마음

6장
몸과 뇌

우리를 둘러싼 환경과 우리의 행동은 뇌 내부의 연결을 강화하고 감각 기관을 통해 받아들인 정보를 처리하는 방식을 결정하며, 우리가 인지할 수 있는 세상의 모습까지 형성한다. …… 뇌는 우리가 살아 있는 동안 끊임없이 변화하며 우리 삶에서 벌어지는 상황과 주위 환경을 반영한다. 우리는 우리들 자신이 행하는 행위의 산물이다. 이런 점에서 볼 때 우리는 이성과 사고력이라는 인간의 특별한 능력을 활용하여 우리 스스로의 뇌를 프로그램하는 방식을 선택할 수 있다.[1]

— 로버트 온스타인Robert Ornstein

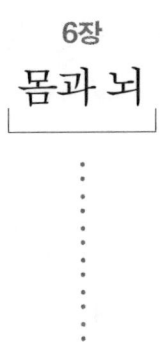부분의 사람들은 모든 세포에 DNA가 들어 있다는 사실과 DNA가 우리 몸과 뇌에 대한 정보를 담고 있는 암호화된 "설계도"라는 사실을 알고 있다. DNA를 분리하고 관찰하는 일은 너무나 쉬워서 고등학생 정도만 돼도 자신의 DNA를 들여다볼 수 있다.[2] 방법은 간단하다. 먼저 혈액 열 방울을 채취하여 증류수 열 방울과 섞은 뒤 세제를 몇 방울 떨어뜨린다. 그리고 여기에 소금을 조금 섞고 뿌예진 용액

을 걸러 맑은 용액을 채취한 다음, 알코올을 40방울 넣고 이 혼합물을 냉동실에 90분 동안 넣어두면 그물처럼 생긴 DNA를 이쑤시개로 집어 관찰할 수 있다.

우리는 얼마나 많은 DNA를 가지고 있을까? 50조 개에 달하는 인체의 세포에 들어 있는 DNA를 늘어세우면 달나라까지 25만 번을 왕복할 수 있다. 우리 모두는 한 세포에 30억 비트에 달하는 유전정보를 가진 1.8미터 길이의 DNA에서 생겨났다. 그리고 유전자를 담고 있는 세포는 몸과 뇌로 성장한다. 우리의 몸과 뇌는 사실과 착각과 그 밖의 모든 것들을 만들어낸다. 어떻게 이런 일이 가능할까? 과학자들은 인체와 뇌에 대해 무엇을 알고 있을까?

두 번째 물음에 대한 대답은 단순하다. 과학자들은 인체와 뇌의 메커니즘에 대해 상당부분을 이해하고 있다. 그러나 아직 양자 수준까지 깊이 이해하고 있지는 않다. 우리는 왜, 무엇이 양자의 관점까지 우리를 이끄는지를 깨달아야 한다. 나는 생소하게 느껴질 수도 있는 21세기 과학의 여러 개념들이 인체와 뇌가 마음과 의식을 어떻게 자아내는가라는 문제를 풀어내는 데 필요하다는 사실을 알게 되었다. 어떤 과학자들은 양자적인 관점만이 인체와 뇌가 어떻게 우리의 현실을 만들어내는지를 설명해주는 유일한 방법이라고 믿는다. 그런가 하면 양자를 고려할 필요가 없다고 여기는 학자들도 있다. 하지만 이런 문제를 다루기에 앞서 우리의 몸이 어떻게 만들어졌는지에 대해 알아보자. 1.8미터의 DNA가 들어 있는 하나의 세포는 어떻게 40조 개의 세포로 변신한 걸까?

우리는 어떻게 만들어졌나?

인간은 우주 창조, 생명 창조, 진화로 인해 탄생한 기적적인 존재다. 하나의 수정란이 인간으로 발달한다는 사실 역시 기적이다. 아기가 생겨나는 과정은 진화의 많은 면을 보여준다. 태아는 인간이 아닌 다른 생물 같은 모양을 하고 있으며 심지어 아가미처럼 생긴 기관까지 가지고 있다.

어린 시절 우리 딸은 자신이 태어났을 때 몇 살이었느냐고 내게 물었다. 참으로 멋진 질문이다. 세상의 모든 어머니들은 처음 생리를 할 즈음이면 난자를 생성하는 여포濾胞를 약 25만 개 갖추게 된다. 그러므로 우리가 가진 모든 유전자의 절반은 우리의 나이보다 수십 년은 더 오래된 셈이다. 인간이라는 새로운 존재가 생겨나는 이처럼 놀라운 과정에는 돌연변이라는 변화의 과정이 100번 정도 일어난다. 그리고 일부 유전자들은 분리반응과 접속반응을 통해 융합되고 그러한 유전자들 가운데 절반은 비활성화 상태가 된다. 정보를 담고 있는 유전자의 양쪽 절반이 아무리 여러 번 결합한다 해도 똑같은 정보를 가진 수정란이 두 개 생겨나지는 않는다. 대자연은 유전자라는 카드 뭉치를 섞어 테이블에 올린 뒤, 절반을 떼어 내버린다.

수정 후 7일 정도가 지나면 동그란 세포 덩어리인 배아가 어머니의 자궁벽에 착상한다.[3] 그리고 이 세포들 가운데 안쪽에 위치한 극히 일부만이 태아가 될 운명을 지니고 있다. 이 최초의 세포들 가운데 상당수는 탯줄이나 태반 같은 구조로 변한다. 13일 무렵에는 세포 덩어리의 아래쪽에 홈처럼 생긴 구조가 나타나고 좀 더 시간이 지나면 세 개의 층으로 구분된다. 이 가운데 가장 윗부분은 피부와 신경계통으로 발달하고 다음 층은 근육과 뼈로, 그리고 맨 아래층은 소화관, 췌장, 비장, 간으로 발달한다. 또한 치아와 생식기, 기타 부수 기관들은 두 개의 층이 결합하면서 만들어진다.

2주가 지나면 머리와 꼬리, 전후, 좌우를 구분할 수 있을 정도가 된다. 그리고 약 21일째에는 뇌가 형성되기 시작하고 그로부터 4개월 동안 뇌에는 1분당 50만 개의 신경세포가 계속 생겨나며, 엄청난 신경세포들이 다시 파괴되면서 뇌의 내부가 적절히 재편된다. 뇌가 형성되기 시작할 즈음에는 손가락과 발가락 사이에서 물갈퀴 모양을 형성하고 있던 세포들이 괴사하면서 손발도 적당한 모습을 갖춘다. 4주가 지나도 태아는 크기가 1센티미터도 채 안 된다.

60일이 되면 태아는 2.5센티미터 길이로 성장하며 전뇌, 중뇌, 후뇌를 구분할 수 있을 정도가 된다. 그리고 16주경에는 어머니의 배를 발로 차기 시작한다. 34주가 되면 뇌를 둘러싸는 두개골이 생겨나고 이때 좌측 대뇌반구는 뒤로, 우측 대뇌반구는 앞으로 굴곡을 이루며 자리를 잡는다. 6개월이 되면 중추신경계가 정보를 받아들이고 처리하고 저장할 수 있을 만큼 발달한다. 이후로 출생 전 몇 개월 동안 뇌에는 1분당 25만 개의 신경세포가 계속 생겨난다.

그리하여 아기는 평생 필요한 신경세포를 모두 가지고 태어나며 어른과 아기의 신경세포 수는 동일하다. 우리는 세상을 이해하는 데 필요한 하드웨어를 이런 방식으로 갖추게 된다. 그렇다면 성인의 인체는 어떨까? 우리의 몸에는 어떤 일이 벌어질까?

몸

지난 2세기 동안 과학자들은 인체를 이해하기 위해 환원주의와 유물론적 방법을 동원했다. 인체를 하나의 기계로 보고 작은 구성요소들로 세분화하여 이해하는 방식은 의학을 크게 발전시켰다. 인류는 수십억 달러를 들여 30억 개에 달하는 DNA 단위의 암호를 기록하고 질병을 해결할 수 있는 방법을 모색했다.[4] DNA에 관한 지식을 생명공학에 접목하면 향후 수십 년 동안 질병에 맞서 싸울 수 있는 신약을 수백 종 개발할 수 있을 것이다.

환원주의자reductionist[특정 부분의 작용이 무엇인지 파악하고, 이를 이용해 전체에서의 효과를 설명하는 방법론을 사용하는 사람]들은 그러나 인체를 이해하기 위해 양자 수준까지 내려가던 길에서 갑자기 멈춰 섰다. 그 이유 가운데 하나는 대부분의 생물학자들과 화학자들이 세상을 이루는 물질이 양자나 에너지가 아니라 당구공처럼 생긴 동그란 모양의 물질이라고 보는 유물론적 관점을 옹호했기 때문이다. 또 한 가지 이유는 인체의 모든 세포들이 엄청나게 복잡한 네트워크를 이루어 소통하기 때문이다. 이 구조는 구성요소들을 세분화할 수 없을 정도로 매우 복잡하다.

최근에는 이러한 네트워크적 관점을 통해 인체를 색다르게 조명하고 있는 추세다. 새로운 구조를 밝혀내려면 단순한 규칙들을 통해 복잡한 조직 구조를 설명하는 방법이 효과적이다. 지금은 많은 과학자들이 네트워크를 이해하는 데 초점을 맞추고 있다. 인체를 이루는 50조 개의 세포들은 정확한 시점에 정확한 기간 동안 수천 가지의 화학적 반응을 일으키고 결국에는 생을 마감한다. 이 세포들은 호르몬과 펩티드, 스테로이드, 면역세포, 단백질, 그리고 뇌세포와 신경, 척수의 복잡한 네트워크를 연결하는 수백 종의 뇌 화학물질을 통해 소통한다.

우리의 몸은 면역체계를 활용하는 네트워크를 통해 스스로의 몸과 이물질을 식별해낸다. 인체의 세포에는 대부분 나와 남의 세포를 구분할 수 있는 식별용 꼬리표가 붙어 있다. 그리고 이 꼬리표는 DNA로 암호화되어 있다. 우리의 면역체계는 꼬리표가 없는 물질을 발견하면 침입자를 몰아내기 위한 조치를 취한다. 꼬리표는 사람마다 다르다. 만약 다른 사람의 신체 조직이나 기관을 이식받으려면 면역체계가 이질적인 세포를 거부하지 못하도록 약물을 사용해야 한다. 우리의 면역체계는 이런 방식으로 우리를 다른 사람과 구분 짓는다.

인체와 뇌의 의사소통 방식은 복잡한 네트워크에 대한 연구를 통해 밝혀졌다.[5] 그리고 그 과정에서 인체와 뇌를 동시에 이해하지 않으면 어느 한쪽을 오롯이 이해할 수 없다는 사실도 드러났다. 예를 들어, 어떤 이들은 감정을 일으키는 주체가 뇌 하나뿐이라고 생각한다. 그러나 이는 그릇된 결론이다. 감정을 자아내는 데는 작은 단백질들로 이루어진 펩티드도 중요한 역할을 한다. 이 펩티드들은 뇌뿐만 아니라 몸 전체에 존재한다.

약학자 캔다이스 퍼트Candice Pert는 1970년대에 세포막에서 자물쇠 같은 역할을 하는 수용체들이 있다는 사실을 발견했다.[6] 이 수용체들은 펩티드에 있는 일종의 열쇠와 상호 작용한다. 펩티드는 인체와 뇌 사이에서 소통자 역할을 하는 것으로 보인다. 감정을 일으키는 일은 펩티드의 작용 가운데 가장 중요한 역할일 것이다. 펩티드라는 화학물질은 우리의 감정과 건강에 영향을 미칠 뿐 아니라 우리들 각자의 특징을 규정짓는다. 우리가 어떤 감정에 젖어 있을 때는 그에 맞는 펩티드가 생겨나 몸 전체에 퍼져 영향을 미친다. 이러한 펩티드들은 바이오피드백, 명상, 상상요법, 기도의 효용을 설명하는 데도 도움이 될 수 있다.

그러나 체내 네트워크의 근본적인 목적은 에너지를 전환하여 이용하고 정보를 제공하는 것이다.

에너지

앞장에서 우리는, 우리가 미지의 에너지인 유픽셀의 집합체이며 우리의 중심에 유픽셀이 존재한다는 사실에 대해 살펴보았다. 그렇다면 에너지와 인체에 대해 우리는 얼마나 알고 있을까?

우리 속에 에너지가 흐르고 있다는 사실은 의학계에서도 인정하고 치료에 활용하고 있다. 이는 아마도 우리의 존재와 정체성을 밝히는 중요한 단서일 것이다. 이미 앞에서 논했듯이 모든 생명체는 전기 에너지를 발생시킨다. 우리는 현대 의료장비를 사용하여 체내에서 양성자를 펌프질하고 에너지를 발생시키는 작은 세포 주머니들을 측정해내고 스스로의 건강 상태를 진단할 수 있다. 이 소낭에서 만들어내는 에너지가 인체에 어떤 영향을 미치는지에 대해서는 뒷장에서 살펴본다. 여기에서 말하는 에너지란 보편적인 은유이다. 왜냐하면 현대 과학은 이미 생체 에너지를 측정해내고 있기 때문이다. 동양에서는 생명을 비롯한 모든 만물에 에너지가 깃들어 있다고 믿는다.

어떤 일을 수행할 때에는 에너지를 사용할 수 있다. 여기에서 일이란 근육을 움직이거나 생각을 하거나 신체 기관이 기능을 수행하는 경우를 의미한다. 우리는 음식과 음료를 섭취함으로써 인체에 필요한 에너지를 공급하는 칼로리를 얻는다. 그러나 우리는 단순히 열 에너지를 발생시키고 칼로리를 연소하는 화학 반응 주머니의 집합체가 아니다. 좀 더 자세히 들여다보면 인체의 세포들은 모두 저마다 전기 에너지를 생성한다. 그리고 이 에너지는 유픽셀이나 양자의 영역에 속해 있다.

세포의 전기 에너지로 인해 인체는 심장의 상태를 진단하는 심전도와 뇌 스캔에 사용하는 뇌전도에 나타나는 전자기장을 형성한다. 뇌전도는 대뇌피질에서 생겨나는 전기 활동을 기록하며 두피에 20개 이상의 전극을 붙여 측정한다. 심전도는 심장의 전기적 활동에 의해 인체의 표면에서 생겨나는 미세한 전압을 감지, 증폭, 기록하는 전압 센서를 통해 측정한다. 이를 통해 얻은 기록은 심장의 전기적 출력에 대한 소중한 정보를 제공한다.

에너지는 우리에게 생명을 선사한다. 심전도와 뇌전도가 비정상이면 환자에게 병이 있다는 뜻이다. 그리고 심전도와 뇌전도 모니터에 파동이 나타나지 않으면 환자가 사망했다는 의미이다. 그러나 모니터에 파동이 나타나지 않는다 해도 의식과 마음은 여전히 존재할 수 있다! 이에 대해서는 10장, "내세" 부분에서 좀 더 자세히 살펴보기로 하자. 에너지 이상은 오히려 치유의 기회가 있음을 보여주는 징후이기도 하다.

인체의 전기적 특성을 주창한 의사, 로버트 베커Robert Becker는 인체의 에너지를 이해하면 의학과 과학에 일대 혁명이 일어나며 자가치유의 길도 열리리라 믿었다. 그는 이렇게 말했다.

나는 이러한 발견들이 생물학과 의학의 혁명을 예고한다고 믿는다. ……
이 신지식은 의학을 더 위대한 겸손의 경지로 이끌 것이다. 왜냐하면 모
든 신체 기관에 있는 자가치유의 잠재력을 발견하면 지금껏 우리가 이룬
모든 의학적 업적들이 빛을 잃게 될 것이기 때문이다.[7]

생명의 에너지와 자가치유에 대해서는 뒷장에서 계속 살펴볼 것
이다.

인체의 복잡한 네트워크는 에너지를 생성한다. 그리고 이 네트워크
들과 거기에서 나오는 에너지는 뇌와 밀접한 관련이 있다. 뇌는 에너지
를 정보로 바꾼다. 뇌는 어떻게 에너지를 정보로 전환할까?

뇌

뇌의 네트워크에서 일어나는 상호 작용들은 현재 중요한 연구 과제
로 떠오르고 있다. 뇌의 전체적인 네트워크는 뇌와 인체 사이의 네트워
크와 뇌세포 간의 복잡다단한 네트워크로 이루어져 있다. 이 네트워크
에서는 에너지와 전기장도 생겨난다. 뇌를 이해하려면 세포 연접과 유
전자, 환경, 그리고 복잡한 네트워크 등을 이해해야 한다.[8]

우리는 1천억 개의 신경세포를 가지고 있다. 신경세포는 1초당 1천
회까지 활성화될 수 있다. 그리고 신경세포가 활성화될 때는 매번 이온
이 방출되면서 주변의 다른 신경세포에 신호를 전달한다. 각 신경세포
는 1천~1만 개의 시냅스를 통해 다른 신경세포들과 연결되어 있다. 시
냅스란 신경세포 사이의 연결부에 있는 미세한 간극으로, 신경세포는

시냅스를 통해 신경 활동을 서로 전달한다.

　국립 암연구소의 유전학자 딘 해머Dean Hamer는 뇌 속에 줄잡아 $10^{10,000,000,000}$개의 정보처리 시스템이 존재한다고 추정한다. 정보처리 시스템이란 기억과 사고를 포함한 뇌의 다양한 상태를 뜻한다. 그는 뇌의 힘을 단적으로 이렇게 표현했다. "우리의 뇌는 발생 가능성이 있는 모든 상황과 상상할 수 있는 모든 사고처리 과정을 충분히 조절하고도 남는 계산력을 가지고 있다."[9]

　네트워크에는 다양한 중심점이 있다. 뇌의 네트워크는 시간의 흐름과 함께 발전하고 변화한다. 신경세포는 수천 개의 다른 신경세포들과 연결되어 있기 때문에 신경세포 그 자체가 뇌의 중심점이다. 나이가 들면서 뇌에서는 끊임없이 신경세포가 죽어나간다. 그러므로 뇌의 중요한 영역들이 계속 작동하려면 수많은 경로가 있어야 한다.

　심지어 뇌에서 넓은 부분이 파괴되거나 없어진다 해도 기억과 기능은 기존의 경로들을 대신하는 대체 경로를 통해 보존이 가능하다. 그렇기 때문에 불필요해보이는 잉여부분이라도 뇌의 기능과 네트워크를 유지하는 데 중요한 역할을 한다.

　인터넷도 이와 비슷하다. 인터넷은 수백만 개의 중심점, 즉 컴퓨터가 공존하는 복잡한 네트워크이며 컴퓨터 사이의 연결이 파괴됐을 때를 대비한 여분의 네트워크가 필요하다. 인터넷에서도 네트워크의 상당 부분이 손상되거나 파괴될 수 있다. 그러나 인터넷의 기능은 보존된다. 예컨대, 초당 수조 비트에 달하는 정보를 전송하는 유럽의 중요한 광케이블이 손상될 수도 있다. 하지만 인터넷은 새로운 경로로 정보를 전달하면서 기능을 유지한다.

뇌 VS 슈퍼컴퓨터: 무적의 뇌

인간의 뇌는 궁극의 휴대용 컴퓨터인가? 인간의 뇌는 컴퓨터와 다르다. 슈퍼컴퓨터가 떼 지어 덤빈다 해도 인간의 뇌를 당해낼 수는 없다. 1.5킬로그램도 안 되는 뇌는 전구 하나보다도 에너지를 적게 사용하면서 100억 페이지가 넘는 분량의 책과 맞먹는 정보를 저장하고, 동시에 50조 개의 세포에서 일어나는 생화학적·전기적 활동을 통제한다. 슈퍼컴퓨터 1천 대를 합친다 해도 의식을 생성하기는커녕, 하나의 뇌에서 일어나는 간단한 인지 작용이나 창의적인 기능조차 수행할 수가 없다.

컴퓨터에서는 수백만 개의 트랜지스터들이 상호 작용한다. 그러나 어떤 트랜지스터도 다른 트랜지스터들과의 연결을 강화할 수는 없다. 하지만 우리의 신경세포는 다른 신경세포들과의 연결을 강화하여 장기 기억을 생성한다. 특정 신경세포들이 활성화되면 다른 신경세포들과의 특별한 연결이 강화된다. 게다가 뇌에서는 현재의 컴퓨터들이 흉내 낼 수 없는 수백 종의 화학물질들이 의사소통에 관여한다. 우리의 뇌는 그 얼개와 작용이 컴퓨터와는 비교도 할 수 없을 정도로 훨씬 더 복잡하다.

우리는 배우고 자각하며, 패턴과 모양과 음영을 구분하고, 추상적인 예술작품 속에서 형상과 상징을 해석해낸다. 우리는 그림 속에서 이야기를 상상하고 미각과 후각 같은 감각을 활용하며 기억을 회상한다. 우리는 기억의 창고에 빠르게 접속하여 기억을 참고로 행동을 취한다. 대부분의 컴퓨터는 이런 기능을 수행할 수 없다. 그러므로 인간의 뇌와 컴퓨터의 작업 방식 사이에 일부 유사한 면이 있기는 하지만 컴퓨터는 우리의 유픽셀들이 만들어내는 사고와 마음의 세계처럼 진정한 통찰력을 가질 수 없다.

현대인의 뇌를 우리 조상들의 뇌와 비교하면 더 재미난 사실들을 알 수 있다. 조상님들은 우리의 뇌에 대해 어떤 실마리들을 보여주실까? 진화에 그 해답이 들어 있다.

뇌의 구성요소와 그 독창성

우리의 뇌는 원시 파충류와 포유류 뇌의 특징도 유지하고 있다. 파충류의 뇌는 소화, 순환, 호흡, 생식 같이 생존에 필요한 기능에만 초점이 맞춰져 있다. 원시 포유류의 뇌는 그보다 조금 더 정교하다. 원시 포유류의 뇌에는 감정을 조절하고, 동작을 통제하고, 투쟁-도주반응Fight or Flight reaction[갑작스런 자극에 대해 투쟁할 것인가 도주할 것인가를 결정하는 본능적인 반응]을 관장하는 변연계(또는 중뇌)가 있었다. 이처럼 좀 더 수준이 높은 뇌 기능 덕에 원시 포유류는 많은 파충류들을 멸종으로 내몰 수 있었다.

인간과 영장류과 동물들의 뇌에는 대뇌피질이라는 제3의 요소가 있다. 대뇌피질은 약 3밀리미터 두께의 주름진 층으로 뇌의 상부와 전면을 덮고 있다. 대뇌피질은 우리에게 언어 능력과 수리 능력, 문제해결 능력을 선사하며 기억력과 창의력 발달에도 관여한다.

이 세상에 같은 뇌는 하나도 없다. 출생 전후의 영양 상태, 약물, 알코올, 유전자 같은 요인들은 뇌의 건강에 모두 영향을 미친다. 아인슈타인의 뇌에는 흥미롭게도 한 가지 다른 점이 있었다. 그의 뇌에는 일반인에게 있는 뇌 주름이 하나 없는 대신 보통은 따로 떨어져 있는 어떤 뇌 주름 두 개가 붙어 있었다. 그 덕에 아인슈타인의 뇌에서 신경세포 사이의 소통이 더 빠르고 쉽게 이루어졌다고 할 수 있다.[10]

신호를 확장하는 뇌를 가진 사람들도 있다. 뇌에 대한 수많은 저서를 펴낸 심리학자 로버트 온스타인은 이런 이들을 "하이-게인 피플 High-Gain people"이라 불렀다. 이들은 고요와 고독을 좋아한다. 이와 반대되는 개념은 "로우 게인 피플Low-Gain people"이다. 이런 사람들은 말초적인 자극을 추구한다.[11]

지문과 마찬가지로 뇌의 다양성은 인간들이 저마다 독특한 하드웨어를 가지고 있다는 사실을 보여준다. 그렇다면 이처럼 다양한 하드웨어는 어떻게 배우고, 생각하고, 움직이고, 인지하고, 말하고, 상상하고, 기억하는 능력을 얻고 독특한 개성을 만들어내는 걸까?

뇌의 성장과 발달

우리는 크기와 무게가 성인 뇌의 1/4에 불과한 뇌를 가지고 태어났다. 앞서 설명한 것처럼 신생아는 성인과 거의 비슷한 수의 신경세포를 가지고 있다. 그렇다면 왜 뇌의 크기와 무게가 더 증가해야 할까?

아기의 뇌는 세상을 살아갈 준비가 덜 된 뇌와 같다. 신경세포들은 출생 이후로 계속 사멸과 재조합 과정을 거친다. 뇌의 크기와 무게가 증가하는 이유는 신경세포가 팽창하고, 뇌 세포 사이의 연결이 늘어나며, 신경세포들이 변형되고, 수십 억 개의 아교세포가 만들어질 뿐만 아니라, 자라나는 뇌에 양분을 공급하는 혈관들이 새로 생겨나기 때문이다. 뇌가 장구한 세월을 거치면서 조직화되고 발달하는 이유는 수도 없이 많다. 시각 발달도 이와 관련이 있다. 온스타인은 이를 다음과 같이 설명한다.

> 시각 계통은 출생 시점부터 성인이 될 때까지 인체의 발달과 함께 변해가는 머리의 크기에 적응하기 위해 지속적으로 상태를 재평가하고 변화하면서 안정성을 유지해야 한다. 시각 계통이 변화하지 않고 출생 시점의 상태에 머물러 있다면 제 기능을 발휘할 수 없을 것이다.[12]

성장기 아이들의 뇌에서는 혈관이나 아교세포 생성 같은 세포의 변화와 함께 세포 사이의 연결도 강화된다. 이런 사실을 보면 배움과 인격 형성의 시기가 얼마나 중요한지를 알 수 있다. 표 4는 뇌의 발달 과정을 요약한 것이다.

5세 아동의 뇌는 성인 뇌의 90퍼센트에 달하는 크기가 된다. 침팬지는 22개월만 돼도 이 정도 수준에 도달한다. 그러나 인간의 뇌는 침팬지의 뇌보다 더 복잡하기 때문에 뇌세포가 적절히 연결되는 데 더 많은 시간이 필요하다. 인간은 이런 능력들을 바탕으로 세상을 인지하고 스스로의 존재를 이해하며 존재의 목적을 사유하고 영적인 존재로 성장한다. 그러므로 부모라면 아이의 뇌가 자라나는 몇 년 동안 아이를 보호해야 할 의무가 있다. 인류 역사 초기에는 보호받지 못하고 방치된 아이들보다 어른들의 보호를 받은 아이들이 더 많이 생존했고 우리는 그러한 진화의 혜택을 입은 조상들의 후손이다.

표 4. 연령에 따른 뇌 발달[13]

연령	발달	설명
출생 9~4개월	전착상 약 3주 후부터 뇌가 형성되고 신경세포가 빠르게 증가하기 시작.	1분당 약 50만 개의 신경세포 신생. 착상 후 60일경에는 전뇌, 중뇌, 후뇌 구분 가능.
출생 5개월 전	새로운 신경세포 추가 속도 다소 감소.	1분당 약 25만 개의 신경세포 신생.
출생 시	1천억 개 이상의 신경세포와 아교세포 보유.	척수와 뇌간 구성 완료. 뇌 무게는 약 400g. 성인과 같은 수의 신경세포 보유. 뇌간과 척수가 신체 기능 조절에 관여.
1~3개월	소뇌와 중뇌의 세포 변형.	아교세포 추가. 신경세포 연결 발달 및 확장. 신생 혈관 추가.
3개월~1년	생후 약 1년경 전뇌와 대뇌피질 변형 시작.	동작 조절 및 감각 처리 발달 시작.
1~20년	전뇌와 대뇌피질이 연속적으로 발달.	인지, 기억, 판단, 언어 기능이 1차적으로 발달. 이후에는 계획 능력 발달 및 인격 성숙.

연령에 따른 아동기 주요 행동

인간의 아기는 자궁 속에서부터 소리를 듣고 출생 후에는 음악을 인지한다. 아기들은 음의 높낮이와 리듬도 구별한다. 그 때문에 아기들이 원래부터 음악적 소질을 타고 난다고 믿는 사람들도 있다. 몬트리올 신경학연구소의 신경학자 로버트 자토르Robert Zatorre는 다음과 같이 말했다.

......아기들은 놀랍도록 세련된 작은 음악가들이다. 녀석들은 음계와 화음을 구별할 수 있고 불협화음보다는 잘 어울리는 화음을 좋아한다. ...... 며칠이나 몇 주에 걸쳐 가락을 들려주면 아기들은 그 가락을 알아 듣는다.......[14]

표 5. 연령에 따른 주요 행동[15]

연령	행동	설명
0~1개월	불규칙한 행동과 반사 행동.	반사적으로 사물을 빤다.
1~4개월	외형과 형태 구분.	사물이 눈앞에서 사라지면 아기는 사물이 더 이상 존재하지 않는다고 믿는다.
4~8개월	보다 복잡한 행동 모방. 사물에 직접 접근하지는 못하는 단계.	손에 닿은 물건을 움켜쥔다. 총 869개의 소리와 음소를 인식할 수 있다. 이 능력은 이 시기가 지나면 천천히 사라진다.
8~12개월	사물에 직접 접근하며 까꿍 놀이를 즐김(손으로 얼굴을 가렸다가 보여주기를 반복하는 놀이).	까꿍 놀이를 할 때 아기는 얼굴이 다시 나타난다는 사실을 예상한다.
12~18개월	다양한 모양과 크기의 장난감 탐구. 의도적으로 물체를 떨어뜨리고, 떨어지는 물체를 관찰함.	같은 행동을 새로운 방식으로 행하는 방법을 터득한다.
18~24개월	행동을 하기 전에 생각을 하기 시작함.	행동에 따른 반응을 예상하려 한다.
2~4년	언어와 심상 사용. 논리적 일반화 시도. 무생물에 생명이 있다고 믿음.	3세경 아기는 약 1천 개의 어휘를 알고 있다(침팬지의 한계는 약 150개).[16] 이 시기 아기들은 자연적인 현상들을 인공적인 현상이라고 믿는다.
4~5년	사물의 논리적 귀결을 이해하기 시작함.	4세경 아기는 약 4천 개의 어휘를 알고 있다. 6세 이후부터는 고유한 말투가 나타난다.

아기들은 성장하면서 주위 어른들의 얼굴과 몸짓, 음성을 인지한다. 8개월 된 아기는 엄마와 떨어지면 크게 당황한다.

인간의 뇌가 세상에 적응할 준비를 한다는 사실은 아이들의 발달 과정에서 대부분 드러난다.

표 5에 나온 내용은 아이들이 발달 과정에서 겪는 주요한 학습적 경험들 가운데 극히 일부에 불과하다. 뇌는 10대에도 계속 발달한다.

뇌 세포 사이의 구조적인 연결은 우리의 정체성과 잠재력을 결정한다. 하지만 우리의 모든 지각과 착각, 그리고 현실을 이해하려면 뇌가 바깥세상으로부터 정보를 어떻게 받아들이는지를 알아야 한다. 감각은 우리를 세상과 연결하는 통로이다.

감각: 사실과 착각의 근원

세상에서 우리가 인지할 수 있는 에너지의 형태로 이루어진 부분은 약 4퍼센트뿐이다. 그리고 그 가운데 인간이 감각을 통해 인식할 수 있는 부분은 10억분의 1에 불과하다. 앞장에서 우리는 시각이 다양한 형태의 에너지와 가시광선의 상호 작용을 통해 모인 정보의 결과물이라는 사실을 살펴보았다. 인간의 뇌는 이 정보를 편집하여 세상에 대한 이미지를 그려낸다.

눈과 뇌의 복잡한 상호 작용에 대해서는 활발한 연구가 이루어지고 있다. 과학자들은 청각보다는 시각에 대해 더 많이 알고 있다. 털처럼 생긴 귀 내부의 청각세포와 파동을 통해 그 세포를 진동시키는 소리의 상호 작용 관계에 대한 비밀은 최근에 와서야 밝혀졌다.

황제펭귄은 알이 부화하면 수컷 홀로 새끼를 돌보고 암컷은 자신의 배를 채우러 돌아다닌다. 자신과 새끼를 위해 먹이를 구하는 일은 수컷의 몫이다. 수컷이 먹이를 물고 돌아올 때 새끼는 아비의 고유한 소리를 인식해야 하고, 수컷은 자기 새끼의 고유한 소리를 인식해야 한다. 하지만 황제펭귄의 서식지에는 매서운 바람이 몰아칠 때가 많고 주위는 온통 수천 마리의 다른 수컷들과 새끼들이 서로를 찾는 아우성으로 가득하다. 이런 상황에서 서로가 소리를 예리하게 포착하지 못하면 새끼는 죽음에 이를 수도 있다.

인간보다 민감한 청각을 가진 동물은 많다. 그러나 우리의 뇌는 리듬과 음조와 멜로디를 해석하고 실연의 추억이나 행불행, 심지어 애국심 같은 감정을 경험할 수 있도록 청각 정보를 처리한다. 게다가 우리는 소리를 무시할 수도 있다. 시끄러운 방에서도 무언가에 집중하면 소리가 줄어들거나 사라져버린 것처럼 느껴진다.

온스타인이 제시한 사례는 후각과 미각의 중요성과 후각과 미각이 인간의 인지력과 기억력에 어떤 영향을 미치는지를 잘 보여준다. 온스타인은 오페라를 관람한 후 베어네이즈 소스를 얹은 스테이크를 먹은 한 남성의 사례를 들었다. 이 음식은 그 남성이 가장 좋아하는 메뉴였지만 그날 밤 몸이 아픈 이후로 그는 가장 좋아하던 소스를 싫어하게 되었다. 오페라나 스테이크, 함께 식사를 즐긴 아내, 그에게 감기를 옮긴 친구에 대해서는 반감이 없었다. 하지만 그는 다른 사물이나 사람보다 소스의 맛과 냄새를 감기라는 부정적인 경험과 더 강력하게 연결시킨 것이었다.[17]

맛과 냄새는 분자들(유픽셀의 집합체)이 만들어낸다. 우리의 혀와 비강에 있는 감각수용체들은 분자에 대한 정보를 감지하고 그 정보를 뇌로 보낸다. 그리고 뇌는 감각을 생성하여 감정적인 반응을 일으킨다. 맛과 냄새는 뇌를 통해 우리가 어떤 음식을 먹고 싶고, 먹고 싶지 않은지를 결정한다. 이는 청각과 시각으로는 알 수 없는 정보이다.

감각은 생존의 도구일 뿐 진실을 알려주진 않는다

오감(시각, 청각, 촉각, 미각, 후각)은 우리를 둘러싼 환경과 그보다 광활한 우주에 대한 정보들 가운데 아주 일부분만을 일러준다. 인간의 몸과 뇌는 빛의 스펙트럼에서 일부분을 감지하고, 공기 중에 파동치는 소리의 조각을 듣고, 수백 종의 분자에서 냄새와 맛을 느끼고, 우리와 소통하는 분자와 진동과 파동의 일부분을 받아들일 수 있다.

우리의 기능적 후각 유전자는 생쥐가 가진 기능적 후각 유전자 수의 1/3에 불과하다. 우리의 눈은 호랑이의 눈만큼 광범위한 빛의 스펙트럼을 볼 수 없다. 우리의 감각에 이처럼 한계가 있는 이유는 무엇일까?

아마도 인간의 대뇌피질이 더 섬세한 감각이 필요 없을 정도로 많은 활동을 하기 때문이리라. 우주에서 가장 진화했다고 알려진 현대인의 뇌라 해도 "저편" 세상에서 오는 모든 정보와 감각을 다 처리할 수는 없다. 우리의 뇌는 일종의 여과장치다. 뇌는 우주의 극히 일부만을 인식하거나 파악한다. 뇌는 우주에 관한 모든 정보의 10억분의 1 중에서 다시 100분의 1에 해당하는 정보를 분석하는 데 역량을 집중한다. 앞서 언급했듯이 우리의 감각은 현실에 대한 참된 그림을 보여주지 않고, 보여줄 수도 없다.

나의 몸과 뇌는 현실에 대한 나의 관점과 지각과 착각에 대한 책임이 있다. 그럼 내 마음속에서 일어나는 일들에 대해서는 어떨까? 뇌가 마음을 온전히 설명할 수 있을까? 만약 세상의 실체가 마음이라면, 그리고 만약 오고가는 분자와 유픽셀들에 의해 내가 우주와 함께 서서히 융합된다면 나의 마음과 의식이 어떻게 만들어질 수 있을까? 마음은 "저편"에 있을까, 아니면 내 머리 속에 있을까?

이런 화두는 철학자, 종교인, 과학자들이 수세기 동안 씨름해온 마음-물질의 문제, 그리고 의식의 문제라는 두 가지 주제로 나를 이끌었다. 과학과 영성의 불화를 진정으로 치유하려면 이 주제를 해결해야 한다.

세포는 에너지로 움직이는 일종의 기계장치다. 그러므로 세포에 대한 연구는 물질이나 에너지에 대한 연구를 통해 접근할 수 있다.[18]

- 알베르트 쉰트-죄르지Albert Szent-Györgyi

7장
마음-물질의 문제 그리고 의식

우리는 생각의 산물이다. 마음은 모든 것이다. 우리는 생각하는 대로 된다.[1]

- 마하리쉬 마헤시 요기Maharishi Mahesh Yogi

나는 리모컨으로 텔레비전 채널을 돌려보는 재미에 사는 게으른 사람이다. 또 나는 TV 가이드를 구독할 수 없을 정도로 인색하다. 그래서 대신 사막에서 바늘을 찾듯 리모컨을 꾹꾹 눌러가며 수백 개의 채널 가운데 재미있어 보이는 채널을 찾곤 한다. 그러던 어느 날은 우연히《로드 러너 *Road Runner*》라는 옛 만화영화를 보게 되었다.

나는 빠르게 질주하는 멕시코산 뻐꾸기에게 농락당하던 수십 년 전 만화 속 코요테의 모습을 아직도 기억한다. 그러나 미처 추억에 젖기도 전에 알록달록한 총천연색 만화 화면에서는 코요테가 협곡으로 이리저리 내동댕이쳐지고 뻐꾸기는 서라운드 스피커를 통해 "빕빕" 소리를 내며 보이지도 않는 속도로 화면을 가로질러 가버렸다.

독자분들의 허락도 없이 마음대로 어린 시절로 돌아가다니 저자로서 죄송할 따름이다. 그러나 그 순간 나는 그 만화 속에 빠져든 내 모습이 물질주의의 단면을 보여주는 아주 좋은 사례라는 사실을 깨달았다. 만화를 보는 동안 나는 애니메이션 속 동물들의 기이한 행동들이 현실인지 아닌지에 대해 의문을 품지 않았고 내 마음은 그저 눈앞에 벌어지는 일들을 받아들였다. 내가 들어갔던 만화 속 세계가 공상이었을 뿐이라는 사실을 깨달은 건 그 다음의 일이다.

내가 세상을 인지하는 방식은 만화를 보는 일과도 같다. 나는 세상을 건물과 땅, 사람들 같이 물질적인 존재들로 이루어진 대상으로 인지할 뿐, 색이나 풍경, 소리, 맛 등에 대해서는 특별히 의문을 품지 않는다.

그러나 사실 세상은 내가 인지하는 모습과는 다르다. 나의 마음은 내가 살아가는 세상을 이해할 수 있도록 모든 이미지와 느낌을 창조한다. 때문에 세상에 대한 나의 인식은 에너지, 공간, 정보, 그리고 우주를 채우고 있는 암흑물질, 암흑에너지 등에 관한 실질적 논리와는 맞지 않는다. 나는 세계가 인간이 인식하는 모습과 전혀 다르며 "세계를 구성하는 물질"이 양자와 에너지로 이루어져 있다는 현재의 과학적 이론에 동감한다. 그러나 우리가 인식하는 것은 양자의 세계가 아니다. 그러므로 아주 현실적인 관점에서 보면 나 자신은 만화의 세계에 살고 있으며 현실의 단면만을 인지하는 셈이다. 우리 모두는 그렇다.

이 만화의 세계를 창조하는 것은 무엇일까? 우리들 대부분은 그 주역으로 뇌를 지목할 것이다. 그럼 마음이란 무엇일까?

나는 주위 환경과 감정, 상상, 기억, 의지를 인지하고 정보를 의식적, 무의식적으로 처리하는 능력이 바로 마음이라고 정의하고 싶다.

마음 그리고 마음-물질의 문제

많은 과학자들이 마음을 유물론적으로 보는 전통적 관점을 취한다. 그들은 뇌의 작용을 통해 정신세계를 완벽하게 설명할 수 있다고 여긴다. 그러나 이에 대해 좀 더 추궁하면 인체 역시 마음의 세계에 영향을 미친다는 사실을 인정할 것이다.

몸과 마음의 문제라고도 할 수 있는 마음-물질의 문제에는 "어떻게 하면 물질을 통해 마음을 설명할 수 있을까?"라는 의문이 따른다. 대부분의 사람들은 물질, 즉 뇌와 인체가 없다면 마음도 존재할 수 없다고 생각한다. 과학자들은 뇌의 모든 활동이 멈추면 마음도 사라진다는 주장에 대부분 동의할 것이다. 하지만 뒤에서 살펴볼 임사체험은 이런 믿음에 의문을 제기한다.

유픽셀은 마음을 이해하는 데 중요할까? 아니면 마음과 무관한 이론일까? 유물론자는 마음과 의식이라는 내면의 우주가 뇌의 세포와 분자, 신경세포, 시냅스, 아교세포, 그리고 수백 종의 화학적 전달물질로만 이루어져 있다고 말할 것이다. 유물론자는 양자를 고려하지 않아도 자신의 이론이 마음을 설명하기에 충분하다고 여긴다.

이 같은 환원주의적, 유물론적 관점에서는 뇌의 활동을 의식 및 마음과 동일하게 본다. 반면 양자 수준의 접근법이라 함은, 강력한 전자현미경으로 지금 보고 있는 이 페이지에 인쇄된 잉크의 모든 알갱이와 종이의 섬유질을 원자 수준에서 샅샅이 조사한다는 의미와도 같을 것이다. 양자적 수준에서 뇌를 살펴봐야 한다고 주장하는 이들에 의하면 이처럼 면밀한 조사가 반드시 필요하다. 왜일까?

유물론적 관점은 18세기의 관점이다. 그러나 필자가 제시하는 주장은 유물론이 아니라 에너지와 유픽셀을 필두로 하는 21세기의 관점이다.

현실이라는 책을 해독하려면 분자라는 문장과, 원자라는 단어와, 소립자라는 글자와, 유픽셀이라는 미세한 잉크 알갱이를 살펴봐야 한다는 사실을 우리는 알고 있다. 이 모든 요소들과 진공 공간과 정보의 원천을 알아야 세상을 이해할 수 있다. 보이지 않는 이 메시지를 우리가 이해할 수 있는 무언가로 바꾸어주는 법칙을 찾아내지 못한다면 메시지가 주는 정보를 놓치고 있는 셈이다. 마음과 의식의 비밀을 풀어줄 실마리를 찾기 위해 과학자들이 양자 수준의 연구를 진행하는 것은 합리적인 일이다.

유물론은 물리적인 세계만이 진실이라는 믿음이다. 만약 마음과 의식이 뇌 활동으로 인해 발생하는 단순히 물리적이고 기계적인 결과물이라면 육체의 사망 이후에는 아무것도 남지 않아야 논리에 맞다. 서양에서는 이런 믿음을 신봉하는 경우가 많다. 그러나 이는 대부분의 영적 종교적 가르침과 상반된다. 그러므로 유물론에도 과학과 영성의 불화에 대한 일말의 책임이 있다. 과연 과학이 마음과 물질에 대한 새로운 관점을 제시하여 이 간극을 메울 수 있을까? 양자와 뇌를 연결 짓는 관점은 어떨까?

물질의 가장 작은 단위가 양자라는 사실에 대해서는 과학자들도 의문을 제기하지 않는다는 사실에 주목해야 한다. 문제는 양자 수준의 연구가 마음과 의식을 좀 더 잘 이해하는 데 도움이 되느냐는 점이다. 그렇게만 된다면 과학과 영성은 다시 화해를 이룰 수도 있다.

마음-물질 이론

신경세포, 뇌, 인체로 마음을 완전하게 설명할 수 있을까? 이에 관한 이론은 수없이 많다. 표 6은 그 가운데 여섯 가지 이론을 요약한 것이다.

기능주의는 만사를 물질로 규정하기 때문에 마음-물질의 문제가 존재한다는 사실 자체를 부정한다. 기능주의에서 마음이란 뇌 작용의 결과일 뿐이다. 부수현상설과 창발적 유물론은 비슷한 이론이며 마음이 뇌 활동을 통해서만 생겨난다고 믿는다는 점에서 맥을 같이한다. 불가지론적 물리주의에서는 마음이 뇌의 산물이라고 가르치지만 비물질적인 힘이 존재할 수 있다는 가능성을 열어 두었다. 그러나 이런 힘이 뇌의 상태에 영향을 미치는 과정이 먼저라고 여긴다. 이원적 상호 작용설에서는 마음과 의식이 뇌와 독립적으로 존재한다고 가르치며 마음이 뇌를 형성할 수 있다고 여긴다. 이 다섯 가지 이론에서는 기본적으로 뇌를 통해 만사를 설명할 수 있으며 마음이 비물질적인 상태를 기초로 할 것이라고 주장한다.

한편, 과정철학에서는 마음과 뇌가 동일한 한 가지 현실에 의해 발현되며 이 현실은 끊임없는 흐름과도 같다고 주장한다. 과정철학에 지대한 영향을 미친 이로는 수학자이자 철학자인 앨프리드 노스 화이트헤드Alfred North Whitehead를 들 수 있다. 그는 1929년도 저서 『과정과

표 6. 마음-물질 이론[2]

이론	내용	비고
기능주의 Functionalism	마음을 뇌의 상태로 본다. 이 이론은 의식의 존재를 부정한다.	마음-물질의 문제는 존재하지 않는다. 모든 것은 물질이다.
부수현상설 Epiphenomenalism	마음이 존재하지만 물리적 세계에 영향을 미칠 수 없다고 본다. 모든 마음 상태의 원인은 뇌이며, 뇌가 모든 현상을 이미 발생시키기 때문에 마음은 아무런 일도 발생시키지 않는다고 여긴다.	손가락을 움직이는 주체가 뇌인 것처럼 의식은 물리적 세계에 영향을 미칠 수 없다.
창발적 유물론 Emergent Materialism	마음은 뇌의 활동에 의해서만 생겨나지만 뇌의 정보처리 과정으로는 마음의 작용을 예상할 수 없다고 본다. 이 이론에서는 마음이 물리적, 정신적 변화에 영향을 미칠 수 있다고 여긴다.	마음의 활동은 신경세포에 영향을 미칠 수 없다. 양자적 설명은 불필요하다.
"불가지론적" 물리주의 "Agnostic" Physicalism	마음을 뇌 활동의 산물로 보며 물질과는 무관한 힘이 존재할 수 있다고 가정한다. 마음이 변하기 전에 뇌가 변해야 한다고 생각한다.	"불가지론적"이란 비물질적인 힘이 존재할 가능성이 있다는 뜻이며 이 이론에서는 종교를 부정하지 않는다.
과정철학 Process Philosophy	마음과 뇌가 동일한 현실에 의해 발현된다고 본다. 하지만 끊임없는 흐름 속에 두 가지가 모두 변한다고 여긴다.	양자 이론과 동일하다.
이원적 상호 작용설 Dualistic Interactionism	마음과 의식을 뇌와 상관없는 독립적인 상태로 보며 마음의 이면에는 비물질적인 원리가 있을 수 있다고 가정한다.	이 이론을 옹호하는 이들은 사후세계를 믿는다.

우리는 무엇인가?

실재 *Process and Reality*』를 통해 과정철학의 기초를 집대성했다. 화이트헤드는, 20세기 들어 인류가 물질도 에너지의 형태이며 에너지는 순수한 활동에서 발생한다는 통찰력을 얻게 되었고 이로 인해 지난 4세기 동안 공간과 물질을 중심으로 형성했던 세계관이 과정을 중심으로 한 세계관으로 변모했다고 믿었다. 과정철학에서 "과정"이란 여기에서 온 말이다.

제프리 슈워츠Jeffrey Schwartz와 샤론 베글리Sharon Begley는 자신들의 저서 『마음과 뇌 3*The Mind and the Brain*』에서 과정철학에 대해 다음과 같이 말했다.

과정철학은 그러므로 전통적인 불교 철학과 일맥상통한다. 불교에서는 덧없는 변화를 냉철하고 날카롭게 꿰뚫어본다. …… 따라서 화이트헤드가 말한 것처럼 "현실은 과정이다." 그리고 이 과정은 "복잡하고 상호 의존적인 경험의 조각들"로 이루어져 있다. 이런 관점은 최근에 발전을 거듭하고 있는 양자물리학과 놀랍도록 일치한다.[3]

사람들은 "의식"이라는 말을 자주 사용한다. 의식이 없이 마음이 존재할 수 있을까? 의식은 마음의 일부일까? 의식에 대한 정의는 무수히 많고 그 가운데에는 의식의 상태를 에둘러 표현한 말들도 있다. 나는 주위 환경이나 스스로의 생각을 인지하고 자신이 그처럼 인지하고 있다는 사실을 인지하고 있을 때를 의식적인 상태라고 정의한다.

의식[4]

마음-물질의 문제와 마찬가지로 우리는 의식이라는 문제에 대해서도 수많은 견해를 가지고 있다. 표 7은 의식에 대한 다양한 설명들 가운데 일부를 소개한 것이다.

마음-물질의 문제와 의식에 대한 여러 가지 이론들을 살펴보면서 나는 대부분의 이론들을 두 가지 범주로 나눌 수 있다는 사실을 알게 되었다.

1. 마음/의식/창조주가 곧 현실의 실체라고 보는 이론
2. 물질이 마음과 의식의 실체라고 보는 이론

표 7. 의식에 관한 이론들

이론	내용
이원론 Dualism 의식이란 신의 선물이거나 외부에서 온 것이다.	이원론에서는 자연과학으로는 의식을 이해할 수 없다고 믿는다.
이상주의적 일원론 Idealist monism 의식이란 마음의 상태이다.	이상주의적 일원론에서는 우주가 전적으로 마음이나 정신의 산물이라고 믿는다.
유물론적 일원론 Material monism 전적인 유물론 중심론	현실은 물질적 또는 물리적인 것일 뿐이라고 믿는다. 유물론적 일원론 신봉자들 가운데에는 뇌의 한 부분 또는 몇몇 부분에서 현실을 만들어낸다고 믿는 사람들도 있다. 또 뇌의 여러 영역이 함께 모여 의식을 형성한다고 믿는 이들도 있다.
양자적 과정론 Quantum processes	양자적 과정이 의식에 관여한다고 여긴다.
철학적 문제 Philosophical matter	의식은 과학의 문제가 아니라고 규정한다.

과거로부터의 음성

나는 연구를 진행하면서 흥미로운 통찰력을 가지게 되었으며 우리의 현실이 영적인 세계를 바탕으로 한다는 이상주의적 일원론을 믿게 되었다. 나는 다른 우주들이 존재하고, 우주공간이 텅 비어 있지 않으며, 우주를 이루는 구성요소들이 물질이 아닌 에너지이고, 모든 공간이 가득 차 있으며, 모든 구성요소들이 서로 연결돼 있다고 믿는다. 이에 대해서는 이미 4장에서 비국지성의 원리를 통해 논한 바 있다. 이런 개념들은 21세기 과학과 궤를 같이한다. 그러나 고트프리트 빌헬름 라이프니츠Gottfried Wilhelm Leibniz는 이미 3세기 전에 자신의 저서에서 이런 개념을 소개해놓았다.

라이프니츠는 아이작 뉴턴과 공동으로 미적분학을 발명한 것으로 인정받고 있다. 그는 계산기를 최초로 발명했을 뿐만 아니라 디지털 컴퓨터에 사용하는 현대식 2진법을 개발하기도 했다. 라이프니츠가 살았던 17~18세기에는 과학, 종교, 철학이 모두 철학이라는 하나의 장르에 속해 있어서 과학은 자연철학, 신학은 종교철학, 윤리학은 실천철학이라고 불렸다.

라이프니츠는 『단자론單子論 Monadology』[5]이라는 저서를 남겼다. 90개의 절로 나뉘어 있는 단자론에는 그의 과학적 지식과 미적분학, 진보수학, 그리고 그만의 독특한 논리가 녹아 있다. 그는 대승불교의 영향을 받은 중국 철학에 대해 알고 있었으므로 그의 철학은 대승불교와 중국 철학의 개념과도 유사하다. 그러므로 그의 식견들 가운데에는 2000년 전의 지혜가 묻어나는 내용들도 많다. 단자론, 신정론神正論[악의 존재를 신의 섭리로 보는 신학의 한 이론]을 비롯한 관련 논문에서 라이프니츠는 우주와 단일 개체들의 가장 기본적인 단위에 대해 논했으며 그와 관련된 모든 물질과 피조물, 창조주에 대해서도 언급했다. 그는 다음 두 가지를 접목시킨 최초의 위대한 철학자이자 과학자였다.

1. 세계와 단일 개체의 변화를 유도하는 기본 단위의 실재는 비물질적이며 너무 미묘하여 인지하기 어렵다는 통찰력.
2. 변화는 물리적이며 물리적인 변화는 마음의 고유한 활동적 기능들을 생성한다는 원리.

라이프니츠가 주창한 첫 번째 요점과 마찬가지로 양자적 과정 역시 비물질적이며 인간의 감각으로는 이 과정을 인식할 수 없고 여기에서 다시 파동과 입자라는 딜레마가 생긴다. 또, 두 번째 요점은 하나의 현실에서 일어나는 변화나 흐름이 마음을 생성한다는 과정철학과 일치하며, 물질과 마음을 통해 나타나는 양자적 과정과도 어긋남이 없다.

어떤 이론이 맞는가?

철학에서는 사상에 대한 명확한 표현과 정의가 매우 중요하다. 저술가이자 철학자인 매튜 스튜어트Matthew Stewart는 라이프니츠가 3세기 전에 지적했던 의미론적 문제를 제기한다. "라이프니츠는 수많은 현대 철학자들과 마찬가지로 진정한 철학적 갈등이 존재하지 않는다는 관념을 소중히 여겼다. 철학적 갈등처럼 보이는 충돌은 그저 어설픈 어

법 때문에 빚어지는 갈등일 뿐이라는 것이다."⁶

이런 주장과 달리 의미론에 의해 생겨나는 진정한 철학적 갈등들도 있을까?

실재의 영역

의미론적으로 볼 때 "물질"은 유픽셀로 구성되어 있으며 보는 이의 관점에 따라 물질적, 또는 비물질적으로 인식할 수 있다. 물질이란 중량이 있고 공간을 차지하는 재질로 정의할 수 있다. 5장에서 살펴본 것처럼 물리학자들은 중력의 영향을 받고 그로 인해 중량을 가지는 에너지의 형태를 물질이라고 정의한다. 그러나 에너지는 비물질적이다. 그렇다면 에너지는 물질을 어떻게 정의하느냐에 따라 적어도 어떤 부분에서는 철학적 논쟁거리로 볼 수 있지 않을까?

4장에서 관찰 또는 의식 상태에 따라 유픽셀이 파동에서 입자로 변화한다는 내용을 본 기억이 있을 것이다. 마음과 의식은 양자적 과정을 "입자처럼" 인식하게 만든다. 왜냐하면 관찰은 유픽셀의 확률파동 probability wave을 입자로 전환하기 때문이다. 에너지나 신경세포 같은 분자와 연관된 모든 과정은 양자적 과정과 관련이 있다. 물질의 중심에 양자적 과정과 관련된 유픽셀이 있다.

마음에 대한 이러한 해석이 4장, 표 3에서 다룬 우리 우주에 속한 실재의 영역에 대한 설명과 일치한다는 사실에 주목하기 바란다. 4장, 표 3에서 우리는 정보, 공간 또는 진공, 양자, 원자 같이 다양한 실재의 영역을 다루었다. 마음과 의식은 정보의 영역, 양자 영역의 유픽셀과 아

그림 1. 실재의 영역

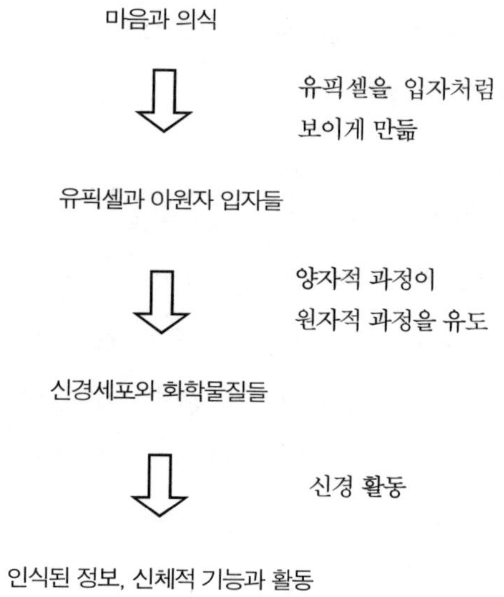

마음과 의식

   유픽셀을 입자처럼
　　　　　　　　　 보이게 만듦

유픽셀과 아원자 입자들

   양자적 과정이
　　　　　　　　　 원자적 과정을 유도

신경세포와 화학물질들

   신경 활동

인식된 정보, 신체적 기능과 활동

원자 입자, 우리가 인식하는 실재의 영역인 원자의 영역에 속하는 신경세포와 화학물질의 영역에서 나온다. 그리고 이러한 설명은 앞서 다루었던 이상주의적 일원론, 과정철학, 라이프니츠의 단일 개체, 양자적 과정론과 일치하거나 이러한 이론의 보편적 논리와 일치하는 요소를 가지고 있다.

　그림 1에서 명확하게 나타나지 않은 부분은 집단적 무의식이다. 집단 무의식은 모든 이들의 무의식에 자리한 본능, 형상, 상징의 단면이기도 하다. 사실 많은 철학자들과 심리학자들은 칼 융이 주장한 집단 무의식의 존재를 부정한다. 아마도 집단 무의식에 대한 원형적 지혜는 유픽셀이나 정보의 영역에서 온 것일 테다. 이에 대해서는 다음 장에서 자세

히 알아본다.

　그러므로 물질이 마음을 창조했느냐는 마음-물질의 문제에 대한 물음의 대답은 "아니올시다."이다. 그러나 정보, 진공, 양자, 원자의 영역이 모두 우리 실재의 일부분이듯이 의식, 마음, 유픽셀, 물질 역시 실재에 속해 있다.

　그림 1은 마음 또는 의식이 뇌를 변화시키고 그로 인해 마음이 유픽셀에 영향을 미칠 수 있으며 유픽셀은 다시 신경세포에 영향을 미친다는 가정을 바탕으로 한다. 신경세포와 뇌는 세상의 정보를 충분히 현실화시킨다. 하지만 그 과정을 일으키는 것은 마음이었다. 마음은 뇌를 변화시킨다. 그 증거는 무엇일까?

　1990년대까지 대부분의 과학자들은 사춘기를 지나면 뇌가 크게 변할 수 없다고 믿었다. 그러나 6장 서두에서 인용한 온스타인의 말처럼 이런 믿음은 바뀌었다. 게다가 기계를 통해 뇌 영상을 들여다볼 수 있을 정도로 발달한 현대 과학기술 덕분에 우리에게 뇌를 변화시킬 수 있는 능력이 있다는 사실은 이미 증명되었다.

마음 개조

　UCLA의 신경과학자 제프리 슈워츠는 마음이 성인의 뇌를 재구성할 수 있다는 사실을 발견했다. 슈워츠는 수십 년 동안 강박장애를 연구하면서 자신의 치료를 받은 환자들의 신경경로가 달라진다는 사실을 알게 되었다.[7] 이는 아주 중요한 결과이며 마음이 치유를 유도할 수 있다는 사실을 증명하는 증거이다.

강박장애는 파괴적인 결과로 이어지는 경우가 많다. 혹시 문이 열려 있지나 않을까 하는 걱정이 머릿속에서 떠나지 않거나 원치 않는데도 손을 씻고 싶은 충동이 끊임없이 생긴다면 인간관계나 사회생활을 지속하기가 어렵다. 우리는 6장에서 컴퓨터와 달리 인간의 뇌가 어떻게 신경 연결을 강화할 수 있는지 알아보았다. 슈워츠는 손을 씻고 싶은 충동에 시달리는 환자들을 정원 가꾸기 같은 다른 생각에 집중하게 했다. 이런 생각은 정원 가꾸기에 대한 생각을 유도하는 신경 연결을 강화하고 강박적인 생각을 유발하는 신경 연결을 약화시켰다. 그리고 뇌 스캔에는 환자의 증세가 호전되고 뇌의 신경망이 변모한 모습이 나타났다.

신경학자이자 신경심리학자인 리처드 레스탁Richard Restak은 우리의 뇌가 환경이나 생각에 따라 매일 변한다는 사실을 다음과 같이 상기시켜준다.

이제 우리는 기계와 달리 뇌에는 한계가 없다는 사실을 알고 있다. 인간의 뇌에는 기계적인 법칙을 적용할 수 없다. 뇌의 건강은 생각, 감정, 행동에 의해 좌우된다.[8]

스스로의 뇌를 변화시킬 수 있는 가능성, 즉 소위 뇌 가소성이라 일컫는 뇌의 특징에는 몇 가지 중요한 의미가 있다.

1. 마음과 뇌는 기계와 다르다.
2. 마음과 뇌는 혈통과 유전자의 지배만 받는 것은 아니다.

3. 우리 모두는 자유의지를 가지고 있으며, 이는 때때로 우리가 미래에 영향을 미칠 수 있는 위치에 있다는 의미이다.
4. 환경은 마음과 뇌에 영향을 미친다. 그러므로 우리가 누구인지는 일부분 우리가 속한 세상에 의해 결정되기도 한다.

뇌 가소성과 양자 이론

슈워츠와 양자물리학자인 동료, 헨리 피어스 스텝Henry Pierce Stapp은 신경 연결을 형성하는 능력을 뜻하는 신경 가소성을 양자 이론으로 설명할 수 있다고 믿었다. 양자 이론을 이용하면 뇌에 대한 실질적인 물리적 효과에 의지와 집중력이 영향을 줄 수 있다는 사실을 설명할 수 있다.

앞서 설명한 강박장애의 사례에서 잠재적인 뇌의 연접들은 정원 가꾸기에 대한 생각을 유발하는 반면, 기존의 연접들은 손을 씻는 행위에 대한 생각을 유발한다. 슈워츠와 스텝은 신경세포에 이온을 방출할 수 있는 잠재력을 지닌 소낭[작은 주머니 같은 구조]이 있음을 지적하였다. 그들은 이 소낭이 다음과 같이 상태로 존재한다고 추측하였다.

> 이온을 "방출하라" 혹은 "방출하지 마라"는 양자파동함수. 이는 손을 씻는 일과 정원 가꾸기에 대한 생각을 결정하는 뇌 회로에서도 똑같이 적용된다.[9]

양자 이론과 상태 공존

원래 강박장애 환자는 손을 씻는 것과 관련된 행위를 통제하는 신경세포의 소낭에서 이온을 방출할 가능성이 더 높았다. 그러나 슈워츠와 스텝은 주의력과 마음을 이용하면 환자가 양자적 과정을 통해 정원 가꾸기에 관한 생각을 통제하는 신경세포의 소낭에서 이온을 방출시킬 가능성이 높아져 이상 행동을 바꿀 수 있다고 강력히 주장한다.[10] 시간이 지나면서 반복적인 집중을 통해 정원 가꾸기에 대한 생각에 관여하는 뇌 회로를 강화하면 그 회로의 신경세포에 있는 소낭이 이온을 방출할 가능성이 높아진다.

슈워츠와 스텝은 이처럼 양자 이론을 통해 강박장애 환자의 뇌 변화를 설명했다. 그렇다면 양자적 과정이 마음과 뇌에 결정적인 영향을 미친다고 믿었던 학자는 이들뿐일까? 그렇지 않다. 양자적 과정이 뇌의 활동을 설명하는 데 도움이 된다는 사실을 인정하는 21세기의 과학자들은 많다. 하지만 슈워츠와 스텝으로 하여금 양자와 마음의 연결 고리를 설명할 수 있게 만들어준 신경세포 속 소낭의 정체는 무엇일까?

양자 뇌/마음

양자-마음 이론 옹호론자들은 지난 십 년 동안 빠르게 늘어났다. 양자-뇌/마음 이론들은 아주 복잡하다. 하지만 그 중심에는 마음 및 의식과 양자적인 사건이 어떤 관계인지를 설명할 수 있는 이론적 근거가 있어야 한다. 유물론자들과 양자-마음 옹호론자들에게는 마음과 의식의 생성 과정에 대한 논리가 필요하다. 그런데 나는 유물론에서 그에 관한 논리를 찾아내지 못했다. 그러나 양자론에서는 합당한 논리를 찾을 수 있다. 『양자 뇌 The Quantum Brain』의 저자, 제프리 새티노버Jeffrey Satinover는 신경세포가 양자적 과정을 어떻게 이용하는지에 대한 이론을 설명하면서 "영리한 배선smart wires"[11]이라는 은유적 표현을 처음으로 사용했다. 뇌 과학은 복잡할 뿐 아니라 수많은 용어와 전문어가 등장하기 때문에 은유를 활용하여 개념을 이해하는 편이 쉽다.

영리한 배선, 뇌의 양자적 과정을 위한 은유

박테리아를 포함한 살아 있는 모든 유기체에는 영리한 배선이 있으며 이는 유기체에 지적 능력과 계산 능력을 부여한다. 이 배선은 튜브처럼 구멍이 있고 그 "구멍" 크기는 원자 몇 개가 들어갈 만하다. 양성자와 전자 같은 양자들은 이 구멍을 통과하면서 배선의 모양과 화학적 결합을 변화시킨다.

박테리아는 형태의 변화로 인해 꼬리가 생겨 음식에 다가가거나 달갑지 않은 환경으로부터 벗어날 수 있는 움직임을 자아낸다. 이는 박테리아가 환경을 감지하고 환경에 반응할 수 있다는 명백한 증거이다. 인간의 뇌에서는 이런 배선의 변화가 신경세포를 활성화시켜 생각, 기억, 마음을 형성한다. 그러므로 배선에서 생기는 양자적 작용은 생명체에게 지적인 능력을 부여하는 데 도움을 준다고 할 수 있다.

영리한 배선이란 대략적으로 이런 개념이다. 그럼 이제 실제 이론을 좀 더 자세히 알아보자. 화학자들은 이런 영리한 배선을 "미세관microtubule"[12]이라 부른다.

미세관, 양자적 과정 그리고 마음

어떤 과학자들은 신경세포의 미세관이 양자적 과정을 마음의 세계로 이끄는 장소라고 믿는다. 각각의 신경세포가 수천 개의 시냅스를 이루고 있는 수십억 신경세포의 네트워크 안에는 수조 개에 달하는 미세관 네트워크가 있다. 몇 가지 단백질로 이루어진 미세관은 미세한 실린더를 형성한다. 이 실린더들은 극도로 미세한 전기배선 같은 모양을 하고 있기 때문에 이를 "영리한 배선"이라고 부르는 것이다. 미세관 내의 생화학적 반응들은 진동식 파동을 유발하여 배선의 형태를 변화시킨다. 이는 신경세포로 하여금 시그널을 내게 한다. 그리고 이러한 신경학적 변화는 다른 신경세포에 있는 미세관 네트워크에 신호를 보내 뇌의 추가적인 변화를 촉진한다.

미세관 혹은 유사한 구조는 아메바나 짚신벌레 등의 단세포 생물을 포함한 모든 생명체에 있다. 그러므로 미세관은 신경세포의 활동을 설명하는 단초가 된다. 그렇다면 유픽셀 수준까지 내려가 뇌의 작용과 마음을 설명할 수 있을까? 그러려면 양자적 과정을 고려해야 할 것이다.

양자는 몇 가지 형태와 위치, 상태로 존재할 가능성이 있다. 이처럼 예측 불가능한 상태를 불확실성의 원리라고 한다. 전자의 위치 등과 같은 양자의 불확실성에 대해서는 이미 4장과 5장에서 논한 바 있다. 슈워츠와 스텝이 연구했던 강박장애 환자의 뇌 세포를 잠시 살펴보자. 강박장애 환자는 뇌 세포가 활성화되면 강박증이 심해진다. 그러나 다른 뇌 세포가 활성화되면 정원 가꾸기에 대한 생각이 강해질 것이다. 방아쇠를 당길 준비가 되어 있는 권총처럼 양자적 상태를 지니고 있는 모든 신경세포 내부의 미세관들은 어느 쪽으로든 활성화될 준비가 되어 있다. 어떤 방아쇠를 당길지를 결정하는 인자는 무엇일까? 구멍을 통하여 전자와 양성자가 오가고 있는, 즉 양자 현상이 일어나는 미세관의 얕은 구멍은 형태의 변화를 유도한다.

양자-뇌 옹호론자들 가운데에는 정원 가꾸기에 대해 의지를 집중하면 미세관 구멍 부분의 양자적 과정이 활성화되면서 그 형태가 변한다고 믿는 학자들도 있다. 이런 기전은 환자의 뇌 속에서 정원 가꾸기에 대한 생각과 행동을 시작하게 만드는 신경세포를 활성화시킨다. 그리고 신경세포 안에서 일어나는 이 변화는 다른 모든 신경세포에 전방위적으로 즉각 신호를 전달한다. 이때 행동을 유발하는 유픽셀은 뇌 안의 다른 유픽셀들과 연결되어 있기 때문에 이로 인해 뇌의 상태에 변화가 일어날 것이다.

양자적 마음[13]

이 외에도 다양한 양자-마음 이론들이 있지만 더 많은 과학자들을 설득하려면 증거가 좀 더 필요하다. 그러나 마음의 근원으로 양자를 지목하는 저명한 과학자들은 수없이 많다. 20세기의 위대한 물리학자이자 수학자인 프린스턴 대학의 프리먼 다이슨Freeman Dyson 역시 그 가운데 한 사람이다. 그는 이렇게 말했다.

선택을 할 능력(자유의지)을 가지고 있는 우리의 마음은 모든 전자 안에 어느 정도 내재해 있다. …… 우주를 이루는 구성요소들 가운데 마음의 요소가 존재한다는 사실을 믿는 것은 합리적인 일이다. …… 우주에 있는 마음이라는 요소를 믿는다면 우리가 창조주의 마음과 같은 특징을 지닌 작은 존재들이라고 말할 수 있을 것이다.[14]

노벨 물리학상 수상자인 유진 위그너Eugene Wigner의 말에는 마음과 의식에 대한 이 모든 양자적 논리가 함축되어 있다.

의식의 개념에 기대지 않고는 양자 역학에 대한 법칙을 공식화할 수 없다. …… 원자의 위치 같은 개념에 대해서는 설명이 좀 더 필요하다. 그렇기 때문에 이 같은 개념을 기초로 (어떤) 관찰자의 마음 상태를 설명하기에는 어려움이 따를 수 있다. 이는 의식의 성분이라는 관점에서도 마찬가지다. 극단적인 유물론적 관점은 …… 분명 앞뒤가 맞지 않는다. 그리고 …… 이는 양자적 논리와도 상충된다.[15]

유물론, 구시대적 은유

과학과 영성의 불화는 19세기 유물론에 집착하는 대신, 에너지의 형태라고 할 수 있는 유픽셀을 우주의 기본 요소로 보는 20세기와 21세기의 과학을 적용하면 해결할 수 있다. 에너지는 비물질적인 요소다. 그러나 유픽셀을 보다 복잡한 실체로 만들면 우리가 물질이라 부르는 대상으로 전환이 가능하다. 우리는 저편에 정말로 마음, 의식, 정보가 있다는 것을 배웠다. 천체물리학자 아서 에딩턴Arthur Eddington은 과학이 겉으로 드러난 우주보다 우리 자신에 대해 더 많은 것을 알려준다고 경고했다.

우리는 미지의 해변에서 낯선 발자국을 발견하고는 그 발자국의 기원을 설명하기 위해 끊임없이 심오한 이론들을 창안했다. 그리고 적어도 그 발자국의 주인을 추리해내는 데는 성공을 거두었다. 그러나 아뿔싸! 그 발자국의 주인은 바로 우리들 자신이었다.[16]

서구에서는 뇌가 마음과 의식을 만든다는 이론을 신봉하지만 이런 주장을 뒷받침할 설명이나 근거를 제시하지는 못하고 있다. 이는 텔레비전으로 영화를 보면서 텔레비전이 영화를 만들었다고 주장하는 것과 다르지 않다. 나는 마음과 의식이 뇌 활동에서 나왔다는 설명과 그 증거를 소개했다. 그러나 마음과 의식은 정보의 영역에서 나왔고, 유픽셀이 양자적 과정을 통하여 신경학적 변화에 영향을 주고 정보를 구성한다. 이런 모델을 설명할 수 있는 자세한 증거에 대해서는 뒷장에서 더 깊이 살펴보기로 하자.

우리가 물질이라 부르는 세계는 풍자적인 그림들로 이루어진 만화의 세계이며 이 세계는 유픽셀과 진공에너지로 가득한 아주 작고 낯선 세계와 믿을 수 없을 만큼 거대한 우주 사이에 끼어 있다. 그리고 이 거대한 우주는 평행우주와 암흑에너지와 암흑물질로 이루어져 있다. 또 이 모든 것들은 우리가 삶이라고 일컫는 덧없는 드라마의 무대 위에 존재한다. 우리는 자유의지를 이용해 무한한 우주에 존재하는 모든 가능성들 가운데 우리 자신의 이야기에 끼워 넣을 순간들을 선택할 수 있다.

삶이란 무엇인가? 그리고 우리는 누구인가?

거대한 계획 속에 있는 우리의 존재는 무한한 해변에 나뒹구는 한 알의 모래알처럼 그다지 중요해보이지 않을 수도 있다. 현대 과학자들이 알고 있는 것처럼 우리는 스스로의 뇌를 바꿀 수 있고 그 변화를 통해 마음을 치유할 수 있다. 이러한 치유의 근원에는 과학과 영성의 불화를 치유할 수 있는 길도 들어 있다. 우리는 이제야 마음의 온전한 잠재력을 깨닫기 시작했다. 우주는 곧 마음이자 의식이며 그 잠재력은 끝 간 데가 없는 듯싶다.

우리의 마음이 뇌를 재구성할 수 있다는 증거는 자유의지를 보여주는 강력한 증거이기도 하다. 자유의지와 자기결정권을 통해 인간은 스스로의 미래를 일부분이나마 통제할 수 있는 힘을 가지게 되었다. 공동의 비전과 목표를 가지고 함께 행동할 때 인간의 마음은 우리가 속한 세계의 진로를 개척할 수도 있다. 이는 자유의지의 본질을 보여주는 한 가지 사례이다.

우리는 이제 마음이 뇌를 바꿀 수 있다는 사실을 알고 있다. 마음은 심리학적 상태와 인체까지도 바꿀 수 있다고 알려져 있다. 다음 장에서는 마음과 유전자의 관계를 알아보고 치유의 역사를 이루는 마음의 세계에 대해 알아본다.

마음은 더 이상 물질계에 우연히 들어온 침입자가 아니다. 우리는 물질의 영역을 창조하고 지배하는 주체로 마음을 지목하기 시작했다.[17]
- 제임스 홉우드 진스 경Sir James Hopwood Jeans

8장
치유하는 마음

뇌는 마음의 신경학적 메시지를 인체의 전령분자messenger molecule로 전환한다. 전령분자는 내분비계통을 조정하여 인체의 다양한 세포에 있는 핵에 영향을 미치는 스테로이드 호르몬을 생성함으로써, 신진대사를 통제하는 여러 가지 분자를 생성하고 질병과 건강을 조절한다. 이는 마음과 유전자 사이에 실질적인 연관성이 있다는 증거다. 마음은 궁극적으로 생명을 좌우하는 분자의 생성과 발현을 조정한다.[1]

- 어니스트 로런스 로시Ernest Lawrence Rossi

다행히도 나는 가난한 집안에서 자랐다. 내가 태어나기 전, 잠시 동안 부모님은 누군가 버려놓은 뚜껑 달린 짐차에서 세 아이를 키우며 생활하셨다. 형제들과 나는 초등학교를 다니기 위해 일을 했다. 캘리포니아 센트럴 밸리의 여름날은 40도가 넘어가기 일쑤였지만 우리 형제들은 모두 농장 노동자로 일하며 부모님을 도왔다.

내가 제일 먼저 시작한 일 중에는 나무접시나 종이접시에 포도를 펼쳐 너는 일도 있었다. 내가 널어놓은 포도는 접시 위에서 건포도로 변해가곤 했다. 나무접시는 무거웠을 뿐만 아니라 군데군데 박혀 있는 못 때문에 손을 데는 일이 다반사였고 종이접시는 나무접시보다 가벼웠지만 접시를 펼쳐 놓을 때면 날카로운 모서리에 손가락을 베일 때가 많았다. 나는 종이접시가 뜨거운 바람에 날리지 않도록 모서리에 흙덩어리를 올려놓곤 했다. 그리고 오후가 되어 먼지가 뽀얗게 앉은 포도 넝쿨 아래서 말라비틀어진 샌드위치와 따뜻해진 소다수를 마시고 나면 더 이상 일을 계속할 수가 없었다.

내가 일을 하는 동안에는 아버지도 자신의 접시를 펼쳐놓고 계셨다. 당신께서 납작하고 넓직한 냄비에 담긴 포도를 접시에 쏟아부으시면 나는 포도를 펼치고 이파리를 솎아냈다. 우리들 주위에는 500미터나 되는 포도 고랑이 줄지어 있었고 고랑의 끝을 내다볼라치면 멀게만 보이는 포도 넝쿨들이 한여름 열풍 속에 일렁거렸다.

우리는 매일 번 돈을 세고는 했다. 아버지는 접시 하나당 5센트를 버셨고 운 좋은 날에는 300~400개의 접시를 펼칠 수 있었다. 돈으로 치면 한 15~20달러쯤 됐을 성싶다.

이 기억을 빼면 어린 날의 추억이란 게 나는 별로 없다. 최면을 공부할 때 한 번은 선생님이 나를 무아지경으로 이끌어 어린 시절로 돌려보낸 적이 있었다. 그때 나타난 이미지는 하나뿐이었다. 끝없이 늘어선 포도, 접시에 담겨 펼쳐지기만을 기다리는 포도. 그것이 전부였다. 장면은 늦은 오후였다. 우리는 보통 새벽 5시 30분경부터 일을 시작하곤 했다. 나는 대여섯 살쯤 됐을까. 얼굴의 먼지가 눈물과 뒤섞여 접시 위로 떨어진다.

내 첫 번째 회귀분석 경험은 그랬다. 회귀분석이란 정상적인 기억 뒤편에 숨어 있는 과거의 사건을 불러내는 데 사용하는 기법이다. 이 기법을 제대로 구사하면 회귀치료법을 통해 억압된 기억으로 인해 생겨나는 문제들을 치유할 수 있다. 어린 날의 가난은 과거를 수치스럽게 여기는 나를 만들었고 나는 고통스러운 일들을 기억 저편에 묻어버렸던 것이다.

사람들이 부모님의 과거 직업을 물으면 나는 절반의 진실을 말했다. "농업을 하셨습니다." 하지만 나는 회귀치료법을 통해 마음을 완전히 재구성했다. 이제 가난은 내게 선물이고 나의 유년기와 부모님도 더 이상 수치스럽지 않다. 내 부모님은 내게 가난 속의 성장이라는 선물을 주셨다. 가난은 나와 형제들에게 좋은 교육을 받을 수도 있고 농장의 노동자가 될 수도 있다는 사실을 가르쳐주었다. 우리는 모두 대학에 진학하여 스스로의 미래를 개척하는 길을 선택했다.

최면-회귀법은 내가 처음으로 최면술을 배우기 시작했던 1980년대에 생겨났다. 나는 마음이 어떻게 치유를 촉진하는지에 대해 관심을 가지고 있었다. 최면은 마음을 통해 치유를 이루는 수많은 방법들 가운데 하나다.

이번 장의 도입부에 소개한 인용구는 임상심리학자로서 최면에 대한 책을 여러 권 저술한 어니스트 로시가 한 말이다. 최면이란 무아지경과 같은 상태라고 볼 수 있는 의식의 상태를 유도하여 명상이나 공상 상태처럼 대상자를 물리적인 환경에서 분리시키는 기법이라고 정의할 수 있다. 이런 상태는 세포핵의 화학물질 분비를 촉진하는데, 이를 이용하면 핵에 있는 DNA를 활성화하여 반응 네트워크를 가동시키고 바람직한 화학물질을 생성해낼 수 있다. 마음은 실제로 DNA 수준에서도 변화를 일으킨다.

최면

현대 최면치료의 아버지는 밀턴 에릭슨Milton Erickson이다. 그는 의사이자 임상심리학자이자 임상정신과 전문의였다. 그의 환자들 가운데에는 생리불순 증상이 있는 30대 여성이 있었다. 에릭슨은 그녀를 이렇게 묘사했다. "그녀는 생리 때가 되면 극심한 두통과 구토, 소화장애를 겪었으며 5일 동안 실제로 병자처럼 지냈다." 이 환자는 심리치료를 원치 않았지만 에릭슨의 권유에 따라 최면치료를 받게 되었다.[2]

최면 상태에서 에릭슨은 그녀로 하여금 설사, 경련, 구토 등 생리와 관련된 모든 고통을 감내해야 하는 5일 동안에 대한 꿈을 꾸는 어느 밤의 상황을 선택하도록 유도했다. 그리고 충분히 휴식을 취하고 활력이 넘치는 상태로 깨어나도록 지시했다. 다음으로 에릭슨은 그녀에게 그 밤의 꿈을 기억하지 말라는 암시를 주었다.

2주 후 그녀는 고통 없이 생리기간을 보냈으며 그렇게 편안한 생리는 첫 생리 이후 처음이었다는 사실을 에릭슨에게 알려왔다. 모든 신체적 증상들이 사라진 것이었다. 에릭슨은 수년 동안 그녀와 연락을 취하면서 생리에 관한 문제가 재발되지 않았다는 사실을 확인했다. 이 사례를 포함한 에릭슨의 치유 경험들은 의학 문헌과 과학 문헌에 잘 나와 있다. 많은 이들이 최면은 마음의 문제나 심신증에만 효과가 있을 뿐 신체적인 질병과는 상관이 없다고 믿는다. 하지만 이는 사실이 아니다.

에릭슨은 어린 시절부터 소아마비를 앓았다. 그는 침대에서 일어나겠다는 일념으로 매일 자기최면을 걸었고 때로는 몇 시간 동안이나 최면에 몰두했다. 의학 학위를 받은 후 그는 최면으로 수많은 신체적·정신적 질환을 치유할 수 있다는 사실을 증명했다.

영어를 할 줄 모르는 멕시코 소녀를 최면 상태로 유도한 사례에서 볼 수 있듯이 그의 기법은 창의적이었다. 에릭슨은 최면을 유도하기 위해 손동작을 이용했으며 단 세 개의 어휘만으로도 최면을 걸 수 있다는 사실을 학생들에게 보여주기도 했다. 그러나 가장 인상적인 부분은 그가 최면을 광범위하게 활용하여 수많은 질병을 고쳤다는 점이다.

1950년대 미국의학협회는 최면을 의학적인 도구로 인정하고 지원하던 프로그램을 포기했다. 그러나 많은 생리학자들과 정신의학자들이 오늘도 여전히 최면술을 효과적으로 활용하고 있다. 심지어 경찰조차 목격자들이 용의자나 용의 차량번호 같은 유용한 증거를 기억해낼 수 있도록 최면술로 도움을 주고 있다.

최면에 대한 개인적 경험

제인은 야구공만한 종양을 가지고 있었고 일주일 후면 종양 제거수술을 받을 예정이었다. 게다가 그녀에게는 종양과 무관한 증상이 두 개나 더 있었다. 마취 상태가 되면 심장이 멈출 가능성이 있는 데다 혈우병까지 앓고 있어서 검사를 위해 조금만 피를 뽑아도 몇 시간 동안 지혈이 안됐다. 그녀의 얼굴을 떠나지 않았던 미소도 이제는 사라지고 없었다.

나는 제인에게 만약 병원 측에서 수술실에 녹음기를 가지고 들어가는 것을 허락한다면 그녀를 편안하게 해주는 데 도움이 될 수 있는 테이프를 만들겠다고 말했다. 그리곤 제인이 너무 큰 기대감을 가지지 않도록 그 테이프가 단지 그녀를 편안하게 해주기 위한 것이라고만 일러주었다.

제인은 미소를 되찾았다. 다음 며칠 동안 우리는 몇 차례에 걸쳐 최면요법을 시행했고 최면을 거는 동안 나는 그녀를 안락하고 편안한 상태로 인도했다. 나는 그녀에게 사막의 건조한 모래를 상상하게 하고는 그 모래가 모든 습기를 흡수하고 출혈을 막아줄 것이라고 말했다. 그녀의 얼굴에는 기쁨의 미소가 번졌다.

그런데 수술 전날 밤 내게 전화가 걸려왔다. 처음에는 여자의 울음소리만 들릴 뿐 상대가 무슨 말을 하는지 알아들을 수가 없었다. 그러다 이내 전화를 건 사람이 제인이라는 사실을 알게 되었다. 의료진은 수술실에 테이프를 못 가지고 들어가게 한다는 것이다. 그러나 나는 그녀의 기억 속에 복사본 테이프가 존재하고 있다는 말로 그녀를 안심시키고 우리의 최면을 회상해내는 방법을 가르쳐 주었다.

수술을 받는 동안 제인은 출혈을 거의 하지 않았고 의료진은 일반적인 경우보다 마취제를 조금만 사용할 수 있었다. 그리고 그녀는 예정보다 일찍 퇴원을 하게 되었다.

에릭슨은 최면을 통해 통증을 조절하고 출혈을 감소시키는 많은 사례를 보고했다. 하지만 모든 사람들이 에릭슨의 연구 결과에 쉽게 확신을 가지는 건 아니다. 정형외과 의사이자 전직 교수인 로버트 베커

Robert Becker 역시 처음에는 최면을 통해 통증을 조절할 수 있다는 주장에 대해 회의적이었다. 그는 이렇게 말했다. "나는 (두려웠다.) …… 처음에는 최면 상태에서 환자가 여전히 통증을 느끼지만 통증에 반응을 하지 않을 뿐이라고 생각했다. 그러나 우리는 실험을 통해 최면이 실제로 통증을 차단한다는 사실을 증명했다." 그는 다른 과학자와 함께 실험을 진행했다. 그들은 바늘로 통증을 유발하고 뇌의 전기적 반응을 측정했다. 베커는 실험 결과를 다음과 같이 설명했다.

> 뇌가 자신의 "뜻대로" 인체의 나머지 부분으로 퍼지는 직류 전위를 전환함으로써 통증을 차단하는 것으로 보인다. …… 뇌는 고유한 회로를 통해 통증 신호를 희박하게 만들고 천연 아편인 인체의 엔도르핀 분비량을 증가시킨다.³

베커는 통증을 줄여주는 대상으로 뇌를 지목했지만 엔도르핀 분비량을 증가시키도록 뇌를 바꾼 것은 마음이었다.

약물로 다스릴 수 없는 통증도 최면으로 다스릴 수 있는 경우가 있다. 나는 암 환자들을 위해 통증 관리 세미나를 열고 여가 시간에는 그룹 최면 강연도 열었다. 그 결과는 다양했다. 나는 긍정적인 효과를 볼 수 있는 기회를 감소시키는 회의론을 간파하는 방법도 알고 있었다. 명상을 통해 증상을 조절하는 강박증 환자들의 경우처럼 뇌의 실질적인 변화를 유도하는 데는 동기와 의도가 매우 중요하다.

최면치료에는 인상적인 사례가 많지만 실패 사례도 있다. 최면치료에서 가장 어려운 부분은 최면을 통해 이전에 효과를 봤던 환자라 해도 다음번 치료에서 아무런 효과를 느낄 수 없을 수 있다는 점이다. 에릭슨을 비롯한 많은 학자들이 이미 밝힌 것처럼 이에 대해서는 다양한 신체적·정신적 설명이 가능하다. 최면에 한계와 부정적인 오명이 있기 때문에 임상 의사들은 최면치료를 즐겨 쓰지 않는다.

그러나 약물 역시 항상 효과를 발휘하는 것은 아니라는 사실을 잊지 말아야 한다. 항암제는 극히 일부 환자에게만 효과가 있어도 대단한 효과가 있는 듯 떠들어댄다. 또한 인체에는 약물에 대한 내성이 생기기 때문에 어떤 약물이 한 번 효과를 낸다고 해서 다음번에도 효과가 있으리라 보장할 수는 없다.

치료자들은 최면치료를 거부하는 환자들을 위해 상상요법Guided imagery과 신경언어 프로그래밍Neurolinguistic Programming(NLP)을 도입했다. 상상요법은 환자를 정신집중 상태로 유도하여 어떤 사건이나 장면을 시각화하게 함으로써 무아지경과 같은 상태를 조성하는 기법이다. 신경언어 프로그래밍은 언어를 통해 기억을 떠올리게 하여 이완 상태나 무아지경 상태를 유도한다. 이런 기법들도 최면과 마찬가지로 환자의 동기나 의지에 따라 결과가 달라지기 때문에 100퍼센트 효과가 있을 수는 없다.

앞장에서 우리는 마음이 어떻게 물질, 즉 뇌에 영향을 미치는지에 대해 알아보았다. 앞서 살펴본 사례들은 마음이 뇌의 변화에 영향을 미치고, DNA의 화학물질 생성을 활성화시키는 세포를 촉발하며, 뇌와 인체의 신체적·정신적 변화를 가져온다는 사실을 보여준다. 우리의 마음은 우리에게 유익한 변화와 해로운 변화를 모두 일으킬 수 있다. 마음으로 인해 생기는 이러한 변화는 신약에 대한 여러 의학 임상 실험에서 혼동을 야기하기도 한다.

플라시보 효과

마음의 치유력은 늘 나를 매료시킨다. 그 가운데 특히 재미있는 것은 플라시보 효과다. 『회의주의자의 사전 Skeptic's Dictionary』이라는 책에 따르면 "플라시보 효과는 치료 자체와는 무관하게 측정하거나 관찰하거나 느낄 수 있도록 건강이 호전되는 현상이다."[4] 현재는 많은 이들이 플라시보 효과를 신비롭게 여기고 있는 정도다.

플라시보Placebo란 "기쁘게 해드리겠습니다."라는 뜻을 가진 라틴어에서 온 말로, 약리작용이나 해가 없는 물질이나 치료법을 마치 약물이나 치료인 것처럼 적용하는 치료법을 의미한다. 플라시보는 설탕이나 녹말로 만든 알약 모양의 식품이 될 수도 있으며 가짜 수술이나 가짜 심리치료가 될 수도 있다.

미국과 유럽에서는 후보 의약품 효능 임상 실험에도 플라시보를 자주 활용한다. "이중맹검"double blind[진짜 약과 가짜 약을 피검자에게 무작위로 주고, 효과를 판정하는 의사에게도 진짜와 가짜를 알리지 않고 시험한다. 환자의 심리 효과, 의사의 선입관, 개체의 차이 따위를 배제하여 약의 효력을 객관적으로 판정하는 방법이다.]식 임상 실험에서는 환자나 의사 모두 환자가 진짜 약을 받는지 플라시보를 받는지를 알 수 없다.

임상 실험을 거치는 약들 가운데 실제로 의약품 시장에 나오는 약은 5퍼센트에 불과하며 나머지는 주로 안전 문제나 효능 부족으로 퇴출된다. 그럼에도 불구하고 환자들에게 임상 실험은 희망을 심어주며 플라시보만으로도 증상이 상당히 호전되거나 병이 낫는 경우도 있다.

보스턴 대학에서 의학과 철학을 가르치고 있는 알프레드 타우버 Alfred Tauber 교수는 이렇게 기술했다.

이유를 정확히 알 수는 없지만 플라시보는 효과가 있다. 그러나 만약 과학적인 의학마저 사이비 치료로 오염돼버린다면 환자 자신 외에 누가 환자의 만족 여부를 판단할 수 있겠는가?[5]

플라시보 효과는 마음의 관점에서도 설명이 가능하다. 마음의 작용으로 플라시보를 도움이 되는 존재로 생각하게 됨으로써 치유 과정이 촉진되고 실질적으로 치유에 도움이 되는 생화학적 변화가 일어난다.

2000년 1월 9일자 『뉴욕타임스 매거진』에 실린 마거릿 탤벗Margaret Talbot의 「플라시보 처방The Placebo Prescription」이라는 기사에는 40년 전 일반적으로 협심증에 사용하던 임상 실험에 대한 내용이 나와 있다. 당시 의사들은 심장으로 가는 혈류량을 증가시키기 위해 환자의 가슴을 살짝 절개하고 두 개의 동맥을 묶어 매듭을 만들었다. "이는 인기 있는 수술법으로 시술을 받은 환자의 90퍼센트가 만족을 표했다. 하지만 가슴 절개만 하고 동맥을 묶지 않은 플라시보 수술과 실제 수술을 집도의가 직접 비교해보니 가짜 수술이나 진짜 수술이나 결과는 같았다." 내유동맥 접합술이라고 하는 이 수술은 결국 역사의 뒤안길로 사라졌지만 수술에서도 플라시보 효과가 나타난다는 사실을 보여주는 좋은 사례로 남아 있다.

약품 임상 실험에서 실제 후보의약품보다 플라시보에서 더 긍정적인 효과가 나타나고 그 효과가 몇 년에 걸쳐 지속된다 해도 놀라울 게 없다. 그 중에는 암 같은 질병이 기적적으로 저절로 나은 사례도 있다.[6]

마음에는 이처럼 치유의 능력이 있다. 그러나 때로는 마음이 해를 끼치기도 한다.

암시의 부정적인 힘, 노시보 효과

라틴어로 "해를 끼치겠습니다."라는 뜻을 가진 노시보 효과Nocebo effect는 플라시보 효과의 어두운 그림자라 할 수 있다.[7] 노시보 효과는 무언가가 해롭다는 암시나 믿음으로 인해 나타나는 부정적인 효과이다.

한 연구에서는 환자가 자신이 복용하고 있는 약에 부작용이 있다고 생각하면 치료에 중대한 악영향을 미칠 수도 있다는 결과가 나왔다. 다시 말하면 약에 해로운 부작용이 있다고 생각하는 환자들은 그렇지 않은 환자들보다 훨씬 더 부정적인 반응을 경험한다는 것이다. 엘리자베스 노벨Elizabeth Nobel은 자신의 저서 『쌍둥이 양육 *Having Twins and More*』에서 의사의 말이 임산부와 태아에게 미치는 부정적인 영향에 대해 기술했다. 예를 들어, 쌍둥이 임신 시 나타나는 정상적인 증상인 혈압 증가를 오진하여 자간전증같이 심각한 임신중독증으로 결론 내린다면 산모와 태아에게 부적절한 스트레스를 줄 수 있고 이런 걱정은 조산을 비롯한 합병증으로 이어지기도 한다.

의사들은 본의 아니게 부정적인 예상을 내놓을 수도 있다. 특히 플라시보 효과를 통해 회복되고 있는 상황에서 의사가 환자에게 플라시보의 실체를 밝힌다면 환자는 그 순간부터 다시 병을 앓고 죽음에 이를 수도 있다.

환자가 무의식 상태에 있을지라도 부정적인 예상을 알게 되는 경우가 있다. 깊은 마취나 최면 상태에 있던 환자들도 수술 중에 간호사와 의사들이 나눴던 잡담을 나중에 기억해낼 수 있다.[8] 마취 상태의 환자가 회복에 대한 부정적인 내용을 알게 된다는 건 슬픈 일이다. 의사가 환자에게 표현하는 동정심과 의사와 환자의 유대감은 치료에 아주 중요하며 심각한 질병이나 수술에서는 그 중요성이 더욱 크다.

마음에는 치유력과 해악이 모두 존재한다. 마음을 이용하여 우리를 치유하고 삶의 가치를 높이는 데 도움이 되는 기법에는 또 무엇이 있을까? 천 년 동안 이어져 내려온 한 가지 방법은 바로 명상이다.

명상

명상이란 한 가지 주제를 두고 끊임없이 사색하는 상태라고 정의할 수 있다. 사색으로 우리는 무엇을 얻을 수 있을까? 나는 내분비학자이자 인도의 베다 전통을 가르치는 디파크 초프라Deepak Chopra의 세미나에 참석하고 그의 저서들을 연구했다. 베다의 가르침에 따르면 사람은 각성, 수면, 꿈이라는 의식의 세 가지 상태 가운데 한 가지 상태에 있다고 한다. 그러나 초프라는 인도의 고대 선지자들이 평범한 경험을 초월하는 명상의 네 번째 상태에 대해 가르쳤다는 사실을 우리에게 상기시켜준다. 초프라는 선지자들을 다음과 같이 묘사한다.

> 선지자는 자신의 뜻대로 네 번째 상태에 들어가는 법을 익히고 그 속에 무엇이 있는지를 볼 수 있는 자이다. 이 능력은 우리가 말하는 "사고력"과는 다르다. 이런 현상은 라일락의 향기나 친구의 음성을 인식하는 즉각적인 경험과도 같다. 이는 즉각적이고, 비언어적이다. 그리고 꽃향기와 달리 형태까지 완전히 전환된다. 즉 현인들은 존재의 가장 순수한 형태를 보았다.[9]

명상의 방법은 수백 가지다. 고대 인도의 명상서인 『비그야나 바이라바 탄트라 *Vigyana Bhairava Tantra*』에는 100가지가 넘는 명상 수행법이 수록되어 있다. 일반적으로 명상에서는 자세가 중요하다. 또 명상을 수행하고 조절할 때는 자세가 명상 상태에 진입하는 길잡이 역할을 한다. 하지만 방법은 단순한 도구일 뿐이다.

뒷내용에서 보게 될 명상법은 확산명상 또는 초점명상이라고 한다. 이 명상법은 이를테면 정원 가꾸기 같은 한 가지 생각에 집중하고 명상을 하는 동안에 그 생각이 완전한 현실이라고 생각하는 방법이다. 보기에는 쉬워보이지만 초심자들은 대부분 명상의 주제와 무관한 잡념에 정신을 빼앗기곤 한다.

명상 상태, 또는 선지자들이 말하는 네 번째 상태에 들어가면 어떤 일이 생길까? 우선 부신피질 호르몬과 아드레날린 분비량이 증가하고 스트레스가 줄어들며 면역기능이 항진되는 등, 몇 가지 생리적인 변화가 생겨난다. 초월적인 경험을 하게 되는 이들도 있다. 이런 경험은 얼마나 자주 일어날까? 조사에 의하면 초월적인 경험이라 할 수 있는 상태에 도달하는 비율은 전체 명상가의 80퍼센트에 이른다고 한다. 리타 카터Rita Carter는 자신의 저서에서 초월적 경험을 이렇게 묘사했다.

> 이런 경험은 매우 다양한 형태로 나타난다. …… 하지만 일반적인 의식 상태와 구분되는 어떤 핵심적 특징이 있다. 그 가운데 하나는 의식이 정상적인 상태임에도 불구하고 평온한 느낌이 생기고 온갖 생각과 인식과 걱정에서 자유로워진다는 점이다. 또 한 가지는 육체의 물리적 경계선 밖에 있다는 느낌이 든다는 것이다. 그리고 세 번째는 무아지경, 네 번째는 일치감이다. 일치감은 아마도 가장 특별한 경험일 것이다. 이 상태에 이르면 자신과 타자의 구분이 사라지고 명상가는 자신이 경험하고 있는 그 경험 자체가 되는 느낌을 받게 된다.[10]

과학자들은 그러나 증거를 요구한다. 증거가 없다면 명상은 또 하나의 미신적 현상일 뿐이다. 의사이자 임상의학 과장이며 방사선학과 조교수인 앤드루 뉴버그Andrew Newberg는 뇌의 특정 영역들로 흐르는 혈류를 기록함으로써 뇌의 활성을 검사하는 최신 기법을 사용했다. 뉴버그와 연구진은 명상 전과 명상 도중에 촬영한 스캔 영상을 비교하고 명상 중에 뇌 속에 변화가 발생한다는 사실을 확인했다. 그리고 이 변화는 일회적인 것이 아니라 같은 조건하에서 재현해낼 수 있는 변화였다. 명상가의 스캔 사진은 일반적인 마음 상태에서 찍은 스캔 사진과 확연히 달랐다.

뉴버그의 연구에 참여한 사람들 가운데에는 티베트의 명상가와 프란체스코 수도원의 수녀도 있었으며 이들 두 집단의 뇌 상태와 영적인 수행을 실천하고 있는 사람들의 뇌 상태 사이에는 공통점이 있었다.

물리적 공간의 방향성에 관여하는 뇌 영역도 명상 중에 활성도가 떨어지는 뇌 영역 가운데 하나다. 뉴버그와 연구진은 공간에 대한 방향성 감소 현상이 명상의 효과에 영향을 미친다고 판단했지만 다른 가능성도 염두에 두었다. 뉴버그는 유진 드아퀼리Eugene D'Aquli, 빈스 라우즈Vince Rause와 함께 쓴 『신은 왜 우리 곁을 떠나지 않는가 Why God Won't Go Away』라는 책에서 뇌 스캔에 대해 다음과 같이 기술했다.

> 우리는 영적인 경험을 현실로 만드는 뇌의 능력을 보여주는 컴퓨터 화면 속에 형형색색의 증거가 있다고 믿는다. 수년에 걸쳐 과학적 연구를 진행하고 연구 결과를 신중히 검토한 후에 유진과 나는 인간이 물질적인 존재의 틀을 초월하도록 돕는 신경학적 과정이 있다는 증거를 보았다. 그 과정은 우리로 하여금 더 깊고, 더 영적인 스스로의 모습을 인정하게 하고 그 모습과 우리를 결합시킬 수 있도록 진화했으며 우리를 만물의 본질과 연결하는 절대적이고 우주적인 실재이기도 하다.[11]

이러한 초월감은 문헌에 기록되었으며 그 안에는 뇌가 이런 느낌을 어떻게 만들어내는지에 대한 설명도 들어 있다. 다시 한 번 언급하지만 우리는 마음이 뇌를 활성화시킨다는 물리적·시각적 증거를 가지고 있다. 이는 신과 영적인 것이 존재한다는 증거일까? 그렇지 않다. 과학자들은 대부분 더 많은 증거를 요구한다.

뉴버그의 뇌 스캔에 대한 정확한 해석은 아직 미지수다. 하지만 명상이 뇌의 전두엽과 관련 있다는 사실은 알 수 있다.

뉴버그가 하버드 연구진과 함께 진행한 또 다른 연구에서는 뇌 영상을 통해 대뇌피질의 가소성(뇌의 회로를 바꿀 수 있는 능력)에 대한 구조적 증거가 발견되었다. 이 연구에서는 명상으로 인해 전전두엽이 두꺼워진다는 사실이 드러났다.[12] 이는 뇌를 변화시키는 마음의 힘을 보여주는 또 하나의 증거다.

명상을 할 때는 의식이 있을까? 대부분 명상가들은 분명히 의식이 있다고 답할 것이다. 하지만 현인들이 말하는 의식이란 마음의 네 번째 상태이거나 마음에 귀를 기울이고 있는 마음 상태 자체를 의미할 수도 있다. 종교적인 방법과 무관하게 영적인 상태에서 명상을 하는 이들도 있지만 종교인들은 기도를 명상이라고 여기기도 한다. 기도를 하는 많은 이들이 기도를 명상과 다르다고 생각한다. 기도는 신에 대한 경건한 탄원 또는 신성한 의도를 형식적으로 확립하는 하나의 방법이라고 정의할 수 있다.

기도

명상과 마찬가지로 기도에도 수백 가지 방법이 있다. 기도는 노래나 성가, 조용한 읊조림을 곁들일 수도 있고 말없이 묵상기도를 하거나 큰 소리로 통성기도를 올릴 수도 있다. 손과 몸의 자세도 다양하다. 또 이슬람의 신비주의교인 수피교처럼 춤을 추며 기도를 할 수도 있다. 6세기에는 향심기도Centering Prayer라는 형식의 기도도 있었다. 이 기도는 진언처럼 하나의 단어를 반복적으로 읊으며 행하는 동양의 명상법과도 비슷하며 "사랑", "예수", "평화" 같이 하나의 단어를 사용한다. 명상과 마찬가지로 기도는 특정한 마음 상태에 도달하기 위한 방법이나 수단이다.

기도에 대해 수많은 여론조사를 벌였던 조지 갤럽 주니어George Gallup, Jr.는 2000년도 조사 결산에서 미국인들의 기도에 대해 다음과 같이 보고했다.

> 미국인들(10명 중 9명)은 기도를 하고 기도의 힘을 믿는다. …… 열 명 중에 3명은 기도를 통해 육체와 감정, 영적인 본질이 충분히 치유되는 경험을 했다고 보고했다. 이는 성인 600만 명에 해당하는 놀라운 수치다. …… 기도자들 중에는 의학과 영적인 세계 사이의 긴밀한 연관성을 찾으려는 사람들도 많다. …… 그러나 환자를 다루는 의사들 중에 환자들을 위해 기도하는 사람은 6퍼센트에 불과했다. 의사와 함께 기도를 했던 경험이 있는 환자들 중 93퍼센트에 달하는 사람들이 의사의 기도가 의학적인 문제를 해결하는 데 도움을 주었다고 말했다.[13]

기도에 치유의 능력이 있다는 사실은 기도를 올리는 프란체스코 수녀들의 뇌에 변화가 생긴다는 뉴버그의 연구를 비롯한 여러 연구에서 증명되었다. 내과 전문의이자 저술가인 래리 도시Larry Dossey는 기도 또는 기도와 유사한 상태에서 인간을 비롯한 생명체의 건강에 긍정적인 변화가 나타난다는 사실을 보여주는 대조군 실험 연구가 130건 이상이라고 보고했다.[14]

최면, 명상, 상상요법, 기도의 공통점

이런 방법들은 모두 무슨 의미가 있을까? 최면, 명상, 상상요법, 기도를 제대로 시행하면 평상시 늘 분주하고 고민이 많은 뇌를 진정시킬 수 있다. 물론 이런 방법들은 혼자서나 치료자와 함께나 언제든 시행이 가능하다.

최면이나 상상요법에 치유, 기억 회상, 질병 치료, 불쾌한 감정 처리 같이 특정한 목적이 있다고 생각하는 수도 있다.

기도나 명상을 하는 사람들을 관찰하면서 나는 이런 과정들이 그들의 마음을 평온한 상태로 만들어준다는 사실을 확인할 수 있었다. 이는 그들의 얼굴과 신체 언어를 보고 얻은 결론이다. 최면치료사인 나는 무아지경에 도달한 사람의 얼굴과 신체에 어떤 변화가 일어나는지를 알아볼 수 있다. 한 가지 분명한 사실은 종교나 영적인 믿음의 종류와 상관없이 그들이 평온한 마음 상태에 도달한다는 점이다.

그렇다면 이런 상태에 도달하는 데 종교나 믿음의 형태와 종류에 제약은 없을까? 나는 그렇다고 믿는다. 이런 상태의 정체가 무엇이든 간에, 사람들이 영의 세계로 들어갈 수 있는 한 가지 이유는 그 과정에 따르는 초월성에 있다. 나는 대부분의 종교들이 우리에게 영성의 세계로 들어가는 방법을 가르쳐주고 그 도구를 통해 인류에 충분히 공헌했다고 생각한다.

집단명상[15]과 기도라는 행위로 인해 치유의 역사가 일어났다는 보고는 무수히 많다. 범죄를 줄이고 사회를 개선하기 위한 연구를 실시했던 초월명상 연구자들은 개인이 단독으로 명상을 할 때보다 집단을 이뤄 함께 명상을 할 때 더 큰 효과가 나타난다는 사실을 발견했다. 내과 의사인 렉스 가드너Rex Gardner는 심각한 하지 궤양성 정맥류를 앓고 있는 한 여성의 사례에 대해 보고했다. 그는 환자에게 약이나 수술로 병이 낫는다 해도 상처가 남기 때문에 피부이식이 불가피하다고 말했다. 이때 환자가 다니는 교회의 교인들은 그녀를 위해 함께 모여 기도를 올렸다. 그리고 기도회 다음날이 되자 정맥류가 완전히 나았고 피부이식은 더 이상 필요가 없어져버렸다. 가드너는 이렇게 말했다.

> 이 이야기는 너무나 희한해서 보고서에 싣지 않으려 했다. 하지만 나는 다음 달 기도회에서 다른 의사들과 함께 환자의 다리를 검사했고 그 자리에 있던 사람들은 모두 조사에 성심껏 응해주었기 때문에 기록을 남기지 않을 수가 없었다.[16]

그녀는 기도의 힘으로 나았을까, 아니면 단지 플라시보 효과를 본 것일까? 비교할 대조군이 부족하기 때문에 이런 집단 연구가 얼마나 정확한지에 대해서는 쉽사리 결론을 내리기가 어렵다.[17]

사랑의 힘

사랑과 연민은 모든 치유의 핵심 인자 가운데 하나이다. 서구 의학계에서는 이른바 치료기준이라는 표준 절차에 따라 의료행위를 실시한다. 그러나 불행히도 정해진 진단과 치료 절차로 구성된 치료기준에는 사랑과 보살핌이라는 요소가 빠져 있다. 앞서 언급한 갤럽 조사의 결과에 의하면 90퍼센트 이상의 환자들이 의사의 사랑과 보살핌을 갈망한다고 한다.

"사랑"에는 여러 가지 의미가 있을 수 있다. 나는 누군가에게 깊은 애정을 쏟는 것이 곧 사랑이라고 정의한다. 그리고 사랑에는 애착과 일체감이 따른다. "일체감"은 장소에 상관없이 모두가 서로 연결되어 있는 유픽셀들과도 같다.

우리는 우리 자신에 대해서도 이처럼 깊은 애정을 품을 수 있다. 자신에 대한 사랑은 치유의 필수요건이다. 자아상은 치유에 도움이 될 수도 있고 방해가 될 수도 있다. 의사인 버니 시겔Bernie Siegel은 조건 없는 사랑이 인체의 면역계를 유지하는 강력한 근원이라고 믿는다. 시겔의 세미나와 저서에서 우리는 사랑이 영적 치유와 자가치유의 필수적인 요소라는 명백한 증거를 찾을 수 있다.[18] 그의 세미나에는 참가자들이 스스로의 모습을 그림으로 표현하는 시간이 있다. 그 가운데서도 에이즈나 암 환자들의 그림은 특히 흥미롭다. 어두운 색상과 구부정한 몸은 우울증과 비관론을 뜻하고 선명한 색상과 자연을 만끽하는 사람들의 모습은 희망과 낙관주의를 보여준다.

마음은 치유와 파괴의 힘을 모두 가지고 있다. 사랑의 유무는 마음과 육체에 엄청난 영향을 미친다. 시걸은 대학생들의 중년기를 추적 조사한 한 연구를 사례로 들었다. 이 연구에서는 단란한 가정을 꾸리고 있는 이들은 29퍼센트만이 심각한 질병에 걸린 반면, 그렇지 않은 가정생활을 하고 있는 사람들은 95퍼센트가 중병에 걸려 있다는 통계가 나왔다.

사랑이 뇌의 전기화학적 활성을 증가시키고 그로 인해 인체의 면역 체계가 강화된다는 사실을 보여주는 연구물은 셀 수 없이 많다. 심장전문의 딘 오니시Dean Ornish는 동맥경화와 협심증으로 고통받고 있는 환자들에 대한 임상 연구 결과를 발표했다. 이 연구에서는 사랑의 유무가 질병의 차도와 환자의 생존기간에 직접적인 영향을 미친다는 결과가 나왔다.[19]

의사인 유진 스트라우스Eugene Straus와 저술가인 알렉스 스트라우스Alex Straus는 역사상 가장 위대한 의학적 발전 100가지를 정리하여 책으로 펴냈다. 그 책은 우리에게 시대와 문화를 불문하고 애정 어린 건강관리가 치료에 가장 중요한 요소라는 사실을 상기시켜준다.

의학사에서 가장 커다란 발전이라 할 수 있는 부분은 환자를 격리하고 유기하던 방식에서 벗어나 환자를 아이처럼 보호하고, 먹이고, 보살피는 방향으로 치료 방식이 변했다는 점이다. 이는 치료에서 가장 기본이 되는 개념이며 이 같은 개념이 없다면 의학적인 치료의 가능성은 전혀 기대할 수가 없다.[20]

이 말에는 현대 의학이 경이롭기는 하지만 가장 위대한 의학적 발전은 인간이 사랑에 대한 두려움을 떨친 일이라는 의미가 담겨 있다.

최면, 명상, 사랑, 기도의 원리

7장에 나온 그림 1에서 우리는 마음과 의식이 정보의 영역과 어떻게 연결되어 있는지를 살펴봤다. 마음과 의식은 명상과 기도 중에도 정보의 영역에 도달할까? 마음은 뇌를 변화시키고 뇌는 다시 건강에 영향을 미쳐 긍정적이든 부정적이든 어떤 결과를 낳는다. 의지, 생각, 믿음은 유픽셀의 활동을 유발한다. 그리고 거기에서 나온 신호는 뇌와 인체에 퍼져 치유를 촉진한다. 그러므로 최면, 명상, 기도를 할 때 볼 수 있는 치유 현상은 무의식, 의식, 마음으로 인해 나타난다고 할 수 있다. 이런 변화는 세포 수준에서도 나타나며 DNA가 활성화되면 육체와 마음이 영구적으로 변화한다.

우리의 떠들썩한 뇌는 우주의 4퍼센트 가운데 다시 10억분의 1에 해당하는 정보를 이해하고 처리하는 데 너무나 집중한 나머지 우주의 유픽셀들이 보내는 다른 메시지들을 무시하는 걸까? 어쩌면 유픽셀에 너무 많은 정보가 들어 있어서 평범한 인간의 의식이 저편에 있는 지혜의 세계로 들어가려면 뇌와 마음을 고요하게 안정시켜야 하는지도 모르겠다. 융이 주장한 집단 무의식 역시 우주의 유픽셀이나 유픽셀을 인도하는 정보의 영역에 있는 지혜의 세계에 닿을 때 나타나는 현상일지 모른다.

치유하는 마음

우리의 세계는 에너지로 차 있는 공간이다. 그럼 우리는 무엇인가? 몸과 뇌와 마음은 에너지의 산물이다. 마음은 우주의 정보를 이용하여 우리의 현실을 창조한다. 마음은 어디에 존재하는가? 만약 텔레비전의 "마음"이 프로그램을 창조하는 에너지 파동이라면 우리의 마음은 어디에나 존재한다. 왜냐하면 모든 에너지와 모든 유픽셀들은 서로 연결되어 있기 때문이다. 우리 안팎에 존재하는 유픽셀들은 뇌의 물리적 작용을 촉발한다. 그리고 다음 장에서 살펴볼 내용에 나와 있듯이 우리는 마음과 에너지를 우주로 발산한다.

인간은 신약을 개발하고, 원자의 힘을 이용하고, 우주로 사람을 보내기 위해 막대한 돈을 지불했지만 우리들 자신의 마음이 가진 힘을 어떻게 활용해야 할지에 대해서는 아직도 잘 모르고 있다. 마음을 활용하려면 명상, 영성, 기도 등을 포함한 비물질적인 방식이 필요하다. 마음이 치유자 역할을 한다는 증거는 분명하지만 의학과 건강관리 분야에서는 여전히 그 힘을 포용하지 못하고 있다.

만약 양자가 정보의 영역에 있는 무소부재한 수준과 연결되어 있고 마음이 그 영역에서 나온다면 마음도 무소부재한 영역에 연결되어 있을지 모른다. 마음과 마음을 즉각적으로 연결하는 양자적 상호 작용을 통해 장소에 상관없이 우리가 생각과 의지를 서로 교류할 수 있을까? 만약 그렇다면 집단적인 기도나 명상의 힘을 과학적으로 설명할 수 있을 것이다. 이런 논리가 타당하다면 서로 조화를 이룬 의도와 자유의지를 통해 개인뿐만 아니라 사회적인 수준에서도 우리의 미래를 재구성할 수 있지 않을까?

원자 하나로는 전기를 얻을 수 없다. 전기를 생성하려면 수십억 개의 원자들이 힘을 한데 모아야 한다. 그와 마찬가지로 두뇌의 힘을 최대한 활용하려면 그 위대한 힘을 우리가 함께 모아 사용할 수 있는 방법을 익혀야 한다.

이런 지혜는 우리를 영적 종교적 믿음으로 인도한다. 명상과 기도의 시간에 우리의 마음은 정보의 영역으로 들어가고 있을지도 모른다. 정보의 영역은 영적인 영역일까? 이 통찰력으로 불화를 빚고 있는 과학과 영성을 화해시킬 수 있을까?

지난 30년 동안 지구상에 있는 문명화된 모든 나라 사람들이 내게 조언을 구했다. 나는 수백만에 이르는 많은 환자…… 개신교도…… 유대교도들을 치유했다. 그들은 모두 병자라고 해도 좋았다. 왜냐하면 그들은 자신들이 물려받은 모든 시대의 살아 있는 종교를 잃어버렸기 때문이다. 그들 가운데 자신의 종교적 가치관을 되찾지 못한 이들은 누구도 참된 치유를 경험하지 못했다.[21]

- 칼 융Carl G. Jung

의사들이 모든 것을 진정으로 아는 것은 아니다. 그들이 이해하는 것은 물질이지 정신이 아니다. 그러나 당신과 나는 정신의 세계 속에 살고 있다.[22]

- 윌리엄 사로얀William Saroyan

과학과 영성의 화해

영성, 종교 그리고 과학
내세
불화의 치유

9장
영성, 종교 그리고 과학

> 신에 대한 모든 개념은 단순한 환영이고, 그릇된 모방이며, 우상이다. 어떤 개념이 신이라는 존재 자체를 보여줄 수는 없다.[1]
>
> - 니사의 그레고리우스Gregory of Nyssa

나는 조니 삼촌이 젊은 시절 다른 청년들과 함께 비행기 앞에 서서 찍은 빛바랜 사진을 기억한다. 조니 삼촌은 제2차 세계대전 당시 전투기 후미의 포를 맡은 사격수였다. 하지만 삼촌은 전쟁에 대해 한 번도 말씀하신 적이 없었다. 과묵했던 삼촌은 내가 자랄 때도 나와 거의 말을 섞지 않으셨다. 삼촌의 과거에 대해 내가 아는 것이라고는 어머님께 들은 얘기가 거의 전부다. 어머니는 삼촌의 비행기가 총알 세례를 받은 채 터덜거리며 기지로 복귀할 때가 많았다고 말씀하셨다. 삼촌의 비행대에는 임무를 수행하다 목숨을 잃은 분들이 많았고, 전쟁이 끝날 때까지 독일군 포로수용소에서 지낸 분들도 있었다. 하지만 사진 속에는 미소를 지으며 비행기 앞에 서 있는 젊은 비행사들이 있을 뿐 비극적인 사건의 그림자라고는 코빼기도 보이지 않았다.

도리스가 세상을 떠나고 몇 년 뒤, 나는 조니 삼촌이 결장암으로 돌아가시게 되었다는 소식을 전해들었다. 우리 부모님 댁에서 가까운 병원에 계신 삼촌을 뵙기 위해 차를 모는 동안 나는 복잡한 심정이 되었다. 캘리포니아 센트럴 밸리의 작은 마을에 있는 그곳을 방문할 때마다 나는 마음속 깊은 곳에 숨겨두었던 어린 날의 기억을 떠올리곤 했다. 친척이 암으로 스러져가는 모습을 보는 일은 썩 기분 좋은 일이 아니었다. 게다가 나는 지난 몇 년간 이 병으로 고통받는 분들을 너무 많이 봐왔던 터였다.

하지만 놀랍게도 삼촌은 행복해보일 뿐만 아니라 실제로 행복해하셨다. 그때까지 봤던 여느 암 환자들과는 전혀 다른 모습이었다. 조카인 나를 반가이 맞이하셔서 그럴 수도 있지만 그보다 삼촌은 당신 자신과 세상에 대해서 행복해하셨다. 나는 삼촌이 신앙생활을 하게 되었다는 사실을 알고 있었지만 행복의 원인이 그 때문인지는 알 수 없었다.

열정적인 눈빛과 미소로 나를 바라보시며 삼촌은 조용히, 아무렇지도 않은 듯 이렇게 말씀하셨다. "사람은 모두 죽는단다." 그 말씀은 나를 편안하게 만들었다. 그리곤 삼촌은 자신이 경험한 종교적 깨달음에 대해 자세히 일러주셨다. 처음에는 전쟁에 대한 이야기로, 그리고 전쟁 이후 삶의 의미를 더듬던 이야기로 말씀을 이어가셨다. 조니 삼촌은 지난 몇십 년 동안 자신이 어떻게 신앙생활을 하게 되었는지를 얘기하셨고 "나는 하나님을 찾았단다."라는 말로 이야기를 맺으셨다.

삼촌은 병원의 모든 간호사와 직원들에게 자신의 이야기를 이미 들려주셨지만 그들은 그 얘기를 다시 듣기 위해 삼촌에게로 몰려들었다. 삼촌의 목소리는 다정하기만 했다. 많은 암 환자들을 봐왔던 나는 그가 통증과 싸우고 있는 상태라는 사실을 알고 있었다. 그의 쇠약해진 몸은 암이 말기에 다다랐다는 사실을 보여주었지만 태도와 음성은 다른 메시지를 전하고 있었다. 삼촌은 자신의 죽음으로 모든 이들이 평온을 느끼기를 원하며 자신은 돌아갈 준비가 되었노라고 말씀하셨다. 삼촌이 돌아가신 건 그로부터 이틀 뒤의 일이다.

병원에서 집으로 돌아오면서 나는 그곳으로 향할 때보다 기분이 나아졌다는 사실을 깨달았다. 그건 전혀 예상하지 못한 일이었다. 삼촌은 너무나 행복하셨다. 나는 뭔가 놓치고 있는 부분이 없는지를 생각했다. 간호사들은 삼촌이 특이한 환자라고 말했다. 간호사들은 업무가 힘들 때면 삼촌이 그 역할에 대해 긍정적으로 느끼게 해주셨다는 얘기를 전했다. 그들은 그런 고요와 평화를 처음으로 목격했다고 말했다.

나는 현실의 본질에 대해 다시 한 번 생각했다. 영적 종교적 영역에서 내가 놓치고 있는 부분은 무엇일까?

실재는 우리의 이해력 너머에 있다

지금까지 우리는 우리의 기원과 존재, 실재에 대한 과학적 이론들에 대해 알아보았다. 이제 영적 종교적 관점에서 이 문제를 들여다볼 차례다.

일반적으로 영적 종교적 교의에서는 인간이 실재나 신에 대해 이해할 수 없다고 가르친다. 대개 종교에서는 신과 신비한 실재는 우리가 일반적인 의식 상태에서 경험하는 세상과는 다르다고 말한다.

도마복음서 113장에 따르면 예수는, "아버지의 왕국은 땅 위에 넓게 펼쳐 있어 인간의 눈으로는 그 왕국을 볼 수 없다."고 말했다. 불교 신자들은 인간의 감각과 철학, 과학으로는 세상을 이해할 수 없다고 믿는다. 유대교도들 역시 신을 이해할 수가 없다는 주장에 동의한다. 은유와 상징으로 신성을 드러낼 수 없다고 가르치는 것은 이슬람 수피교도들도 마찬가지다. 힌두교에 따르면 마야는 우리가 살고 있는 현실의 환영이다. 도교와 유교는 여러 가지 면에서 많이 다르지만 실재는 인간의 이해력 너머에 존재한다는 견해만은 같다.

과학, 종교, 영성은 은유를 사용한다

실재를 이해하는 일은 전혀 불가능해보이기 때문에 인간들은 은유를 통해 세상을 묘사한다. 20세기에 신화 저술가이자 대학교수로 활동했던 조셉 캠벨Joseph Campbell은 고대 신화와 종교적 가르침의 유사성에 대해 연구했다. 캠벨은 신화가 지식을 나누기 위한 수단이었다는 기록이 오래 전에는 세계 도처에 문헌으로 남아 있었다고 기술했다. 신화의 도구이자 필수요소는 은유이다. 그는 문자 그대로 해석해선 안 되는 종교적 문헌의 은유를 그대로 해석함으로써 종교적 갈등이 빚어지는 경우가 많았다고 주장한다.[2]

종교와 영적 가르침에서는 자신들의 은유를 바꾸는 일이 드물다. 사실 주요 종교의 내부적인 분열은 어느 한쪽에서 종교적 교리의 은유를 바꾸려고 하기 때문에 생기는 경우도 있다. 영국 성공회의 성직자였던 부친 밑에서 자란 미국의 위대한 수학자 앨프리드 화이트헤드는 종교가 정신의 **변화**를 과학으로 포용하지 못하면 과거의 영광을 되찾지 못하리라고 기술했다. 그는 종교의 원칙이 영원할지언정 원칙을 **표현**하는 방식은 지속적으로 발달해야 한다고 생각했다.

과학적 가르침과 종교적 교의 사이에 차이점이 있다면 과학은 끊임없이 그 은유를 수정, 보완하고 있다는 점이다. 과학자들은 자신들의 이론들조차 은유라는 사실을 이해하고 있기 때문에 더 나은 은유를 찾기 위해 계속 노력한다. 아이슈타인은, "아무리 실험을 많이 해도 내가 옳다는 사실을 증명할 수는 없다. 하지만 단 한 번의 실험으로 내가 틀렸다는 사실을 증명할 수는 있다."[3]고 말했다. 이는 여러 종교와 문화에서도 마찬가지다. 고대 그리스인들은 많은 신들이 있다고 믿었다. 그러나 유대교, 기독교, 이슬람교에서는 신이 한 분뿐이라는 유일신주의를 신봉한다. 기독교에서는 성부, 성자, 성령이 신의 세 가지 성품을 나타낸다고 가르친다. 이슬람에서는 신이 한 분뿐이라고 여기지만 모세와 예수를 성자이자 예언자로 생각한다. 힌두교에서는 우주에 시작이 없었다고 가르치면서도 창조의 신들이나 파괴의 신들 같은 여러 신들이 있다고 믿는다. 원시불교에도 신들이 많다. 그러나 여러 현대 불교에서는 "신"이라는 말을 삼가고 있다. 도교에서는 신이라는 단어를 고매한 진리를 일컫는 말로 사용하지 않는다. 또 유교에서는 정신의 존재를 굳이 배제하지는 않지만 선악을 지배하는 존재를 신이라고 지칭하지도 않는다.

신에 대한 이처럼 다양한 믿음은 영성에 어떤 영향을 미칠까? 종교에서는 예측, 과학적 개념, 실재에 대한 관념, 신과 인간의 자아와 성품에 대한 관념들이 정신의 실재를 인식하는 데 모두 장애가 된다고 가르친다. 과학적 정보의 영역은 정신에 대한 좋은 은유일까? 만약 우리의 몸과 뇌의 활동이 마음의 산물이고, 우리 마음의 장소와 상관없이 정보의 영역에 연결되어 있다면 정보의 영역을 영적인 영역으로 간주할 수도 있을 것이다. 영적인 사람은 정신이 신체 기관에 생명을 불어넣는 불가결한 요소라고 믿는다. 사실 7장에서 살펴본 그림 1은 마음과 의식이 이 필수적 요소를 뇌와 신체에 전달한다는 의미가 들어 있다. 매튜 폭스 Matthew Fox는 정신이 영혼 속에 존재하지만 영혼보다 더욱 위대하다고 기술했다.

> 정신은 모두의 것인 동시에 누구의 것도 아니다. 누구도 정신을 소유하지 않고 있다. 정신은 개인의 것이 아니다. 어떤 교회나 종교도 정신을 가지고 있지는 않다. 정신은 영혼보다 위대하다. 정신에는 포용력, 열린 가슴, 자유가 필요하다.[4]

정신을 구성하는 이 비물질적인 본질에 대한 통찰력을 어떤 은유가 가져다줄 수 있을까?

과학적 관점에서 본다면 유픽셀에 작용하는 정보가 바로 그런 은유이다. 정신적인 관점에서 본다면 모든 것이 곧 에너지라는 동서양의 에너지 은유가 그렇다. 그리고 이 은유는 유픽셀 이론이나 양자 이론과도 닿아 있다.

에너지와 생명

　에너지란 활동을 하기 위한 능력이다. 우주는 다양한 형태와 주파수를 가진 에너지들로 이루어져 있다. 예컨대, 인간도 다양한 주파수의 에너지장을 만들어낸다. 또 인간의 감정과 인지력과 행동은 주위 환경에 존재하는 전자기적 에너지장의 영향을 받는다.

　과학자, 치료자, 영성 추구자들은 수십 년에 걸쳐 인체의 에너지에 대해 연구했다. 그러나 베다교나 힌두교에서 말하는 차크라Chakra 같은 인체의 에너지 중심점을 보면 알 수 있듯이 에너지에 관한 개념들은 수천 년 전부터 전해 내려왔다. 이런 고대 전통에서는 에너지가 인체의 "에너지 중심점"에 있다고 여긴다. 유대 신비주의교, 카발라Kabbalah에서는 이런 에너지의 존재를 인식하고 이를 네피쉬nefish라고 불렀다. 기독교 문헌에도 에너지를 생명으로 일컫는 부분이 수없이 많다. 힌두교에서 말하는 쿤달리니Kundalini는 생명의 에너지를 뜻하며 쿤달리니는 정신적 각성에도 사용할 수 있다. 손을 사용하는 치유요법인 레이키Reiki는 불교의 여러 가르침에 기원을 두고 있으며 일본에서는 이를 가리켜 "정신이 이끄는 생명 에너지"라 부른다.

　저술가 폴 피어설Paul Pearsall은 우리에게 에너지에 대한 폴리네시아 사람들의 믿음을 상기시켜준다.

　　……2000년도 더 전에 낙원에 살던 사람들이 있었다. …… 그들은 우주와 동떨어져 살지 않았고 살아 있는 우주의 만나mana(에너지)가 끊임없이 진화하고 있는 형태가 자신들이라고 믿었다. 그들에게는 죽음이 없었

다. 다만 그들은 다양한 모습으로 전개되는 생생한 에너지와 정보의 화신으로 변화되었고 에너지와 정보는 곧 그들의 정신과 영혼을 의미하기도 했다. …… 그들의 모든 찬미와 기도에는 그들 자신과 그들이 사랑하는 모든 사람과 사물이 영원히 에너지로 연결되어 살아가며 진화하리라는 확신이 들어 있었다.[5]

6만 년 전부터 문화를 형성했던 호주 원주민들은 추쿠르파Tjukurpa라는 세계 창조의 시대가 있었다고 믿는다. 추쿠르파 시대에는 인간과 자연, 삶과 죽음, 과거와 현재와 미래의 구분이 없었다고 한다. 그들의 음악은 의식과 자연의 에너지 패턴을 결합한 것이었다. 아프리카 토착 종교인 반투Bantu에서는 지성과 의지를 부여받은 생명 에너지를 문투Muntu라고 지칭하며 생명은 곧 이 힘을 의미한다고 믿는다. 반투교를 믿는 이들은 죽음 이후에 이 힘에 대해 더 많은 것을 알게 되며 죽은 자들이 이를 통해 삶과 소통한다고 여긴다. 아메리카 토착민들은 자연의 모든 계통이 한데 어울려 소통하고 상호 작용하는 역동적인 에너지계가 존재한다고 믿는다. 마야, 자포텍, 믹스텍, 아즈텍 같은 중남미 문명의 모든 종교에서는 모든 생명에 생명력이나 에너지가 있다고 믿는다.

에너지가 필수적 원동력이라는 개념은 이처럼 세계 여러 문화와 종교에서 찾아볼 수 있다. 과학자들 역시 인체에 에너지가 흐르고 있다는 사실을 인정하고 있다. 이 에너지는 에너지장을 형성하며, 이런 에너지장을 "인체 에너지장"이라고도 부른다. 하지만 우리가 자연과 하나이며 인체에 에너지 중심점인 차크라가 있다는 사실을 입증할 만한 증거가 과연 존재할까? 과학자들은 이런 주장을 뒷받침할 자료와 실험 증거를 기다리고 있다.

인체 에너지장 측정

앞서 논했듯이 우리의 인체는 전자기 에너지를 생성하며 이 에너지는 심장 기능을 측정하는 심전도나 뇌 기능을 측정하는 뇌전도로 측정이 가능하다. 살아 있는 모든 다세포 기관은 전류를 생성하고 그 전류는 전기장 또는 에너지장을 형성한다. 물리치료사이자 UCLA 신체운동학 교수인 발레리 헌트Valerie Hunt는 근전도 검사를 통해 근육의 전기적 활성을 측정했다.[6] 뇌가 활성화될 때는 일반적으로 0~30cps(초당 진동수)의 전기 주파수가 발생하고 근육이 활성화될 때는 약 225cps, 심장은 평상시 약 250cps의 전기 주파수를 발생시킨다.

그런데 헌트는 인체 외부에서도 아주 미약하긴 하지만 100~1600cps에 해당하는 전기장이 존재하며 이 전기장을 과학적으로 증명할 수 있다는 사실을 발견했다.

위치적으로 보면 이 에너지장은 다른 신체 부위보다 차크라와 더 밀접한 관련이 있다. 그러므로 이는 에너지장에 대한 고대 인도와 중국의 개념을 과학적으로 증명할 수 있는 실마리라고 할 수 있다.

다른 여러 고대 문명과 마찬가지로 인도인과 중국인들도 인체의 에너지 흐름이 건강 상태를 결정짓는다고 믿었다. 이런 믿음도 에너지장의 존재를 뒷받침하는 과학적 증거와 같은 맥락으로 증명이 가능할까?

인체 에너지장에 영향을 미치는 요소

헌트는 환경이 인체 에너지장에 영향을 미친다고 보았다. 가령, 사우스 캘리포니아에서는 강력한 양이온을 머금고 동쪽에서 몰아치는 산타아나 강풍이 인체의 에너지장을 축소시킨다. 반대로, 바닷가와 산악 지역에서는 에너지장이 확장되는데, 이는 아마도 음이온이 증가하기 때문일 것이다. 헌트는 실험을 위해 공기의 정상적인 전자기 에너지와 공간 자체의 자기적 특성을 바꿀 수 있는 특수한 방을 활용했으며 실험 결과는 극적이었다.

전자기장이 감소할 때 피실험자들의 에너지장은 축소되었다. 그리고 방 안의 피실험자들은 이런 변화에 대해 울부짖음으로 화답했다. 인체의 에너지장이 정상 수준 이상으로 증가하자 피실험자들은 머리가 맑아지고 의식이 확장되는 듯한 느낌을 받았다고 말했다. 그러나 전기적인 조건이 정상인 상태에서 자기장 수준을 떨어뜨리자 피실험자들의 전반적인 신체 균형이 깨지고 말았다. 이 실험은 우리가 실제로 대자연의 일부라는 증거이다. 우리는 우리들 자신의 에너지장을 통해 자연과 연결되어 있고, 자연과 서로 영향을 주고받는다.

마음이 어떻게 인체를 치유하는지에 대해서는 이미 앞에서 살펴보았다. 헌트는 에너지에 대한 자신의 연구 결과가 소아마비, 경화증, 루게릭병 같은 질병을 치료하는 데 도움이 될 수 있다고 생각한다. 그녀는 무슨 근거로 이런 결론에 도달한 걸까? 에너지를 통한 치유의 가능성을 뒷받침하는 증거는 무엇일까?

부러진 뼈는 뼈 조각을 연결하고 감싸는 조직들이 자라나면서 치유

된다. 정형외과 의사인 로버트 베커Robert Becker는 골절이나 조직 손상 부위에 8cps의 전기 에너지를 쏘이면 치유율이 높아진다는 사실을 발견했다.[7] 베커는 도롱뇽부터 연구를 시작해서 나중에는 개구리 종류까지 연구 범위를 넓혔고, 은을 비롯한 다양한 금속을 전극으로 사용하여 전기 에너지를 통해 골절된 사람의 뼈까지 치료할 수 있었다.

베커는 화학적 반응 네트워크를 가동시키는 전기 에너지로부터 치유 과정이 시작된다고 말한다. 먼저 세포막에 에너지가 작용하면 세포막에서는 DNA 수준에 영향을 미치는 화학물질을 방출하여 활성화될 유전자를 가동시킨다. 그리고 적절하게 활성화된 세포들은 골절된 뼈를 접합하여 치유를 촉진한다. 이런 활성화 과정은 아직 추론일 뿐이지만 에너지가 뼈의 치유를 촉진한다는 사실은 수많은 환자들을 통해 증명되었다.

우리는 마음이 치유를 촉진하고 DNA 수준에 변화를 유발한다는 사실을 알고 있다. 우리는 또한 부러진 뼈에 전기 에너지를 적절히 적용하면 회복이 빨라진다는 사실도 알고 있다.

이를 어떻게 설명해야 할까? 2006년 미국, 유럽, 아시아의 과학자 17인은 인간의 피부 세포가 스스로 전기장을 발생시키고 이 전기장이 치유 과정에 일어나는 세포의 작용에 직접적인 신호를 전달한다는 연구 결과를 발표했다.[8] 그리고 전기장에 반응하는 특정한 유전자들도 확인된 상태다. 이 연구 결과는 전기적 에너지의 상처 및 골절 치유 기전을 설명해주는 증거이다.

생명, 에너지 송수신 탑

전기 에너지를 생성하는 능력에 대해 논하려면 아마도 현실세계에 대한 얘기부터 시작해야 할 것이다. 양성자를 펌프질하여 생명의 에너지를 생성하는 미토콘드리아 같은 주머니들은 몇 가지 에너지장을 만들어내는 인체의 복잡한 네트워크 안에 배열되어 있다. 이 에너지장들은 다양한 주파수에서 작용하며 인체 안팎으로 확장된다. 이는 인체에 에너지 중심점이 존재한다는 동양의 믿음과도 일치한다.

모든 생명체가 양성자를 방출한다는 사실을 발견한 윌리엄 틸러 William Tiller는 또 다른 증거를 제시했다.[9] 과학자로서 『과학과 인간의 변천 Science and Human Transformations』이라는 책을 펴내기도 했던 틸러는 인간을 비롯한 여러 생명체의 광자 방출에 대해 논한 몇 가지 연구물들에 대해 언급하면서 다음과 같이 말했다.

> 모든 식물과 동물은 1초당 수백에서 수천에 해당하는 광자를 방출한다. 이처럼 극도로 미세한 광자 방출 현상은 다양한 생명체에서 볼 수 있는 일반적인 현상이다. 포유류 동물의 세포는 3~20분에 걸쳐 세포 하나당 약 1개의 광자를 방출한다.

빛이나 에너지 방출과 관련된 이런 연구 결과들은 수많은 과학 논문을 통해 세상에 알려졌다. 인간은 다양한 주파수의 빛을 생성하고 방출한다. 나는 앞의 장들에서 빛이 정보의 영역을 통해 장소에 관계없이 즉각적으로 얽히고 소통된다는 사실을 밝혀두었다. 우리는 여기에서 정보의 영역에 닿을 수 있는 가능성을 발견할 수 있다.

우리는 인간이 에너지를 뿜어낸다는 사실을 알고 있다. 그렇다면 인간에게 영향을 미치는 우주의 에너지는 어떨까?

앞서 설명한 인체 자기장에 대한 연구에서 헌트는 외부의 전자기적 에너지가 인간의 감정과 사고와 균형에 영향을 미친다는 사실을 발견했다.[10] 인간의 몸과 뇌는 에너지를 내보낼 뿐만 아니라 주위 환경의 전기장에서 나오는 유픽셀들을 받아들이는 에너지 송수신 탑이다. 이런 기전은 몸과 뇌의 기능에도 영향을 미친다. 가까운 곳에 전선이 있으면 전파 수신에 방해가 되듯이 헌트가 말한 양이온 같은 외부의 전자기적 에너지는 인간의 에너지장과 뇌의 수신 상태에 악영향을 미칠 수도 있다. 인체 에너지장이 증가하면 머리가 맑아지고 의식이 깨어난다. 이는 마치 방송국에서 강력한 신호를 받은 텔레비전이 깨끗한 화면을 내보내는 현상과도 같다.

우리는 에너지를 생성하여 정보의 영역으로 발산하고 우주에서 오는 에너지를 수신하고 그 에너지의 영향을 받는다. 이는 정보의 영역과 맞닿아 있는 마음과 의식이 유픽셀을 조정한다는 뜻이기도 하다. 우리는 양자-뇌 옹호론자들이 신경세포 내의 미세관에서 양자적인 현상들이 일어난다는 사실을 믿고 있다는 내용도 살펴보았다. 뇌는 신경세포에서 일어나는 이 과정들을 통해 유픽셀과 연결된 마음과 의식의 정보를 드러낸다.

이번 장의 앞부분에서 언급한 것처럼 고대인들은 실재가 인간의 이해력 너머에 존재한다고 가르쳤다. 그들은 또한 에너지가 생명력이라는 사실을 믿었다. 과학자들은 이제 우리의 세계가 정보에 의해 전환된 에너지라는 사실을 깨닫기 시작했다.

유물론, 실재로부터의 탈선

비록 필자가 유물론이 영성과 과학을 등지게 한 주된 원인이라고 강조하긴 했지만, 유물론이 왜 실재에 대한 이론적 틀이 되었는지에 대해서는 다시 한번 짚어보고 싶다.

아이작 뉴턴 시대의 과학자들은 수학에 기초한 논리들로 우리의 세계를 설명하기 시작했다. 이런 이론들은 마치 마법처럼 실험과 관찰의 결과를 짚어냈다. 그리고 얼마 후 원자가 발견되었고 그 뒤로는 원자의 구성요소들이 밝혀졌다. 그때도 사람들은 은유와 직유를 통해 과학적인 개념들을 풀어 설명했다. 당시 인기 있던 말 가운데에는 이런 은유도 있다. "우리의 세계는 당구공처럼 생긴 실체들로 이루어져 있다." 원자와 원자를 구성하는 전자, 양성자, 중성자들은 당구공 모양의 모델로 표현되었다. 이것이 바로 유물론, 즉 모든 실재가 물질이라는 믿음의 시작이었다.

과학적 발견들은 증기기관, 자동차, 비행기 같은 기술적 발전으로 이어졌다. 이 모든 물질적 기적은 우리의 세계와 생활양식을 바꾸어놓았다. 그리고 유물론은 점점 서방 세계의 사회와 과학의 중심이 되었다.

불화의 시작

전기(전자의 흐름)나 X선 같이 "비물질적" 발견들이 이루어지긴 했지만 일반인은 물론이고 과학자들조차도 그에 대해 완전히 이해하기는 어려웠다. 전기가 처음으로 세상에 알려졌던 당시에는 고주파 교류를 일으키는 감응코일의 일종인 테슬라 코일이 초자연적 현상 내지는 오락거리로 각광을 받았다. 옷을 뚫고 뼈를 보여주는 X선도 사람들의 눈을 현혹하는 진기한 것이기는 마찬가지였다.

당시는 비물질적인 것이라면 그 무엇이든 더 어렵게만 느껴지던 시대였다. 때문에 19세기와 20세기에는 대중과 거의 모든 과학자들이 우리의 실재가 원자 같은 물질적 주체들로 이루어져 있다는 주장에 동의했다. 이런 개념은 아직도 실재를 설명하는 데 널리 통용되고 있다. 영적인 사람들 가운데에도 실재가 물질로 이루어져 있다고 믿는 이들이 많긴 하지만 이런 사람들도 "저편"에 영적인 세계가 있다는 믿음을 동시에 가지고 있다. 즉 이들의 믿음은 일상적 세계가 물질로 구성되어 있기는 하지만 세상의 창조와 우리의 죽음은 어느 정도 영적인 부분과 관련이 있다는 믿음이다.

고개를 드는 진실

실재를 설명하는 새로운 개념인 양자 이론은 20세기 초반부터 나타나기 시작했다. 양자의 세계는 과학자들마저도 당혹감을 느낄 만큼 매우 복잡한 수학적 등식들로 이루어져 있으며 이렇듯 복잡한 양자 이론의 의미를 설명하기 위해 별스런 개념들이 나타나기도 했다. 그러나 양자 이론은 그 이론의 창시자라 해도 어떤 개념이 정확한지에 대해서는 선뜻 동의할 수가 없었다.

라디오나 텔레비전 같은 전자 장치에 대한 기초 이론으로 양자 이론을 활용했던 이론 물리학자들과 전기 공학자들도 이론들을 활용하긴 했지만 그 의미를 이해하지는 못했다. 그나마 이들을 제외한 나머지 과학자들은 양자 이론의 실질적인 가치를 거의 느끼지도 못했다. 이런 과학자들은 대학의 기초 과목에서 양자 이론을 잠시 접했을 뿐 양자 이론에 대해 그 이상은 거의 알지 못했다. 학생들도 대부분 양자 이론에 관련된 과목들을 기피하기는 마찬가지였다. 그러나 심오한 진실을 감추고 있는 양자 이론은 21세기가 다가올 때까지 숨죽인 채 우리를 기다리고 있었다.

영성으로의 회귀

20세기 초가 되자 일부 물리학자들이 양자라는 진실의 세계로 발걸음을 옮기기 시작했다. 그리고 이들은 양자 이론의 베일을 벗겨내는 과정에서 점차 철학적이고 영적인 사람들로 변모해갔다. 위대한 수학자이자, 물리학자이며, 우주론자였던 제임스 홉우드 진스 경Sir James Hopwood Jeans은 이렇게 말했다.

시간과 공간 속에서 우리 자신을 바라볼 때, 우리의 의식들은 분명히 아주 작은 그림에 속해 있는 독립된 개체들이다. 그러나 시공을 넘어서면 우리의 의식은 생명이라는 하나의 연속적 흐름을 이루고 있는 구성요소가 된다. 빛과 전기가 그러하듯 생명도 마찬가지다. 생명이란 시간과 공간 속에서는 독립된 존재들을 연결시키는 현상이다. 시공을 초월한 심오

한 실재 속에서 우리는 한 몸을 이루고 있는 구성원들일지도 모른다.[11]

나는 이미 이 책에서 시간과 공간에 대해 설명하고 시간과 공간에 대한 우리의 인식들이 왜 실재를 보여주는 표상이 아닌지에 대해 논했다. 양자 이론은 "저편"에 있는 실체가 비물질적이라는 사실을 말해준다. 암흑에너지와 진공에너지 같은 비물질적 에너지는 새로운 현실이 되었다. 앞에서 우리는 물리학자들이 우주의 실체가 비물질적이고 정신적이며 영적이라는 믿음을 가지고 있다는 사실에 대해 생각해보았다. 영적인 세계와 비물질적 실재에 대한 견해를 받아들이고 있는 21세기 과학자들은 점점 더 늘어나고 있다. 이는 수천 년에 걸쳐 모든 문화권에서 실제로 가르쳐온 개념이다. 존 홉킨스 대학에서 물리학과 천문학을 가르치고 있는 리처드 헨리Richard Henry 교수는 2005년 『네이처 Nature』지에 실은 평론에서 이렇게 설명했다.

> 물리학자들은 진실을 꺼린다. 왜냐하면 진실은 일상의 물리학적 현상들과 너무나 동떨어져 있기 때문이다. …… 인간의 마음이 아무것도 들여다보지 않기만 해도 파동함수를 입자로 변화시킨다. …… 인류가 세계에 대한 올바른 인식을 가지게 되면 우주의 정신적 본질을 발견하는 기쁨을 얻을 수 있다. …… 이러한 인식을 획득하고 나면 물리학은 더 이상 인류에게 도움이 되지 않는다.[12]

이처럼 새로운 "진실"은 고대 개념에 대한 현대적 해석이다. 헨리는 나와 마찬가지로 우리가 눈으로는 아무런 실체도 볼 수 없다는 견해를 가지고 있다. 그는 또한 우리의 인식이 단지 빛 속에 담긴 정보를 받아들이는 뇌가 만들어내는 결과물일 뿐이며 유픽셀들이 "입자"로 변화될 때 우리의 의식이 "물질"을 창조해낸다고 믿고 있다. 그러므로 우주의 실체는 정신이다. 만약 물리학이 더 이상 도움이 되지 않는다면 아마도 영성의 도움을 받을 수 있을 것이다. 유물론으로 인해 과학자들과 대중은 영성이라는 길에서 벗어나 막다른 골목을 향해 탈선했다. 그러나 집단적 무의식은 좀 다른 길을 걸어온 듯싶다.

물리학자 러셀 타그Russell Targ와 영적 치유자 제인 카트라Jane Katra가 자신들의 공저 『마음의 기적 *Miracles of the Mind*』에서 말한 2000년 전의 가르침들에 대해 생각해보자.

> 인도의 철학자이자 『요르가 수트라스 *Yorga Sutras*』의 산스크리트 저자인 파탄잘리Patanjali는 아카샤 기록으로 알려져 있는 정보의 보고에 접속함으로써 영혼의 정보를 얻게 된다고 가르쳤다. 아카샤 기록이란 과거와 현재와 미래의 집단적 무의식에 관한 모든 정보를 담고 있는 무소부재한 마음을 뜻한다. 그는 우리가 아카샤를 완성하기 위해 하나의 정신적 도구를 통해 아카샤 기록과 동화됨으로써 그 기록에 접근한다고 말했다. 파탄잘리는 우리의 마음속 세계를 들여다보려면 마음을 고요한 상태로 만들어야 한다고 말한다.[13]

명상이나 기도를 할 때 우리의 마음은 정보의 영역에 도달한다. 이 영역은 장소에 구애받지 않으며 과거와 현재와 미래의 모든 정보가 들어 있다. 인도인들은 이미 2000년 전부터 그 사실을 알고 있었다.

타그와 카트라는 2000년 전 고대인들이 우주의 유픽셀을 영적인 관점에서 사유했다는 사실을 우리에게 상기시켜준다. 그들은 모든 시간들이 안전하게 보관되어 있으며 우리가 그 시간들을 사용할 수 있다고 가르쳤다. 파탄잘리는 명상과 기도를 할 때 생기는 고요한 마음이 시간의 문을 여는 열쇠라는 사실을 일깨워주었다. 그 문 뒤에 집단적 무의식으로 통하는 길이 나 있을까?

우리는 이번 장에서 다양한 시대와 장소에 거했던 영적 지도자들이 실재에 대해 비슷한 은유를 사용했다는 사실을 알게 되었다. 그 은유 속에는 생명의 중심이 에너지이며 인체의 에너지장 안에 에너지가 흐른다는 사실에 대한 믿음, 그리고 우리 세계의 영적 본질에 대한 믿음이 녹아 있다. 고대 현인들은 현대 과학자들이 이제야 찾아 나서기 시작한 진실을 어떻게 발견할 수 있었을까? 그들은 명상과 기도로 정보의 영역에 도달했을까?

8장에서 우리는 뉴버그를 비롯한 학자들의 과학적 연구 결과들을 통해 명상과 기도를 할 때는 뇌의 상태가 달라지고 이런 현상이 일회적으로 일어나는 것이 아니라 실험을 반복해도 똑같이 나타난다는 사실을 알게 되었다. 이번 장에서 살펴보았던 모든 문화 속의 신비로운 지혜와 "영적 진실"도 마찬가지다.

그러나 과학자들에게는 과학과 영성의 불화를 치유하기 위한 논리적 설명과 과학적 은유가 더 필요한 듯보인다.

정보와 유픽셀

우리가 세상과 실재라고 느끼고 있는 것은 사실 에너지다. 에너지, 즉 유픽셀은 진공에서, 다른 차원에서, 또는 다른 우주에서 올 수도 있다. 의식과 마음은 유픽셀을 통해 몸과 뇌에 직접적으로 작용하고 변화를 유도한다. 인간은 라디오 방송처럼 정보와 에너지장을 형성하고 그 정보와 에너지장은 우주에 영원히 스며든다. 그리고 에너지는 지금도 사방에서 우리에게로 몰려들고 있는 빅뱅에서 나온 빛과 뒤섞인다.

우주의 에너지 파동들은 우리를 정보의 바다 속으로 집어삼키고 우리는 선택된 반응을 발산한다. 우리가 받아들이고 내보내는 에너지, 그리고 우리와 즉각 하나가 되는 에너지는 그러나 파동의 형태를 지니고 있다. 우리는 우리 스스로를 의식을 지닌 어떤 물리적 차원에 존재하는 지엽적인 존재라고 인식하지만 마음과 의식은 우주 전체에서 나오는 것이다. 정보로 우리를 압도하는 모든 에너지와 우리가 발산하는 모든 정보, 그리고 "우리"와 동화되는 모든 유픽셀들은 곧 마음과 의식이다.

이런 개념은 우주의 모든 사건들과 어떻게 조화를 이룰까? 우리 모두는 무한한 가능성을 이용하여 우리가 이룬 모든 성과를 우주에 정돈한다. 우리의 세계는 심연으로부터 우리가 선택하고 생성한 진동의 결과물이다. 우리의 모든 생각과 행동과 감정은 우리의 우주에 기록된다.

그러므로 우리는 에너지임과 동시에 우리 주위의 에너지에 의지하는 존재이다. 우리의 본질과 우주 만물을 구성하는 에너지는 유픽셀로 서로 연결되어 있다. 세계의 모든 문화와 종교와 가르침들은 우리 모두가 하나라는 사실을 수천 년 전부터 알고 있었다. 과학과 영성은 이 지점에서 화해를 이룬다. 무소부재의 원리에서 엿볼 수 있는 전체성이라는 물리학의 개념 역시 우리가 우주와 하나라는 사실을 보여준다. 20세기의 위대한 물리학자 베르너 하이젠베르크Werner Heisenberg는 이렇게 말했다. "현대 물리학을 경험한다면 마음, 영혼, 생명, 신과 같은 개념에 대한 태도가 달라질 것이다."[14]

옥스퍼드의 신학자 키스 워드Keith Ward는 삼위일체와 통일성 같이 유일신의 개념에 녹아 있으면서도 유일신의 개념에 반하는 개념들에 대해 설명하면서 양자 이론과 비슷한 이론을 사용했다.

> 이런 개념들은 유일신이라는 개념과 모순되는 것이 아니라 신성을 명확히 설명하기에 불충분할 뿐이다. 마치 물리학에서 파동 입자의 이중성을 이해하기 어려운 것처럼 우리는 그러한 개념의 본질을 올바로 이해하기 어렵다. …… 이런 개념에는 사실 일관적으로 적용할 수 있는 기준이 있다.[15]

세계를 묘사하는 인간의 은유는 대체로 부적절하다. 영성도 수천 년 동안 그같이 불명확한 개념으로 전해져 내려왔다. 우리의 우주에 대해 가장 잘 묘사한 과학적인 은유는 우주가 에너지로 구성되어 있다는 것이다. 여기에서 우리는 고대의 은유에 다시 의지하게 된다. 과학자들은 과거, 현재, 미래가 모두 공존하는 정보의 영역이 있다고 믿는다. 천 년 동안 인류는 명상과 기도를 통해 이 영역에 접근했다. 유픽셀은 마음과 의식을 뇌와 몸으로 표현하는 방법이다. 유픽셀은 또한 정보의 영역과 무소부재의 원리를 통해 우주 만물과 우리를 연결한다. 현실이 비물질적이라는 깨달음은 과학자들에게 영성을 포용할 수 있는 논리적 근거를 제공한다.

지혜와 에너지

우리는 보통 우리가 경험하는 세계에 초점을 맞춘다. 하지만 정보를 받아들이고 처리하는 뇌를 고요히 진정시키면 자가치유와 깊은 지혜의 영역에 도달할 수 있다. 이런 접근을 가능케 하는 것은 유픽셀이다. 왜냐하면 유픽셀은 마음과 의식을 통해 정보의 영역으로 우리를 데려다주는 전령이기 때문이다. 우리는 어떻게 원형적 지혜에 접근하는 것일까? 만약 모든 시간들이 저편에 존재한다면, 그리고 마음과 의식이 실재를 창조한다면 우리는 아마도 현실세계의 정의에 대해 걱정할 필요가 없을 테다. 대신 우리는 누가 또는 무엇이 마음과 의식을 창조했는지에 대해 생각해야 한다. 과학이 이 문제를 설명해줄 수 있을까? 마음과 의식의 세계가 어떻게 만들어졌는지를 설명해줄 수 있는 마지막 보루는 영성뿐이다.

이 모든 깨달음은 삶과 죽음에 대한 관점을 제시해준다. 인간이라는 존재가 빅뱅과 에너지, 정보, 그리고 모든 일이 가능한 영원한 실재의 산물일진대, 누가 또는 무엇이 태어나고 죽는다는 말인가? 우리가 죽으면 무슨 일이 생겨나는가? 만약 죽음의 에너지가 저편에 존재한다면 죽음과도 소통할 수 있지 않겠는가?

우리는 다음 세기의 과학자들이 에너지를 어떻게 정의할지, 어떤 낯선 말들로 에너지를 논하게 될지 알지 못한다. 그러나 물리학자들이 어떤 언어를 사용한다 해도 블레이크Blake의 말을 반박할 수는 없으리라. 에너지는 어떤 의미에서 신이나 창조주라는 개념과 동일한 뜻으로 남아 있을 것이다. 에너지는 우리의 수학적 설명을 초월하는 실재이다. 에너지는 생기 없는 우주 속에 생명력을 가지고 살아가는 우리네 존재의 미스터리 중심에 있다.[16]
- 프리먼 다이슨Freeman Dyson

에너지는 유일한 생명이다. …… 당연한 말이지만 생명은 에너지의 테두리 또는 에너지의 외부 경계선이다.[17]
- 윌리엄 블레이크William Blake

10장
내세

자유로운 사람은 반드시 죽음에 대해서 생각한다. 그리고 그의 지혜는 죽음이 아닌 삶에 대한 명상에서 나온다.[1]

- 베네딕트 드 스피노자Benedict de Spinoza

이별은 묻어두었던 기억을 휘젓는다. 조시와의 이별도 예외는 아니었다. 전직 재봉사였던 조시는 새하얀 맞춤옷을 입고 있었다. 해맑은 미소를 머금은 그녀는 언제나 아름다운 응접실에서 막 걸어나온 듯한 모습이었다. 부동산업자들에게 그녀의 집은 "오픈 하우스"로 통했고 그곳에서 그녀는 이민을 와 지척에 살고 있던 대가족을 불러 모아 저녁 식사를 베푸는 일이 많았다.

조시를 그렇게만 알고 있던 사람이라면 그녀가 암 환자였다는 사실에 아마 놀랐을 것이다. 내 아우와 제수씨는 거의 5년 동안 가족들에게 암을 숨기느라 애를 먹었다. 그 사이에 매형이 암으로 인한 합병증으로 세상을 떠났다. 모르긴 해도 조시가 암을 숨긴 이유는 가족들이 매형의 암과 죽음을 아파했기 때문이었을 게다.

　마지막으로 만났을 때 조시는 야위어 있었고 내 동생은 그녀가 다이어트를 하는 중이라고 말했다. 그로부터 9개월쯤 후, 나는 그녀가 암 말기라는 사실을 알게 되었다. 그녀는 정해진 결말과 부작용을 이유로 약물 치료와 방사선 치료를 거부했다.

　조시는 38번째 결혼기념일에 죽음을 맞이했고 세상을 떠나기 얼마 전부터는 천사들과 천국에 대해 말했다.

　장례식에서 목사님은 생명의 축복과 천국의 실재에 대해 이야기했다. 나는 수십 년 전 스탠리의 장례식에서도 천국에 대해 비슷한 얘기를 들었던 기억을 떠올렸다. 장례식은 조시의 인생을 기리는 하나의 아름다운 축하연이었다. 여러 성경 구절로 분위기가 무르익던 장례식은 그녀의 아기 때와 소녀 시절, 결혼식, 엄마가 되었을 때의 사진들이 슬라이드 쇼로 나오자 절정에 다다랐다. 사라 브라이트먼과 안드레아 보첼리가 부른 "타임 투 세이 굿바이Time to Say Goodbye"라는 노래는 행복했던 조시의 삶을 보여주는 사진을 더욱 애달프게 만들었다.

　그 순간의 슬픔은 먼저 간 모든 가족과 친구들에 대한 감정을 묻어두었던 마음속 벽장의 문을 와락 열어젖혔다. 부모님, 조니 삼촌, 스탠리, 그리고 도리스 …… 그들을 향한 모든 감정들은 이윽고 눈물로 변해, 나는 주체할 수 없을 정도로 많은 눈물을 흘리고 말았다.

　조시는 남편과 딸, 손자, 세 명의 형제자매를 세상에 남겨두고 떠났다. 그들은 모두 천국에 대한 믿음과 종교의 힘으로 편안한 듯보였다. 하지만 내세에 대한 믿음이란 것은 인간으로 하여금 죽음을 인정하고 좀 더 참아내기 쉽게 만들어주는 하나의 방법에 불과한 것일까?

사람들은 대부분 우리가 "죽음"이라고 부르는 상태 이후에 뭔가 궁극적인 일이 생긴다고 믿고 싶어한다. 반면 유물론자들은 죽음 이후에 남은 것은 아무것도 없다고 주장한다. 서양 사람들은 대개 유물론적 과학을 믿지만 영적인 세계관을 가진 사람들도 있다. 그러므로 내세라는 화두는 과학과 영성의 다툼을 해결하는 데 중요한 문제이다.[2]

영원한 수수께끼: 죽음 이후, 우리는 무엇이 될까?

우리는 기만적인 실재 속에 살고 있다. 우리는 실재를 정확히 이해할 수 없는 무능한 존재들처럼 보인다. 그런 우리가 사후세계는 고사하고 우리 자신의 실체에 대해 어떻게 아는 척을 할 수 있을까? 죽음 이후에 아무것도 남지 않는다는 결론으로 곧바로 치닫는 태도는 비논리적이다. 왜냐하면 우리가 속한 현실 자체가 너무나 난해하기 때문이다.

죽음이 무엇이냐는 질문 속에는 삶이 무엇이냐는 질문이 함께 들어있다. 만약 생명이 에너지라면 우리가 죽고 난 후에 그 에너지에는 무슨 일이 생길까?

죽음은 가공의 사건일까? 내세를 믿는 사람들 가운데 절반은 윤회설을 믿고, 나머지 절반은 천국같이 또 다른 장소로 이동한다는 믿음을 가지고 있다. 얼핏 보면 이런 믿음들은 전혀 다른 은유처럼 보인다. 그러나 『티베트 死者의 書 *The Tibetan Book of the Dead*』라는 책에는 두 가지 믿음에 대한 얘기가 모두 나와 있다. 이 책에서는 일정한 조건을 갖춘 영혼이나 정신이 죽음 이후에 또 다른 상태에 도달하며, 죽음 이후 만약 영혼이 다르마카야Dharmakaya(불교의 법신)라는 의식의 밝은 빛을 깨달으면 자유를 얻고 더 이상 윤회에 참예할 필요가 없다고 설명한다. 이는 아마 천국과 동등한 개념일 것이다. 윤회는 그 영혼이 빛을 깨닫거나 평화로운 신들의 빛을 볼 기회를 놓치는 경우에만 겪게 된다. 힌두교에서도 이와 비슷하게 사후에 신들에게로 가는 길과 땅으로 내려오는 두 가지 길이 있다고 가르친다.

기독교와 유대교에서도 예수 그리스도 이후 약 4세기까지는 윤회와 비슷한 형태의 믿음을 가지고 있었다. 그러므로 기독교에서는 윤회설을 믿지 않는다거나 불교에서는 천국을 믿지 않는다는 흑백 논리를 섣불리 정당화할 수는 없다. 이는 교의에 따라 다를 수 있는 문제다.

정신, 에너지 또는 유픽셀이 우리에게 내세에 대한 실마리를 보여줄 수 있을까? 그렇다. 임사체험을 했거나 죽은 자 또는 죽어가는 자와 소통한 경험이 있는 사람들은 우리의 본질이 에너지라는 증거를 더해준다.

20세기 중반 이후에는 임상적으로 이미 사망 선고를 받았음에도 불구하고 사람들이 다시 살아나는 현상을 사후세계, 유체이탈, 임사체험 같은 말로 설명했다. 많은 이들이 자신이 사망 상태에 있던 짧은 시간 동안의 경험을 전했다. 그러므로 죽음을 이해하려면 실제로 죽어본 사람들의 경험에 대해 생각해봐야 한다.

죽음이란 무엇인가?

1975년 9월 17일 밤, 대니언 브링클리Dannion Brinkley는 전화통화를 하고 있었다. "이봐 토미, 이만 끊어야겠어. 태풍이 오고 있어."

토미가 대답한다. "태풍이 왜?"

"토미, 끊어야 한다고. 어머니께서 천둥번개가 칠 때는 통화하지 말라고 항상 말씀하셨거든."

브링클리는 당시 상황을 나중에 이렇게 전했다. "다음 순간 저는 화물 열차가 빛의 속도로 제 귓속으로 들어오는 듯한 소리를 들었습니다." 그는 번개를 맞았다. 마치 용접이라도 한 듯 그가 신고 있던 구두의 못들은 바닥에 있던 못들과 녹아 붙었고, 몸뚱이는 신발을 버려둔 채 허공으로 내동댕이쳐졌다. 브링클리는 자신의 경험을 이렇게 묘사했다.

말할 수 없는 고통으로부터 저는 평화와 고요 속으로 빨려 들어가고 있는 제 자신을 발견했습니다. 그런 느낌은 그 전에도, 그 후에도 느껴본 적이 없었습니다. 마치 찬란한 고요 속에서 수영을 하는 것만 같았지요.[3]

브링클리는 심폐소생술을 받고 의식을 되찾았지만 이내 다시 정신을 잃고 말았다. 후에 그는 맨발로 누워 있는 자신의 몸과 집안에 있던 모든 사람들의 모습을 5미터 공중에 떠서 바라보았다고 말했다. 당시 의료진은 브링클리가 "사망"했다고 진단했다. 하지만 브링클리는 자신이 다음 순간 터널로 들어가 밝은 빛을 향해 이동했다고 진술했다.

사망 선고를 받은 브링클리의 몸은 앰뷸런스에 실려 병원으로 향했다. 병원으로 가는 동안 심장의 상태를 보여주는 모니터에는 아무런 생명 신호도 나타나지 않았다. 그의 심장은 박동을 멈춘 것이었다. 병원에

도착한 후 그의 몸은 응급실로 옮겨져 심폐소생술을 받았다. 아드레날린을 심장에 직접 주사했지만 그의 심장은 여전히 반응이 없었다. 의료진은 심폐소생술을 하면서 전기 충격을 함께 가했지만 심장 모니터에서는 계속 변화가 없었다. 의사는 마침내 그의 아내에게 남편의 사망 소식을 알릴 수밖에 없게 되었다.

브링클리를 실은 바퀴 침대가 시체실로 향할 때, 누군가가 그의 얼굴을 덮은 시트가 움직인다고 말했다. 그는 숨을 쉬고 있었다.

브링클리는 임사체험 후 전혀 다른 사람이 되었다. 그는 훨씬 더 영적인 사람이 되었다. 그는 에너지에 대해 어떤 지식을 얻게 되었다고 주장했다. 그리고 사람들이 영적 영역으로 접근하는 데 도움이 되는 전자장치를 만드는 일에 몰두했다.

이는 소위 임사체험이라고 불리는 현상을 보여주는 하나의 사례에 불과하다. 죽음이란 과연 무엇인가? "임상적 사망"이란 맥박이나 심장박동, 호흡이 없는 상태를 뜻한다. 하지만 이런 상태에서도 조직과 기관, 그리고 양성자를 펌프질하는 세포 주머니의 생화학적 반응은 최소한 잠시 동안만이라도 유지되고 있다.

사망을 좀 더 보수적으로 정의하면 모든 생명 기능이 영구적으로 중단되고, 뇌간과 척수의 반응이 상실되며, 최소한 24시간 이상 뇌파가 없는 상태라고 볼 수 있다. 하지만 이렇게 복잡한 검사를 엄격하게 시행하는 경우는 드물고 대부분은 호흡과 심장박동이 멈추면 사망 진단을 하게 된다.

죽음을 세 번이나 경험했던 애트워터P.M.H. Atwater는 임사체험에 대한 책을 여러 권 집필했다. 그녀는 학자들이 임사체험과 완전한 죽음을 연결짓고 싶어하지 않는다고 주장한다. 대중들은 어떨까? 1982년, 조지 갤럽 주니어와 윌리엄 프록터William Proctor는 『불멸의 모험 Adventures in Immortality』이라는 책을 함께 펴냈다.⁴ 이 책에서 그들은 8백만 명의 미국인들이 임사체험을 했고 1억에 달하는 미국인들이 사후 세계가 존재한다고 믿고 있다는 사실이 자신들의 연구를 통해 드러났다고 기술했다.

두 번 죽었다 살아난 남자

1994년 브링클리는, 『죽음 저편에서 나는 보았다 Saved by the Light』라는 책을 출간했다. 회고록 형식으로 저술한 이 책에는 두 번에 걸친 그의 임사체험 이야기가 나온다. 앞에서 말한 것처럼 그는 벼락을 맞고 임상적으로 사망 선고를 받았다. 그리고 몇 년 후, 그는 심장 합병증으로 비슷한 죽음을 경험한 뒤 다시 살아났다. 임상적 사망 상태에서 겪은 그의 경험에 대한 해석에 이의를 제기하는 사람들도 있을 수 있다. 그러나 그의 묘사 가운데 몇 가지는 뜻하는 바가 크다.

나는 브링클리가 전자공학에 관심을 가지게 되었고 첫 번째 임사체험 이후에 전자 관련 사업을 벌였다는 사실이 가장 흥미롭다. 그는 자신의 시각에 나타난 에너지에 강박적인 관심을 가지고 있었다고 기술했다. 그는 인체의 특별한 점들을 깨닫기 시작했다.

우리는 우리 자신의 정신과 마음과 육체의 정수를 주위 세계로 전달한다. 이 에너지를 통제하고 긍정적인 힘으로 전환할 수 있는 경지에 도달하면 우리 자신에게 신성이 있다는 사실을 깨닫게 된다.[5]

세 번의 죽음, 그리고 3천 명의 죽음

애트워터는 저서 『빛 너머 Beyond the Light』에서 1977년 자신이 겪었던 세 번의 "죽음"에 대해 묘사했다.[6] 임사체험 당시 병원에 입원한 상태가 아니었던 탓에 의학적 기록을 통해 그녀의 경험을 확인할 수는 없지만 의학 전문가들은 그녀가 사망 상태에 이르렀었다는 사실에 동의한다. 자신이 경험한 사실을 더 깊이 이해하기 위해 연구를 진행하면서 그녀는 자신과 비슷한 임사체험을 한 사람들을 3천 명 이상 만나게 되었다. 애트워터가 그들을 만나면서 가장 자주 들은 얘기는 임사체험 이후 초감각적인 인지력이 생겼다는 것이다. 그 가운데에는 미래를 내다볼 수 있는 예지력을 갖게 되었다고 고백한 사람들도 있었다.

임사체험자들은 전자기장에 매우 민감해졌으며 그 가운데 햇빛에 대해 예민해진 사람들은 76퍼센트, 전기장과 자기장에 민감해진 사람들은 54퍼센트에 달했다. 또 주변에 있는 텔레비전이나 컴퓨터, 전구 같은 전기 장치들이 비정상적으로 작동한다고 말한 사람들도 20~24퍼센트나 됐다. 이 모든 현상들은 에너지와 관련이 있다.

애트워터는 응답자의 85퍼센트가 자신의 경험을 임사체험이라고 확신하고 있었으며 임사체험 시간의 반 이상은 찬연한 빛으로 가득한 상태였다고 말했다. 또 응답자들 가운데 52퍼센트는 자신들이 빛 또는 빛을 내뿜는 존재와 하나가 되었다고 말했다.

애트워터는 자신이 경험한 삶의 변화를 다음과 같이 묘사한다.

백만 개의 태양이 강렬한 빛으로 생각과 세포를 멸절시키고, 인간성과 역사를 증발시켜 모든 것을 하나의 거대한 광채 속으로 용해시키고 있다. 그리고 그 속에는 지금까지 있었던 모든 것들과 앞으로 생겨날 모든 것들이 들어 있다. 그것은 바로 신이었다.

애트워터는 임사체험에서 생겨난 진정한 힘은 많은 존재들의 경험이 한데 어울린 집합적인 힘이라고 기술한다. "내 속에 존재하는 수천의 목소리에 귀를 기울이면…… 천둥 같은 음성으로 말하는 집단적인 메시지를 들을 수 있다."

자신의 경험들에 대해 서술하면서 애트워터는 죽음의 순간에 에너지가 솟구쳤으며, 마치 전에 없이 빠른 속도로 갑자기 몸을 떨듯이 에너지가 솟구치는 속도가 빨라졌다고 묘사했다. 그녀는 이 같은 에너지 가속 현상을 가리켜, 누군가 또는 무언가가 다가와 갑자기 라디오 다이얼을 돌려버리고, 그 존재가 맞춰놓은 특정한 라디오 주파수에서 인생 전체를 사는 듯한 경험이었다고 비유적으로 설명했다.

그 한 번의 움직임으로 우리는 더 높은 파장으로 이동한다. 처음의 주파수는 …… 여전히 그 자리에 존재하고 있다. …… 변한 것은 나 자신뿐, 다음 채널의 라디오 주파수로 빠르게 이동한 것은 나 자신뿐이었다.

여러분들은 과학자들이 과거, 현재, 미래의 모든 가능한 사건들이 평행우주 "저편"에 존재한다고 믿고 있다는 사실을 기억할 것이다. 애트워터의 유추적 설명은 노벨상 수상자 스티븐 와인버그Steven Weinberg와 물리학자 미치오 카쿠Michio Kaku가 인간이 평행우주를 감지할 수 없는 이유를 설명할 때 사용했던 라디오 비유와 놀랍도록 닮아 있다.

애트워터는 존재와 실재를 묘사했다. 그녀는 텔레비전을 예로 들면서, 인간이 눈으로 보는 장면은 인식이 만들어내는 착각일 뿐이라고 역설했다. 그녀는 우리가 텔레비전을 눈으로 볼 때 그곳에 실제로 존재하는 것은 텔레비전 뒤에서 한 번에 발사하는 하나의 전자일 뿐이라고 말한다.

우리의 마음은 점과 같은 전자를 우리가 보고 있다고 착각하고 있는 장면에 연결시킨다. 그러나 이때 진정한 현실은 완전히 눈 밖에 나 있다. 존재란 텔레비전과 매우 흡사하다. 존재하는 것, 실제로 존재하는 것은 눈으로 보이는 모습이나 움직임으로는 짐작조차 할 수 없다.

애트워터가 말한 텔레비전과 전자의 실체는 4장에서 살펴본 실재의 영역과 아주 비슷하다. 내 견해에는 과학적 연구에 바탕하고 있다. 그러므로 우리는 여기에서 과학과 영성이 같은 결론에 도달한다는 사실을 다시 한번 확인할 수 있다.

애트워터는 임사체험이 뇌의 생리적 상태를 바꾼다는 사실도 언급했다. 그녀는 우뇌 중심적인 사고방식을 가졌던 사람들이 좌뇌 중심으로 바뀌고, 좌뇌 중심이었던 사람이 우뇌 중심으로 바뀐다는 사실을 발견했다. 논리적이든 직관적이든, 섬세하든 대범하든, 사람의 성향은 분명히 뇌와 어느 정도 관련이 있다. 임사체험은 어떻게 뇌의 구조를 바꾸는 것일까? 임사체험이라는 흥미로운 현상에는 더 많은 연구거리가 남아 있다.

임사체험에 대한 과학적 의학연구

나는 과학자로서, 앞서 살펴본 사례들이 흥미롭기는 하지만 일화에 불과할 뿐이라고 생각한다. 여기에서 "일화"란 진실일 가능성이 있기는 하지만 과학적인 검증을 거치지 않았기 때문에 대중으로부터 인정을 받으려면 면밀한 검증이 필요하다는 의미이다.

임사체험을 다룬 과학적 문헌 가운데에는 저자가 직접 임사체험을 한 후에 연구를 계획하고 시작했던 간행물들도 있다. 이런 연구물들이 임사체험에 대한 과학적 신뢰도를 높여주기는 하지만 이미 임사체험 현상이 일어난 후에 기술한 내용이기 때문에 면담 대상을 선정할 때 선입견이 끼어들었을 가능성도 배제할 수는 없다. 그러나 이런 연구물들을 검토해보면 생명에 위협이 될 정도로 위험한 질병을 겪은 이들 가운데 성인의 43퍼센트와 아동의 85퍼센트가 임사체험을 했다는 사실을 알 수 있다.[7]

2001년, 심장 전문의 핌 반 롬멜Pim van Lommel은 동료 연구진과 함께 임사체험에 대한 연구를 진행하고 의학저널, 『랜싯 The Lancet』에 그 결과를 발표했다. 연구진은 임사체험 현상이 일어나기 전에 상황을 예측하고 임상적인 실험을 진행했다. 그들은 환자를 따로 선택하지 않고 임상적으로 사망 진단을 받았다가 되살아난 심장마비 환자들을 순차적으로 조사했다.

이 연구에는 네덜란드 소재 병원 열 곳의 환자 344명이 참여했으며 이 환자들이 1988~92년 사이에 경험했던 심폐소생술 건수는 총 509회였다. 연구진은 환자의 신체가 면담이 가능할 정도로 회복되면 곧바로 얘기를 나눴고 심폐소생술 이후 2년과 8년 차에 다시 추적 면담을 실시했다.[8]

연구 결과 12퍼센트에 해당하는 41명의 환자가 임사체험을 깊이 경험했고 21명은 가벼운 임사체험 후 여전히 생활의 변화를 겪고 있는 상태였다. 연구진은 임사체험의 정도에 따라 평화와 행복, 신체 이탈, 암흑으로 진입, 빛 목도, 빛으로 진입 등으로 등급을 나눴다.

임사체험자들과 임사체험을 하지 않은 이들은 통계적으로 확연히 다른 행동과 태도를 보였다. 임사체험자들은 죽음에 대한 두려움을 떨치고, 내세를 굳게 믿었으며, 전보다 더 다정하고 다른 사람을 더 잘 이해하는 사람으로 변했다. 그러나 죽음을 겪었으되 임사체험을 하지 않은 이들로 구성된 대조군에서는 이런 변화가 일어나지 않았다.

연구진은 이렇게 말했다. "우리는 심리학적, 신경생리학적, 생리학적 요인들이 임사체험의 원인이라고 보지 않는다." 다시 말하면, 임사체험은 의사들이 정상적인 심리학적 현상이나 신체적 현상으로 여기는 어떤 상태에서 비롯된 것이 아니라는 뜻이다. 연구진은 향정신성 약물을 복용하거나 뇌 측두엽(임사체험과 비슷한 현상을 유발한다고 알려진 뇌 영역)에 전기 자극을 줄 때 나타나는 현상과 임사체험이 전혀 다르다고 주장한다. 반 롬멜은 임상적 사망을 이렇게 정의한다. "혈액순환 장애나 호흡 장애 또는 두 가지 상태가 모두 발생하여 뇌 혈류 공급이 불충분할 때 나타나는 무의식 상태."

이 연구에서는 사망의 원인이 심장마비였다. 그러므로 이 정의에 나타난 상태가 유발되면서 심장박동이 멈춘 것이다. 심장마비 상태에서는 순간적인 의식불명 상태가 시작되고 10~20초 안에 뇌 활동이 정지된다.

연구진은 임상적 사망 상태에서 호흡과 뇌 기능이 멈추었음에도 불구하고 환자들이 몸 밖에서 어떻게 의식을 명료하게 유지할 수 있었는지에 대해 의문을 품고 있다. 연구진은 이런 말을 덧붙였다. "임사체험은 마음과 뇌의 관계와 의식의 범위에 대한 의학적 한계에 의문을 제기한다."

임사체험 동안 일어나는 일들[9]

만약 뇌가 작동을 멈춘다면 어떻게 터널이나 빛을 보고 새로운 경험을 할 수 있을까? 어쩌면 뇌가 기능을 멈춘 상태에서도 우리는 여전히 정보의 영역에 접근하고 있는 것은 아닐까? 뇌가 고요한 상태에서 마음과 의식이 정보의 영역에 도달할 수 있다면 불가능한 일도 아니다. 심폐소생술로 혈액과 산소가 공급되고 뇌가 기능을 회복하면 그 정보를 담고 있는 유픽셀을 받아들임으로써 임사체험의 기억을 되찾는다.

심리학과 부교수인 수잔 블랙모어Susan Blackmore는 임사체험에 관한 영적 해석에 대해 회의적이다.¹⁰ 그녀는 사망 직전이나 소생 직전 뇌 활동을 통해 모든 임사체험을 설명할 수 있다고 믿고 있으며 뇌가 비활성 상태일 때 임사체험 현상이 일어난다는 주장에 대해 이의를 제기한다. 그녀의 생각이 절반의 진실일까? 임사체험의 기억은 소생 후에 유픽셀을 통해 정보의 영역으로부터 회수되는 것일까? 나는 이 문제에 대한 해답을 찾기 위해 추가적으로 연구를 진행하기로 결정했다.

텍사스 휴스턴 M.D. 앤더슨 암센터는 세계에서 가장 규모가 크고 명망 높은 암 치료시설 가운데 하나이며, 수십 년 전 필자가 암을 이해하고 새로운 치료법을 찾기 위해 들쑤시고 다녔던 많은 장소들 가운데 첫 번째 장소이기도 하다. 나는 2006년 10월, M.D. 앤더슨 센터를 다시 찾았다. 그러나 아이러니하게도 이번 방문의 목적은 죽음을 이해하는 것이었다. 그곳에서는 수백 명의 의사, 간호사, 호스피스, 교육가, 임사체험 연구 국제연합 회원들, 임사체험자들이 국제 임사체험 회의에 참석하고 있었다.

큰 키에 호리호리한 체격을 지닌 반 롬멜 박사는 힘 있는 네덜란드식 억양으로 임사체험과 유체이탈, 그리고 초월성의 이론과 배경에 대한 연구를 촉구했다. 반 롬멜은 뇌가 비활성 상태일 때 임사체험 현상이 일어난다고 믿는다.

런던의 정신의학자 피터 펜위크Peter Fenwick는 계획적 임사체험 예측 임상 실험에 대한 내용으로 강당을 가득 메운 청중들을 사로잡았다. 이는 임사체험이 뇌 비활성 상태에서 일어나는지 여부를 가려줄 실험이다.¹¹

만약 과학적 연구를 통해 뇌가 비활성인 상태에서 임사체험 현상이 일어난다는 사실이 밝혀진다면 마침내 영성에 대한 과학적 증거를 찾는 셈이다. 임사체험과 의식의 비밀을 밝히기 위해 예측적인 방법을 도입한 임상 실험은 지금도 여러 곳에서 진행 중이거나 계획 중에 있다. 이런 연구에는 통계적으로 유의한 결론에 도달할 만큼 충분한 인원이 필요하기 때문에 뇌 활동과 임사체험의 관계를 밝혀내는 데는 몇 년이 더 걸릴 수도 있다. 그러나 두 가지 이야기는 더 언급할 가치가 있다.

200분 동안의 임사체험

심장전문의 마이클 세이봄Michael Sabom은 자신의 저서 『빛과 죽음 Light and Death』에서 1991년도에 뇌 동맥류 수술을 받은 35세 여성의 경험담을 소개했다. 그는 환자의 사생활을 보호하기 위해 그녀를 "팜 레이놀즈"라는 가명으로 불렀다.

아침 7시 15분. 레이놀즈는 수술실로 옮겨져 전신마취를 받았다. 그녀의 눈에는 테이프가 붙여졌고 귀에는 뇌 활동 중에 뇌파 신호를 측정하기 위한 몰딩형 스피커가 꽂혀 있었다. 마치 귓속에 굉음을 내는 잔디 깎기 기계라도 쑤셔 넣은 듯, 이 스피커는 90데시벨로 초당 11~30회씩 딸깍거리는 소리를 그녀의 귀에 전달했다. 8시 40분. 심폐 우회술을 위해 그녀의 살에서 동맥 하나가 적출되고 두피가 절개되었다. 10시 50분. 혈액과 신체 냉각이 시작된다. 11시. 그녀의 체온은 22.8도까지 내려가고 심장이 정지되었다. 뇌 기능을 나타내는 뇌전도 파동이 잦아들고 뇌간의 기능이 약해졌다.

11시 25분. 그녀의 체온은 15도로 낮아졌으며 귀에 꽂은 스피커는 뇌전도에서 아무런 반응을 감지하지 못한다. 그녀는 완전한 뇌 정지 상태를 경험하고 있다. 머리에서 혈액을 배출시키기 위해 수술대는 기울어져 있다. 마침내 동맥류를 바로잡고 봉합 수술이 시작된다. 정오가 되자 심장 모니터에 심실세동이 포착된다. 그리고 2회에 걸친 세동 제거 충격기 시술로 그녀의 심장은 다시 정상적으로 박동을 시작했다.
　　레이놀즈는 드릴 소리를 기억했다. 그녀는 드릴에 대해 설명할 수 있을 뿐만 아니라 오른쪽 샅의 동맥이 너무 작아 간호사들이 끝내 찾지 못하고 왼쪽 샅의 동맥을 사용했다는 사실도 알고 있었다. 신경외과 의사이자 미국 피닉스에 자리한 BNI 병원 이사인 로버트 스페츨러Robert Spetzler 박사 역시 그녀가 당시 상황을 어떻게 기억하는지를 명확히 설명할 수 없기는 마찬가지였다. 그도 그럴 것이, 의식이 있는 상태였을 때는 수술도구가 천으로 덮여 있었고 간호사들이 동맥에 대해 얘기를 나눌 때는 그녀가 전신마취 상태였기 때문이다. 게다가 귀에는 잔디 깎는 기계같은 굉음을 내는 몰딩형 스피커가 끼워져 있었다. 스페츨러 박사는 이렇게 말했다. "당시 환자의 생리학적 상태를 감안하면 이런 현상을 설명할 길이 없습니다."[12]
　　그러나 그녀가 기억하는 일들은 뇌전도 상에 가까스로 측정이 가능한 정도의 뇌파가 나오고 있는 상태, 즉 평소에 비해 뇌가 분명히 더 고요한 상태에서 일어났다. 레이놀즈는 임사체험의 나머지 부분에 대해서도 말했다. 그녀는 터널을 지났고, 먼저 간 친척 몇 사람과 반갑게 인사를 나눴으며, 빛을 경험했고, 그녀의 가족들은 그녀에게 빛 속으로 너무 깊이 들어가지 말라고 말해주었다. 또 돌아가신 삼촌은 그녀를 다시 몸 속으로 이끌어주었고, 그 과정에서 자신의 수술 장면을 보게 되었다. 그녀는 자신의 몸이 한 번, 그리고 다시 한 번 "튕겨지는" 장면을 보면서 삼촌이 자신을 몸속으로 다시 집어넣고 있기 때문에 몸이 튕기는 것이라고 느꼈다.

전신마취를 받으면 수술을 할 때 뇌 기능이 살아 있는 상태라 해도 대부분은 수술에 대해 전혀 기억을 하지 못한다. 하지만 레이놀즈의 사례[13]에서는 수술 시간에 따른 진행 경과와 뇌의 활성도 저하 상태에 대한 기록이 명확하게 남아 있다. 뇌 활성도가 떨어져 있는 상태에서 그녀가 당시 수술실의 상황을 기억한다는 것은 임사체험 현상이 뇌 활성 저하 상태에서 발생한다는 가장 강력한 증거이다. 이제 뇌전도 상에 뇌파가 표시되지 않는 상태에서 일어난 또 다른 임사체험 사례를 살펴보자.

맹시盲視 Blind Sight[광원이나 시각적 자극을 정확히 느끼는 맹인의 능력]

날 때부터 눈이 보이지 않았던 비키 노라투크Vicky Noratuk는 임사체험을 하는 동안 자신의 모습과 결혼반지를 정확하게 "보았다."[14] 처음으로 보통사람처럼 세상을 본 것이다. 이 경우엔 임사체험 현상이 일어날 때 사례자가 살아 있는 상태였는지 "죽은" 상태였는지 여부보다 임사체험 당시 어떻게 처음으로 세상을 볼 수 있었느냐가 더 중요하다. 국제 임사체험 회의에서는 비슷한 임사체험을 한 다른 맹인들의 사례에 대해서도 들을 수 있었다.

뇌의 활성도가 떨어진 상태에서 현실 속에 일어난 일을 기억하거나 한 번도 사물을 본 적이 없는 맹인들이 현실의 장면을 기억하는 사례들은 모든 임사체험 사례를 뇌의 관점에서 설명할 수 있느냐는 의문에 대한 논쟁을 불러일으켰고 블랙모어 교수와 반대측 인사들은 이 문제를 두고 설전을 벌였다.

당시 그곳에 동석했던 마취전문의 스튜어트 해머로프Stuart Hameroff[15]는 물리학자 로저 펜로즈 경과 함께 뇌의 미세관에서 일어나는 양자적 작용이 임사체험을 설명할 수 있다는 가설을 내세웠다. 뇌 미세관의 양자적 작용이 마음과 의식으로 이어진다는 이론을 다시 한 번 기억하시기 바란다. 해머로프는 내가 유픽셀들이라고 지칭한 양자 덩어리가 "적어도 잠시 동안" 뇌의 활성이 떨어진 후에 임사체험을 유발할 수 있다고 믿는다.

죽은 자들이 전하는 소식

나는 죽은 자들과 접촉했다고 주장하는 사람들을 수없이 만나보았다. 그들은 대개 미치광이 취급을 받을까 하는 두려움 때문에 자신들이 겪은 일을 말하기 싫어한다. 하지만 이들은 자신들의 경험이 사실이라는 확신을 가지고 있으며 자신이 신뢰하는 사람에게만 얘기를 전한다. 물론 의사들에게 비밀을 털어놓는 일은 드물다.

의사인 버니 시걸은 사랑의 의료적 가치를 전파하는 사람이다. 그는 사랑했던 사람들과 소통했던 망자들 또는 죽어가는 사람들에 얽힌 이야기를 많이 알고 있다.

나는 아주 멀리 떨어져 지내던 아끼는 이의 죽음에 관한 소식을 전해 듣지 않고도 알게 되었다는 사람들이 내게 보내 온 편지를 많이 가지고 있다. 사망 소식을 알기 전에 그들은 이미 소식을 전하는 이의 목소리, 모습, 어깨에 닿는 손길, 전화벨 소리에서 어떤 소식을 접하게 될지를 알고 있었다.[16]

루퍼트 셸드레이크Rupert Sheldrake는 자신의 저서 『누군가 보고 있는 느낌 *The Sense of Being Stared At*』에서 한 장 전체를 죽은 자 또는 죽어가고 있는 자들과의 접촉 현상에 대한 이야기에 할애했다.[17] 그 장에서 그는 자신의 연구 결과 외에 1886년, 「살아 있는 자들의 환영 *Phantasms of the Living*」이라는 제목으로 발표된 연구의 내용을 인용했다. 그 연구에는 죽은 사람이나 죽어가는 사람과 소통했던 산 자들의 사례가 702건이나 나와 있다. 영국에서 이루어진 또 다른 연구에서는 410명의 자료 수집가들이 17,000명을 면담했다. 이 연구에서는 약 50퍼센트(8천 5백 명)에 달하는 이들이 죽은 사람이나 죽어가는 사람과 접촉한 경험이 있다고 대답했다. 확률적으로 볼 때, 이런 현상을 통해 상대의 죽음을 예상할 수 있는 확률은 상대의 죽음을 우연히 예감할 수 있는 확률보다 440배나 높다.

셸드레이크는 부모와 자식, 일란성 쌍둥이, 부부, 애인, 절친한 친구 사이처럼 긴밀한 정서적 유대관계를 맺고 있는 사람들 사이에 이런 텔레파시 현상이 자주 나타난다는 사실에 주목했다. 이들의 공통분모는 바로 사랑이다. 그는 또한 자신을 아껴주던 주인의 죽음을 예감하고 이상 행동을 보였던 동물들의 사례도 셀 수 없이 보여주었다. 여기에서도 공통분모는 역시 사랑이다.

죽어가는 이들과 소통했던 사람들의 사례와 임사체험 사례들은 그렇다면 내세의 존재를 입증하기에 충분한 증거가 될 수 있을까? 그렇지 않다. 작고한 칼 세이건Carl Sagan은, 특별한 주장에는 특별한 자료가 필요하다는 자신의 철학으로 상황을 요약한다.

예측적 임사체험 임상 실험을 통해 뇌 비활성화 상태에서 일어나는 임사체험에 대한 증거를 더 많이 확보할 수 있다고 가정해보자. 흠잡기를 좋아하는 사람이라도 일단 정보의 영역에 도달하는 일이 가능하다는 점은 인정할 것이다. 그러나 이는 소생한 사람의 경우에만 해당되지 실제로 죽어버린 사람은 정보의 영역에 도달하지 못하리라 주장할 수도 있다. 그럼 망자들이 저편 정보의 영역 같은 장소에 있다는 증거는 어디에서 찾을 수 있을까? 여기에서 21세기 과학은 죽은 사람들이 어딘가에 있다는 증거를 찾아야 하는 또 다른 숙제를 떠안게 된다. 어쩌면 망자들은 여전히 우리 곁에 있을지도 모른다.

내세를 어떻게 증명할까?

2002년에 개리 슈워츠Gary Schwartz는 저서 『내세 실험 *The Afterlife Experiments*』을 출간했다. 이 책에서 그는 내세의 존재를 과학적으로 증명할 수 있을 법한 실험 방법을 고안해내기 위해 고군분투했던 자신의 과학적 시도들에 대해 소개했다. 하버드에서 철학박사 학위를 받은 슈워츠는 400권이 넘는 저서를 출간한 명망 높은 심리학자이며 전직 예일대 종신 교수였다. 또 애리조나 대학에서는 여러 분야를 아우르는 연구를 진행하기도 했다.

죽은 사람과 어떻게 대화를 할 수 있을까? 영매는 망자와 관련이 있었던 산 자를 통해 망자와 접촉하곤 한다. 이때 산 자를 "시터Sitter(착석자)"라고 한다. 아마 시터는 영매와 망자 사이에서 매개자 역할을 하는 듯싶다.『내세 실험』에 나온 연구물들은 영매들에게 망자에 대한 정보에 접근할 수 있는 능력이 있다는 사실을 보여준다. 영매들이 말하는 망자들에 관한 정보는 수학적 확률로 분석해볼 때 엄청난 적중률을 자랑한다. 어떤 경우에는 영매가 털어놓는 정보의 정확성이 90~100퍼센트에 달하며 관련자들의 이름과 정확한 철자까지 맞추기도 한다. 망자는 산 사람에게, "나는 잘 있고, 당신도 별 일 없을 겁니다."라는 메시지를 전하는 경우가 많다.[18]

슈워츠는 자신의 실험을 다른 사람들이 면밀히 검토할 수 있도록 자신의 책에 그 내용을 실었고 실험 과정을 녹화했으며 그 결과를 과학적이고 전문적인 각종 학술지에 발표했다. 그는 모든 비평과 제안을 진지하게 검토하여 실험을 수정하고 연구와 실험을 진행하면서 완성도를 높였다.

과학자에 천성적인 회의론자인 나는 그의 실험에서 허점을 찾고, 대안이 될 만한 다른 설명을 생각해내고, 실험을 보완해보려 노력해봤다. 그러나 그 책의 말미에 이르자 내 모든 고민은 해결되고 거의 모든 부분이 충족되었다. 슈워츠는 그 자신의 회의론과, 일부 사례의 속임수와, 사기를 간파하는 법에 대해 기술해놓았다.

슈워츠의 연구는 몸과 뇌가 전자기 에너지를 송수신한다는 추론을 뒷받침하며, 그가 제시한 증거는 내세에 대한 믿음에 확신을 심어준다. 하지만 그 증거가 내세를 증명할 수 있을까? 흥미롭긴 하지만 내세를 증명하기에는 불충분하다. 그럼 증거를 요구하는 일은 합리적일까? 명확히 증명되지도 않고 증명할 수도 없는 모든 현대 과학 이론들이 그러하듯 내세에 대한 증거를 요구하는 일도 불합리하기는 마찬가지다. 우리가 할 수 있는 합리적인 선택은 더 많은 증거를 찾는 일이다.

한 가지 확실한 점은 슈워츠의 내세 실험이 임사체험 현상과 함께 내세에 대한 흥미로운 힌트를 던져준다는 사실이다.

또 다른 화두, 윤회

최면치료를 배우던 학생 시절, 나는 사람들이 최면 중에 소위 "전생"이란 것을 경험하는 장면을 목격했다. 한번은 젊은 여성이 최면 상태에서 동유럽의 한 도시에 대한 얘기를 꺼낸 적이 있다. 그 도시는 최면에서 깨어난 당사자를 포함해 아무도 들어본 일이 없는 곳이었다. 후에 강사는 조사를 통해 그 도시가 실제로 존재했다는 사실을 발견했다.

그 여성은 1700년대의 전생으로 돌아갔다.

전생 경험에 대해서는 몇 가지 설명이 가능하다. 하나는 실제로 그 여성이 그 같은 전생을 경험했다는 것이다. 또 그녀가 어디선가 그 도시에 대한 얘기를 듣고 잠재의식 속에 그에 대한 정보를 넣어 두었다가 최면 당시에 그 정보를 꺼냈을 수도 있다. 아니면 그녀에게 전생이 전혀 없었고 그 도시에 관한 정보를 우주에서 받아들였을 가능성도 있다. 마지막 가능성은 단순히 지어낸 얘기가 운 좋게 맞아 떨어지는 경우이다. 외국어나 광범위한 연구를 통해 검증된 과거의 사건에 대한 지식을 말할 수 있는 능력은 이른바 "유전자 기억"을 통해 설명이 가능하다. 유전자 기억은 선조들의 기억들이 우리의 세포에 어느 정도 남아 있다는 가정을 바탕으로 한다.

임사체험과 마찬가지로 윤회에 대해서도 수많은 책과 수천 건의 사례가 알려져 있다. 혹평가들은 이 현상 자체에 대해 의문을 품지 않는다. 그들은 다만 윤회라는 현상에 관한 설명에 대해 의문을 제기할 뿐이다.

죽음의 방식이 중요한가?

『티베트 死者의 書』라는 책에서는 우리의 존재가 연속적으로 연결된 사건으로 이루어져 있다고 설명한다. 그 과정은 삶, 죽음의 과정, 죽음, 사후세계, 환생 또는 신과의 결합이다. 티베트 불자에게는 죽음의 순간이 중요하다. 티베트 승려들은 죽음을 준비하는 데 많은 시간을 할애한다. 그들은 그 순간이 잠재력으로 가득하기 때문에 죽음을 두려워해서는 안 된다고 믿는다. 이 승려들에게 죽음이란 삶의 끝이 아니라 삶의 일부분이다. 만약 신과의 결합을 회피하면 기회를 잃게 된다. 그러므로 그들은 마음 가운데 살아남는 부분을 고수하고 죽어가는 부분을 포기해야 한다.

여기에서 살아남는 마음이란 무엇일까? 『티베트 사자의 서』의 저자 소걀 린포체Sogyal Rinpoche는 티베트 불자들이 마음의 생존을 믿는다고 기술했다.[19] 그는 죽음을 신분증 분실에 비유했다. 신분증을 잃어버렸다고 해서 영성의 세계에 들어갈 수 없는 것은 아니다. 서양인들에게는 신분증을 잃어버려도 사람 자체가 변하는 것은 아니라는 그의 비유가 이상하게 보일 수도 있다. 심리학자로서 내세에 대한 논문을 여러 건 발표한 찰스 타트Charles Tart 역시 사후에 일반적인 인성은 살아남을 가능성이 없다는 주장에 동의한다.[20] 타트는 또한 명상이나 향정신성 약물로 인해 정신 상태가 전환되면 죽음에서 소생한 상태와 비슷한 의식 상태가 될 수도 있다고 주장한다.

영국의 저술가 콜린 윌슨Colin Wilson은 죽음을 경험한 뒤 다시 살아나는 현상에는 블랙홀에 대한 증거만큼이나 강력한 증거가 있다고 주장한다.[21] 그가 이런 주장을 펼쳤던 1990년도에도 그의 말은 꽤나 설득력이 있었다. 그러나 이후, 블랙홀이 거의 모든 은하계의 중심에 있다는 증거는 더욱 많아졌다. 수많은 과학자들이 블랙홀에 대한 증거를 찾듯이 내세에 대해서도 더 많은 연구가 필요하다.

반대의견[22]

임사체험에 대해서는 논리적이고 과학적인 설명이 많이 있다. 그 가운데 하나는 임사체험자가 사실은 죽음을 전혀 경험하지 않았고 뇌가 여전히 살아 있는 상태였지만 의료장비로 상태를 측정하지 않았거나 장비가 너무 둔해서 뇌의 활동을 감지하지 못했다는 것이다. 물론 기억을 상당 부분 조작했던 사례도 있다. 임사체험 현상 가운데에는 심지어 "거짓 기억" 때문에 빚어지는 사례도 있다. 사실 우리의 뇌는 우리에게 거짓된 기억을 심어줄 가능성도 있는 것으로 알려져 있다. 뿐만 아니라 이런 다양한 가능성들이 복합적으로 작용하는 경우도 있다. 또 "죽음" 직전이나 소생 직후의 뇌 활동으로 임사체험 현상이 발생한다는 블랙모어의 주장이 맞아떨어지는 사례들도 있다.

그러나 이 모든 가능성으로도 설명이 불가능한 경우도 있다. 이런 경우에는 어떤 일이 생기고 있는 것일까?

임사체험자가 정보의 영역으로 들어가고 있는 것일까?

정보의 영역에 과거, 현재, 미래의 모든 사건들이 녹아 있다는 21세기 과학의 폭로는 영적 본질이나 영혼, 또는 유픽셀에 대한 주장들과 일치할까? 9장에서 살펴본 에너지장은 이러한 정보의 영역과 맞닿아 있을 가능성이 있다.

브링클리는 영적 영역에 접근하고 미래의 사건을 예상하게 해주는 전자 장치 개발에 대한 자신의 강박에 대해 고백했다. 애트워터는 임사체험자 수천 명을 대상으로 한 조사에서 햇빛(전자기장)과 전기장, 자기장에 대해 예민해진 사례자들에 대해, 그리고 이들 주변에 있는 전자 장치들의 이상 작동 현상에 대해 기술했다.

브링클리와 마찬가지로 애트워터의 조사에 참여했던 사람들도 영감과 미래 예측 능력을 가지게 되었다. 그녀는 영감에 대해 이렇게 기술했다.

이런 사람들의 능력은 다양한 형태로 나타난다. 그러나 내 경험에 의하면 심령능력이란 한 가지 메커니즘이 여러 형태로 표현되는 것일 뿐이

다. 그 메커니즘이란 인간의 정상적인 능력이 확장되는 현상을 뜻한다.[23]

우리는 정말 에너지 송수신 탑인가?

이 모든 능력들은 전자기장에 대한 비정상적 감수성으로 설명이 가능하다. 이처럼 비정상적인 감수성은 뇌가 임사체험이나 명상, 기도, 최면 시에 나타날 수 있는 특정한 상태에 도달할 때 생겨나는 것일까? 선조들이 가지고 있던 특성이 우리의 현대적인 생활양식 때문에 사라진 것일까?

만약 인간의 몸과 뇌가 에너지를 송수신한다면 이런 주장들도 설명이 가능하다. 몸과 뇌가 에너지를 받아들인다는 개념은 발레리 헌트의 관찰 결과와도 일치한다. 그는 전자기 에너지에 민감한 사람들을 연구했다. 이런 에너지는 감정과 의식과 생각을 생성한다. 우리가 생성하는 에너지가 우주로 발산된다면 다른 사람들의 생각을 읽을 수 있는 능력이란 단순히 다른 사람들이 보내는 에너지를 받아들인다는 의미가 될 것이다. 우리가 몸과 뇌에서 생성한 유픽셀들이 우주로 퍼져나간다면 다른 사람들이 심령능력을 통해 그 유픽셀들과 접촉할 수도 있을 테다.

셀드레이크는 이렇게 말했다.

정신은 우리가 살아 숨 쉬는 동안에도 우리의 육체 안에 갇혀 있지 않다. …… 텔레파시는 초자연적 현상이라기보다는 자연적인 능력이다.

그는 텔레파시에 대해 여러 가지 설명이 가능하다고 말한다. 텔레파시는 뇌 속의 양자적 과정이나 모든 생명체를 둘러싼 에너지장으로도 설명할 수 있다. 그는 또 이렇게 말했다. "……우리의 마음이 뇌 밖으로 확장될 수 있다는 인식은 우리에게 자유를 선사한다. …… 우리는 서로 연결되어 있다."[24]

인간이나 어떤 생명체가 다른 생명체에서 나오는 에너지를 받아들인다는 개념이 기이하게 느껴지는가? 최근에는 상어가 뇌에 연결된 수백 개의 감각기관을 이용해 다른 동물들이 내뿜는 극도로 미세한 전기장을 감지한다는 사실이 밝혀졌다. 이런 전기장은 얼마나 미세할까? 신경생물학자이자 상어 전문가인 미국 국립보건원의 R. 더글러스 필즈R. Douglas Fields는 100만분의 1 볼트를 느낄 수 있는 상어의 전기 감지 능력을 이렇게 표현했다.

> 100만분의 1볼트는 롱아일랜드 해협에 1.5볼트짜리 건전지 한쪽 끝을 담그고 반대쪽 끝을 플로리다 잭슨빌 해변에 담갔을 때 생기는 전압 차이에 해당한다.[25]

얼마나 많은 증거가 필요한가?

유체이탈, 사후세계, 임사체험, 망자 접촉 사례들은 우리가 죽음을 초월한 존재라는 사실을 증명하는 증거일까? 그렇지 않다. 이런 사례들은 앞서 타트가 설명한 것처럼 과학으로는 설명할 수 없는 사건들에 대한 증거를 제공한다. 그가 지적했듯이 죽음을 초월하는 것은 우리가 생각하는 우리 자신이 아닐 수도 있다. 그러나 인간을 구성하고 있는 유픽셀이나 정보는 잠시 동안이나마 우리의 우주 안에 존재한다. 그리고 그 유픽셀과 정보는 다른 차원이나 다른 우주 어딘가에 존재할지도 모른다. 유픽셀과 정보는 우리가 죽은 뒤에도 분명히 존재한다. 인간은 에너지다. 그리고 우리가 죽고 오랜 세월이 지난 후에도 사람의 에너지는 여전히 존재할 것이다. 그 정보는 정보의 영역에 언제나 머물러 있다. 이는 과학자들의 주장이다.

모든 과학적 이론들과 모든 영적 종교적 가르침에는 현실을 설명하기 위한 은유가 있다. 그리고 그 은유에는 우리가 "저편"에 진실로 무엇이 있는지를 모른다는 의미가 공통적으로 들어 있다.

사랑의 얽힘

그렇다면 과학적 은유는 망자와의 소통과 임사체험에 대해 무엇을 말해줄 수 있을까? 양자 이론에서는 두 개 이상의 입자(유픽셀)가 상호작용을 일으키면 "얽힘" 현상이 일어나고 한쪽의 작용이 다른 쪽에서도 즉각 나타난다고 설명한다. 4장에서는 이를 비국지성의 원리로 설명했으며 아이슈타인은 이를 가리켜 "유령원격작용spooky action at a distance"이라고도 했다.[26] 해머로프는 이런 얽힘 현상으로 임사체험을 설명할 수 있다고 주장한다.

우리를 만들어내는 유픽셀들이 어떤 식으로든 사랑과 "얽힐" 수 있을까? 대부분의 종교와 영적 가르침에서는 사랑을 교리의 핵심으로 삼고 있다. 종양학 교수이자 『숨겨진 신 A Concealed God』의 저자인 스테판 아인호른Stefan Einhorn은 이런 가르침을 다음과 같이 요약했다.

주요 종교에서는 다른 사람들에 대한 사랑을 통해 우리 모두가 본질적으로 하나의 신성에 참예하는 구성원들이라는 사실을 더 깊이 이해할 수 있게 된다고 가르친다. …… 신과 인간, 인간과 인간의 사랑에 대한 이 같은 개념은 위대한 종교의 고유한 체제를 이루는 주제이자 변주곡이다.[27]

사랑의 치유 효과는 증명된 사실이다. 망자와의 소통 현상에서도 사랑을 바탕으로 한 유대관계가 공통적으로 나타난다. 시걸, 셀드레이크, 슈워츠의 연구와 네덜란드 임사체험 임상 실험을 포함한 수많은 연구에서도 사랑은 어떤 현상을 유발하는 하나의 요소로 등장한다. 애트워터는 자신을 포함한 수천 명의 임사체험 연구에서 나타난 빛의 존재, 사랑의 관계에 대해 이야기했다.

사랑은 정보의 핵심이 될 수 있을까? 사랑은 유픽셀을 우리의 현실로 전환시키는 법칙이 될 수 있을까?

과거의 은유와 현재의 은유

우리의 지각력으로는 3차원 이상의 차원들과 평행우주의 개념을 이해하는 데 어려움이 따른다. 또 우리의 방정식과 어휘와 이론으로는 궁극적인 실재를 표현하기가 쉽지 않다. 과학은 우리네 현대적 삶의 거의 모든 영역에서 여전히 유효하다. 우리는 우리의 몸을 어떻게 치유할지, 그리고 우주에서 우리가 차지하는 위치와 우리 자신의 존재를 어떻게 이해할지에 대해 배웠다. 우리는 종교와 영적 가르침을 통해 신화와 은유에서 과학으로 진보해왔으며 이제 다시 은유로 돌아가고 있다.

저술가 개리 도르Gary Doore는, 타인과 친구가 되려면 지금 당장 보이는 증거 뒤편에 있는 사람 자체를 믿어야 한다는 윌리엄 제임스 William James의 교훈을 우리에게 상기시켜준다.[28] 도르는 이와 마찬가지로 우리 정신의 미덕과 지혜가 죽음 후에도 계속 성장해나갈 공간인 우주를 믿어야 한다고 말한다.

내세의 의식에 대한 증거를 찾아낸 슈워츠는 한 가지 의문을 제기한다. 인간의 정신이 영원하다면? 그렇다고 가정한다면, 우리의 삶은 어떤 영향을 받을까? 나는 그 해답이 우리의 정신을 치유할 영적 자각에 있다고 믿는다.

어떤 종류의 현상이 일어날 수 없다는 고정관념에 비하면, 자연에 대한 조사에는 속임수가 될 만한 부분이 없다고 나는 믿는다.[29]
- 윌리엄 제임스

나는 영성이 치유의 일부분이라고 생각한다. …… 나는 죽음이 단순히 끝이 아니라 시작일 수 있다고 생각한다. 나는 육체가 죽은 이후에도 우리가 어떤 에너지의 형태로 살아간다는 사실을 경험을 통해 느낀다. 그저 사람들에게 위안을 주기 위해서가 아니라 그처럼 기이한 일들을 직접 보고 들었기에 하는 말이다.[30]
- 버니 시걸

11장
불화의 치유

충만한 사랑으로 극복하지 못할 역경도, 치유하지 못할 질병도, 열지 못할 문도, 메우지 못할 틈새도, 넘지 못할 벽도, 속죄 못할 죄악도 세상에는 없다. …… 사랑을 충분히 깨달으면 모든 문제가 해결된다. 충만한 사랑을 할 수만 있다면 세상에서 가장 행복하고 권능 있는 사람이 될 것이다.[1]

– 에밋 폭스Emmet Fox

사람들이 대개 그러하듯, 내 젊음의 세계도 눈 녹은 물이 흐르듯 단순하게 시작되어 복잡한 삶의 흐름 속으로 흘러들었다. 꿈은 내게 희망과 목적과 갈망을 주었고 아스라한 기억들만 남아 있던 인생의 길을 비춰주었다.

청년기에는 나의 눈물과 주위 모든 사람들의 눈물이 흐름을 타고 강을 이루었다. 나는 급류와 폭포를 지나며 생긴 상처들을 무시하고 나만의 무지개를 좇았고, 결코 뒤를 돌아보지 않았다.

나는 수수께끼와 비밀로 가득한 바닷가 조수 웅덩이 곁을 정처 없이 헤매며 모순된 신념들로 이루어진 복잡한 세상에 지쳐갔다. 나는 바다에 이르고야 말겠다는 내 탐구심을 이끌어줄 지혜를 찾고 있었다. 그리고 마침내 내가 찾은 지혜는 깊이를 헤아릴 수조차 없는 것이었다.

그것은 모든 방향으로 무한히 뻗어 있는 밑바닥 없는 바다였다. 우리 자신과 우리의 세계는 그러나 그 바다의 표면에 있는 한 줄기 파도이다. 우리는 수많은 파도 속에서 길을 잃었다. 우리의 파도는 영원할 수 없으며 다른 파도들과 합쳐지고 사라질 것이다. 우리 아래와 우리 주변에는 다른 세상들이 있다.

인간은 파도에만 관심을 쏟아왔다. 그리고 의아해졌다. 파도의 기원은 무엇이었을까? 파도가 사라지면 어떤 일이 생길까?

우리는 우리가 속한 세계의 물리적 파도에 친숙하다. 인간은 파도를 이루는 물질을 물이라고 부른다. 그러나 그 파도는 대양의 모든 물로 이루어져 있다. 그로 인해 다른 물의 분자들이 끊임없이 우리의 파도로 들고난다. 하지만 이는 극단적으로 단순화한 개념이다. 왜냐하면 유픽셀들로 이루어진 그 물은 엄청난 속도로 1초에 수조 회씩 이 세상을 드나들고 있기 때문이다.

파도는 물이 생겨나면서 시작된 것이 아니다. 파도는 유픽셀의 탄생과 함께 시작되었다. 그러나 유픽셀이 언제, 어떻게, 왜 생겨났는지는 아무도 모른다. 유픽셀은 에너지다. 그러므로 파도는 환상일 뿐이다. 에너지는 비물질적인 존재이다. 바다 역시 파도를 위한 환상이며 그 실체는 유픽셀, 에너지이다. 이 세계는 우리가 모르는 것들로 넘쳐난다. 우리는 유픽셀들이 사라져 어디로 가는지 모른다. 우리는 우리들의 세계로 눈 깜짝할 사이에 들어오는 새로운 유픽셀들이 어디에서 오는지 알 수 없다.

우리는 무한히 깊고 넓은 바다도, 다른 차원이나 세계의 의미도 이해할 수 없다. 우리는 우리가 속한 세계의 1조분의 1만 인식하기 때문에 우리의 지각력이 허락하는 범위 내에 있는 파도에만 집중한다. 우리는 수많은 조각들로 분열되었으며 각각의 조각들은 파도와, 파도의 기원과, 파도가 사라질 때 생길 일을 안다고 믿고 있다.

그러나 고대 현인들과 영적 지도자들은 이 모든 것이 우리의 인식을 초월하는 일이라고 가르쳤다. 그들은 파도가 사라지고 오랜 시간이 흐른 뒤에도 영원히 살아남는 파도의 본질을 설파했다. 그들은 어떤 식으로든 에너지가 우리의 실재를 창조한다는 주장에 동의한다. 그들은 우리가 자연과 하나이며 우주 만물과 하나라는 데 동의한다. 그들은 우리의 비물질적 본질이 육체의 사망을 초월한다고 믿는다.

우리는 어디에서 왔을까? 아는 이는 아무도 없다. 우주 창조와 생명의 기원은 지금도 미스터리고 앞으로도 영원히 미스터리로 남을지 모른다. 그러나 우리 세계와 생명이라는 선물의 독특한 특성은 현재의 과학적 개념들로 설명이 가능하다. 과학은 우주와 생명의 기원에 대해 좀 더 많은 것을 알려줄 수 있다. 하지만 완전한 대답은 아주 오랫동안 어려울 것이다.

적어도 2천 년 동안, 영적 지식에는 과학적 지식이 더해졌다. 유픽셀들은 1초에 수억, 수조 회씩 우리를 스쳐 지나 다른 우주로 다시 흘러 들어간다. 그것들은 어떤 식으로든 공간과 에너지와 존재와 현실을 창

11장 불화의 치유

조한다. 컴퓨터나 텔레비전 화면의 픽셀을 밝히는 전자들처럼 우주의 유픽셀들은 우리의 의식과 실재를 창조하는 에너지와 정보를 실어 나른다.

그러나 우리는 헤아릴 수 없이 광활한 우주의 유픽셀들 가운데 아주 작은 조각에만 닿을 수 있다. 우리는 단지 우리가 접촉하는 유픽셀에 담겨 있는 정보만을 취할 수 있을 뿐이다. 우리가 접근할 수 없는 유픽셀들에서는 어떤 정보를 얻을 수 있을까? 어떤 이들은 약간 더 많은 유픽셀에 접근하여 과학적으로 설명할 수 없는 초감각적 능력이나 심령 능력, 예지력, 영적 치유력, 플라시보 효과, 기도의 힘, 온전한 영적 세계를 경험한다.

우리는 어디로 가고 있는 걸까? 우리는 시간당 백만 킬로미터의 엄청난 속도로 우주를 종횡하는 에너지 파동들이다. 우리의 에너지는 우주 만물과 융합하며, 우리는 모두 연결되어 있다. 우리 모두는 유픽셀로 만들어졌고, 모든 유픽셀은 연결되어 있으며, 유픽셀은 다른 유픽셀들의 작용을 즉시 감지한다. 우리는 모든 곳으로 가고 있고 아무 곳으로도 가고 있지 않다. 파도를 이루는 물처럼, 우리는 바다에서 왔고 다시 바다로 돌아갈 것이다.

우리는 무엇이 될까?

우리의 에너지는 우주의 에너지 및 공간과 합쳐진다. 우리를 구성하는 유픽셀들은 지금 존재하고 앞으로도 존재할 만물로 다시 순환된다.

시간은 환상이다. 시간은 순전히 인간이 "저편"에 존재하는 에너지의 순서와 방향을 감지하기 위해 고안한 측정 도구일 뿐이다. 우리 존재의 각 순간은 영상으로 촬영한 정보처럼 우주 어딘가에 저장된다. 그러나 생명의 비물질적 본질인 정신은 육체가 죽어도 영원히 살아나갈 것이다. 그러므로 생명의 비물질적 본질은 죽음을 초월한다. 생명의 유픽셀이 어떻게 변화하는지에 대해서는 많은 은유적 표현들이 있다. 그 유픽셀들은 사람들이 사는 곳 또는 윤회하는 곳, 또는 천국의 축복 속에 사는 다른 차원이나 우주를 지나가고 있을지도 모른다.

우리는 우리의 미래에 영향을 미칠 수 있다. 사랑과 연민으로, 공공의 선을 위해 하나 된 마음으로 임할 때, 우리는 우리의 미래가 나아갈 방향을 선택할 수 있다. 영성은 전 지구에 걸쳐 인류를 자각시키고 자유의지의 힘을 한데 모아 불을 지펴 초월로 인도하는 위대한 공헌을 한다.

불화의 치유

과학의 현대적 개념들이 고대의 영적 지혜와 손을 맞잡으면 과학과 영성의 불화는 사라진다. 즉 영성은 "왜?"라는 물음에 대한 해답과 의미를 보여줌으로써 21세기 과학을 일깨울 수 있다.

과학은 앞으로도 우주와 생명 창조의 베일을 조금씩 계속 벗겨나갈 것이다. 과학은 우리의 생활양식과 건강에도 더 많은 도움을 줄 것이다. 과학은 또한 "무엇"과 "어떻게"에 대한 진실을 계속 탐구할 것이다. 나는 영성에 대한 이해를 통해 과학적 탐구의 영역이 더 깊고 넓어지기를 희망한다.

지구를 공유하고 있는 다른 생명체들과 마찬가지로, "저편"에 있는 진실을 이해하고 인식하는 인간의 능력에는 한계가 있고 우리의 능력으로는 거대한 진실의 극히 일부분밖에 알 수가 없다. 과학과 영성은 그러므로 겸손과 경외감이라는 공통분모를 바탕으로 모든 신비에 다가선다.

과학은 진실에 도달하기 위한 노력으로 그 가르침을 끊임없이 보완하고 더 많은 정보를 강박적으로 사냥한다. 영성은 우리들이 이해할 수 없는 진실과 우리가 놓치고 있는 중요한 부분들을 받아들이고 잃어버린 신과 정신과 영혼의 조각들을 불러낸다. 과학과 영성은 자신들의 가르침을 공유함으로써 서로를 지속적으로 일깨울 수 있다. 어떻게 보면 과학과 영성은 마치 음과 양처럼 서로를 북돋을 수 있는 관계를 맺고 있다.

궁극의 치유: 유픽셀과 사랑

길고 엄격한 탐구의 시간이 지난 후에, 나는 과학과 영성이 말해주듯이 우리의 존재가 궁극적인 수수께끼라는 사실을 이해하게 되었다. 긴 여정 속에서 나는 유픽셀과 에너지 너머에 사랑과 연민이 있다는 사실을 발견했다. 사랑하는 사람들에게 자신이 안녕히 잘 지내고 있으며 사랑하는 이들도 계속 잘 살아가리라는 말을 전하려는 망자들의 이야기보다 더 큰 실마리가 우리에게 필요할까? 우리는 사랑과 자기애로 우리 자신과 타인들을 치유할 수 있다. 그러나 사랑의 능력은 몸과 마음의 치유에만 국한되지 않는다. 사랑은 정신도 치유할 수 있다. 이는 궁극의 치유이다.

20세기는 말이 끄는 수레와 많은 사회적, 집단적 부조리로 시작해서 로켓과 비행기로 막을 내렸으며, 풍족함에 젖어든 제1세계 국가의 많은 이들은 물질주의적인 목적을 탐닉했다. 그러나 그 이면에는 우리를 이끌어줄 영성에 대한 갈망이 깔려 있다. 우리들 각자는 인류가 나아갈 새로운 행로를 열어줄 집단적 영적 자각이라는 근본을 찾아야 한다.

만약 우주가 단순한 정보의 덩어리라면 그 안에는 사랑과 연민이라는 메시지가 담겨 있다. 아마도 우주의 법칙은 각각의 유픽셀들이 사랑과 연민에 화답하도록 유도할 것이다. 아니, 어쩌면 모든 유픽셀은 곧 사랑이고 연민일지 모른다.

여정을 처음 시작할 때는 죽은 자들의 운명을 알고 싶었다. 그러나 나는 신비와 수수께끼와 경이로움으로 뒤섞인 우주를 발견했다. 그곳은 우리의 드라마가 처음으로 시작된 세계이다. 현실에 대한 우리의 인식을 속이는 만화경 같은 시각, 기억의 조각들을 불러 모으는 청각의 교향곡, 감사의 마음을 일깨워주는 즐거운 미각, 자연을 음미하게 해주는 섬세한 후각, 우리가 서로 분열된 존재들이라 달콤하게 속삭이는 난해한 촉각은 모두 생명의 기적이다.

그러나 이 모든 것은 환상이다. 우리의 육신은 무대의상이며, 우리는 육신을 입고 삶 속에서 맡은 역을 연기한다. 사랑은 유일하게 영원한 진리이며 죽음은 삶의 종지부가 아니다. 다음 장면에서 우리는 진정한 우주와 이 무대의 나머지 96퍼센트를 만나게 된다. 우리의 세계를 창조한 무한한 무대, 우리의 여정을 북돋는 전능한 힘, 우리가 적어 내려가는 대서사시는 모두 우리가 사랑이라고 부르는 온전함을 입증해주는 증거이다. 우리에게 진정으로 필요한 모든 것, 어디에나 존재하는 그것은 바로 사랑이다.

역자 후기
형이상학의 부활

　이 책을 번역하면서 나는 레오 김이 우리 존재의 궁극의 근거를 과학 지식을 바탕으로 한 형이상학의 논리로 부활시켰다는 깊은 인상을 받았다.

　형이상학은 고대 그리스의 현인 아리스토텔레스에 의해 확립되었다. 18세기의 철학자 이마누엘 칸트가 형이상학이 이론적 학문으로서 가능한가 하는 회의적인 태도를 취한 이래 진로가 불투명해지더니 1930년대에는 논리학이 부상하면서 철학 내에서 그 설 자리마저 잃었다. 형이상학의 대부분 명제들이 논리학자들에 의해 무의미한 것으로 치부되면서 한낱 조소거리가 되었다. 형이상학이 공격을 받은 주요인은 비논리적인 사유체계 때문인데, 입증할 수 없을 뿐만 아니라 언어 과학으로서의 논리적 수순을 밟지 못했기 때문이다. 즉 타당성이 결여된 문법 구조 내에서 전개시킨 사유는 그 의미를 용인받지 못하는 것이다.

　형이상학은 제한된 영역에 관한 지식이 아니라 보편적·전체적 지식을 추구한다. 눈에 보이는 세계 배후에 있는 존재 근거로서 영원불멸의 실재를 탐구하는 것이다. 근대 과학이 특수 과학의 방법에 의해 실재의 인식만을 인정하게 되자 형이상학의 뿌리는 흔들릴 수밖에 없었다.

형이상학metaphysics은 말 그대로 과학physica 이후meta의 사유를 말한다. 그러므로 과학에 대한 충분한 지식이 없으면 다양한 영역들에 대한 지식을 기반으로 보편적·전체적 지식을 생산해낼 수 없다. 역자는 물리학자들의 견해에 관심가져왔는데, 21세기에는 물리학자뿐만 아니라 다양한 영역의 과학자들만이 형이상학을 되살릴 수 있다고 생각했기 때문이다.

과학을 기반으로 우리의 궁극의 의문에 답을 줄 수 있는 사람들이 과학자들이다. 인간은 어디서 왔고, 누구이며, 어디로 가는 것일까? 다른 생물과 인간은 과연 다른 존재일까? 인간이 진화의 결과물에 불과하다면 도덕을 포함하여 우리가 중요시하는 가치들은 인간에게만 의미있을 뿐 절대적 가치는 상실하는 것일까? 우리의 마음과 정신이 실재를 인식할 능력이 있기는 하는 것일까? 이런 형이상학의 단골 메뉴들이 21세기 과학자들이 풀어야 할 숙제가 되었다.

레오 김은 과학과 영성, 혹은 과학과 형이상학에 다리를 놓았다. 철학에서 보면 과학의 지식으로 사유할 수 있는 가능성을 열어놓은 것이며, 과학에서 보면 더 이상 앞으로 나아가지 못하는 인간의 궁극의 의문들을 실은 수레를 영성, 혹은 형이상학이 끌게 한 것이다. 그는 과학의 한계를 잘 알고 있으며, 형이상학의 놀라운 발견도 충분히 이해하고 있다. 과학과 영성이 화합하지 못하면 우리가 우리의 의문들을 포기할 수밖에 없다는 것을 그는 안다. 여덟 살 때 가까운 친구 스탠리의 죽음에서 생명과 내세에 대한 의문이 생겼고, 그 후 과학자가 되어 암을 치료하는 신약을 개발하고 연구에 매진하면서 많은 암환자들이 죽어가는 것을 보고 생명과 내세에 관해 본격적으로 연구하기 시작했다. 그는 20세기의 과학 이론뿐만 아니라 21세기의 새로운 이론들도 두루 섭렵하여 우주의 창조와 생명의 기원에 관한 그 다음의 이야기, 즉 형이상학을 전개하고 있다.

그가 건설하는 다리는 동양의 종교와도 연결되어 있다. 우리는 그의 저술을 통해 과학의 영역들을 두루 거친 뒤 무지개 너머에 있는 형이상학의 세계로 들어가게 된다. 특히 생명이 무엇인지를 이해하게 된다. 시간이 환영이고, 우리의 자각이 환영이라서 실재에 대한 여태까지의 우리 인식의 근거가 무너지더라도 실재로서의 생명만큼은 얼마나 자유로운지 그리고 영원불멸하는지 알게 된다. 무엇보다도 우리가 우주와 일체라는 인식에 도달하게 된다. 이런 인식은 과거에 영성에 매진한 소수에게만 가능한 일이었으나 레오 김은 모든 독자가 그런 큰 깨달음에 도달할 수 있도록 매우 친절하게 한 걸음씩 이끈다.

그는 "우리가 어디서 왔고, 누구이며, 어디로 가는가?" 하는 궁극의 의문에 답을 찾기 위해 과학과 영성의 문턱을 넘나들며 어느 한편으로도 치우치지 않은 채 두 분야의 이점과 허점을 인정하고 그럼에도 불구하고 우리의 숙원인 의문을 풀기 위해 두 분야의 불화를 서로 보완하는 방법으로 해결함으로써 그 답을 찾아냈다.

물론 그의 답은 과학의 입장에서 보면 미흡할 수 있으며 영성의 입장에서 보면 지나치게 과학에 의존한 것으로 간주할 수 있다. 그러나 역자의 입장에서 말하면 그는 최선을 다해 답을 제시했으며, 그의 답은 매우 설득력이 있다. 최소한 독자는 우리가 어디서 왔고, 누구이며, 어디로 가는지 알 수 있게 되었다.

　우리는 본래 왔던 곳으로 돌아간다. 우리가 누구인가 하는 의문은 본래 왔던 곳으로 돌아갈 수 있는 우주의 영원한 실재라는 답으로 풀린다. 몸은 환영에 불과하여 죽음이란 환영의 의상을 벗어던지는 것이며, 그것의 정신은 본래 에너지의 산물이었으므로 영원히 우주 속에서 살아남을 수 있다. 즉 죽음으로써 환영이 소멸되고 오히려 실재가 드러나는 것이다. 레오 김은 인류의 오래된 숙제에 대한 답을 성실한 태도로 직면했으며, 역자는 그의 답을 기꺼이 받아들인다.

　이 책은 생명공학, 화학, 생물학, 물리학, 의학을 포함한 모든 과학 전공자는 물론 철학, 신학, 종교학 전공자 그리고 그 밖의 인문학과 예술과 관련된 사람들에게도 매우 유익하다. 인간은 환경의 동물이다. 우리의 환경은 태양계뿐만 아니라 우주 그리고 그 너머에 있는 거의 무한한 평행우주들이다.

　이 책은 우리의 환경을 이해하고 우리를 지탱해주는 생명에 관심이 있는 사람들에게 지식 외에도 희망을 심어준다. 저자는 암을 치료하듯 과학과 영성의 불화를 치료하기 위해 임상 실험적인 역작을 내놓았다. 과학과 영성이 기꺼이 손을 맞잡고 나아갈 수 있는 다리를 놓았다. 이 책을 번역하면서 역자는 구름 위에 놓인 다리를 건너면서 매우 들뜬 기분을 느낄 수 있었다. 이 기분을 고스란히 독자들에게 권하고 싶다.

2009년 1월 김광우

부록

용어 해설
주
참고문헌
인명 색인
사항 색인
레오 김에게 궁금한 여섯 가지와 그의 답
이 책에 대한 찬사

용어 해설

광자光子 photon 전자기력을 매개하는 기본 입자. 빛의 양자.

경입자輕粒子 lepton 약력을 통해 상호 작용하는 입자의 총칭. 강한 상호 작용을 하지 않고 전자기적 상호 작용, 중력 상호 작용, 약한 상호 작용에만 영향을 받는다. 물리학자들은 모든 물질은 강입자hadron와 경입자로 이루어져 있다고 믿고 있다.

끈 이론 string theory 만물의 최소 단위가 점 입자point particle가 아니라 '진동하는 끈'이라는 물리학 이론. 입자의 성질과 자연의 기본적인 힘이 끈의 모양과 진동에 따라 결정된다고 설명한다. 자연의 힘에는 중력, 전자기력, 약력, 강력의 네 가지 힘이 존재하는데, 끈 이론은 이 네 가지 힘을 하나의 원리로 예증하려는 시도에서 출발했다. 끈 이론은 이후 초끈 이론super string theory으로 발진하여 일반상대성 이론과 양자 역학이 충돌하는 문제를 해결하는 실마리를 주고, 모든 것을 설명하는 대통일 이론의 유력한 후보가 되었다.

다중우주多重宇宙 multivese 여러 개의 우주가 동시에 존재하는 '우주의 집합.' 처음에는 다분히 공상과학적인 주제였으나, 지금은 초기 우주를 이해하는 데 매우 중요한 개념으로 받아들여지고 있다. 다중우주는 다양한 형태로 존재할 수 있는데, 이들은 서로 긴밀하게 연관되어 있다. 양자 역학에서 '관측되지 않은' 입자는 여러 개의 상태에 동시에 존재할 수 있으며, 이는 원자적 규모에서 다중세계가 존재한다는 것을 뜻한다.

분자分子 molecule 전자를 공유하는 둘 혹은 그 이상의 원자들이 서로 결합되어 있는 상태.

빅뱅 big bang 우주 탄생의 근원이 되었던 방대한 규모의 폭파 사건. 그 여파로 지금도 은하들이 모든 방향으로 흩어지고 있다. 빅뱅이 일어나던 순간에 우주는 초고온-초고밀도 상태였다. WMAP 위성의 관측 자료에 의하면, 빅뱅은 약 137억 년 전에 일어났던 것으로 추정되며, 그 잔광은 지금도 마이크로파 배경복사background microwave radiation의 형태로 남아 있다.

블랙홀 black hole 별이나 행성의 중력권을 벗어나기 위해 최소한으로 요구되는 속도가 광속과 같거나 광속보다 큰 천체. 우주에서 광속보다 빨리 움직이는 물체는 없으므로 블랙홀의 사건 지평선 안으로 진입한 물체는 두 번 다시 밖으로 빠져나올 수 없다.

암흑물질 dark matter 우주를 구성하는 총 물질의 90퍼센트 이상을 차지하고 있고, 전파·적외선·가시광선·자외선·X선·감마선 등과 같은 전자기파로도 관측되지 않고 오로지 중력을 통해서만 존재를 인식할 수 있는 물질을 말한다.

암흑에너지 dark energy 우주를 팽창시켜주는 어떠한 힘을 뒷받침해주는 에너지. 암흑에너지는 우주의 끝에서 우주 바깥의 물질을 소모하면서 생겨난 에너지로 추측된다. 우주가 팽창함으로써 어떤 물질들이 소모되고, 그 물질들이 소모되면서 생겨난 에너지로 우주가 팽창한다고 알려져 있다.

아원자亞原子 subatomic 전자electron, 양성자proton, 중성자neutron의 원자 구성요소.

양성자陽性子 proton 중성자와 함께 원자핵을 이루고 있는 입자. 전기적으로 양전하를 띠고 있다. 양성자는 매우 안정된 상태를 유지하고 있지만, 대통일이론(통일장 이론)에 의하면 매우 긴 시간을 두고 서서히 붕괴된다.

양자陽子 quantum 측정 가능한 물리량의 불연속적이고 분할 불가능한 최소 단위. 그 양의 최소 단위.

양자 역학量子力學 quantum mechanics 모든 물질은 관련된 파동 함수를 갖는 불연속적인 기본 입자들로 구성되었다는 가정에 근거한 이론.

양자 이론量子理論 quantum theory 원자 이하의 영역에 적용되는 물리학 이론. 역사상 가장 성공적인 이론으로 평가되고 있다. 양자 이론에 상대성 이론을 더하면 근본적인 단계에서 물리학의 모든 지식이 망라된다.

에테르 aether 보이지는 않지만 있을 것으로 추측된 전자기파의 매질. 현재는 없는 물질로 밝혀졌다.

원자原子 atom 양의 전하를 갖는 원자핵과 그 주위를 도는 전자로 구성된, 물질을 구성하는 요소.

입자가속기粒子加速器 particle accelerator 입자들을 고에너지로 가속시키는 고에너지 물리학 장치.

전리기체電離氣體 plasma 원자핵과 전자가 분리된 가스 상태로 지구상에서는 흔치 않은 현상이지만 우주에서는 거의 모든 물질의 정상 상태가 플라스마 상태이며, 태양의 대기 또한 전리기체로 채워져 있다. 전리기체는 물질의 세 가지 형태인 고체, 액체, 기체와 더불어 '제4의 물질 상태'로 불린다.

전자電子 electron 음전하를 띤 채 원자핵의 주위를 에워싸고 있는 입자. 원자의 화학적 성질은 전자의 개수에 따라 좌우된다.

중성자中性子 neutron 두 개의 다운 쿼크down quarks와 1개의 업 쿼크up quark가 결합한 기본 입자로 원자핵의 구성 요소.

진공 vacuum 입자가 존재하지 않으며 에너지가 가능한 가장 낮은 우주의 상태. 그러나 양자 역학에 따르면, 진공 속에도 가상 입자들이 수시로 나타났다가 사라지고 있다.

진공 에너지 vacuum energy 입자가 존재하지 않는 상태인 진공이 갖는 에너지. '우주 상수'라고도 한다.

초신성超新星 supernova 폭발하는 별을 말하며 엄청난 에너지를 방출한다.

쿼크 quark 양성자와 중성자를 이루고 있는 소립자. 하나의 양성자나 중성자는 세 개의 쿼크로 이루어져 있다. 양성자는 2개의 업 쿼크와 1개의 다운 쿼크로 구성되었고 중성자는 1개의 업 쿼크와 2개의 다운 쿼크로 구성되어 있다.

팽창 inflation 우주가 탄생의 초기에 엄청난 규모로 팽창되었다고 주장하는 우주론.

힉스장 Higgs field 가짜 진공에서 진짜 진공으로 전환될 때 대통일 이론의 대칭이 붕괴되면서 나타나는 장場. 대통일이론에서 힉스장은 모든 입자에 질량을 부여하는 원천이며, 이로부터 팽창을 유도할 수 있다.

주

여는 글

1. Carl Sagan, *Broca's Brain: Reflections on the Romance of Science*, Canada, 1974, p. 287. 세이건은 20세기 천문학자이며 베스트셀러 『코스모스 Cosmos』의 저자이다.
2. Russel Targ and Jane Katra, *Miracles of Mind-Exploring nonlocal consciousness and spiritual healing*, Novato, CA, 1998, p. 1.

1장 창조

1. Ronald S. Miller and the Editors of New Age Journal, *As Above So Below-Paths to spiritual renewal in daily life*, Los Angeles, 1992, p. 53. 매튜 폭스는 성공회 신부이다.
2. UCLA의 10 West 세부 사항에 대하여, Eric Lax, *Life and Death on 10 West*, New York, 1984 참조.
3. 내가 유픽셀이라고 부르는 것과 우주에 대한 논의, Gerard't Hooft, et. al., "A Theory of Everything?" *Nature*, Vol. 433, 2005, pp. 257-259 참조.
4. 아인슈타인과 정지된 우주, Kitty Ferguson, *The Fire in the Equations-Science, religion and the search for God*, Philadelphia, 2004: Michio Kaku, *Parallel Worlds-A journey through creation, higher dimensions, and the future of the cosmos*, New York, 2005, p. 37 참조.
5. 크고 작은 수에 대한 과학적 약기 설명. 10보다 큰 숫자의 경우 과학자들은 10에 대한 "약기"를 사용한다. 예를 들면 100,000이라고 하기보다는 10^5(1뒤에 0이 5개)라고 한다. 16조라고 하기보다는 1.6×10^{13}이라고 한다. 어깨글자는 소수점에 영의 수를 더하는 것을 의미하므로 1.6×10^{13}은 16,000,000,000,000을 말한다. 1보다 작은 수는 어깨글자 앞에 마이너스 부호를 사용한다. 0.000005는 5×10^{-6}이라고 쓴다. 소수점 이하에 6자리가 있는 것을 10^{-6}으로 쓴다.

6. 빅뱅 이후 팽창으로 인한 거리의 복잡성에 관해서는 Charles H. Lineweaver and Tamara M. Davis, "Misconceptions about the Big Bang," *Scientific American*, March, 2005, pp. 36-45 참조.
우주 안에서 거리의 복잡성, Marcia Bartusiak, "Going the distance," *Origin and Fate of the Universe, Astronomy*, special edition, 2004, pp. 64-71 참조.
7. 인플레이션, 타이밍 논의에 관해서는 Charles Seife, *Alpha & Omega- the search for the beginning and end of the universe*, New York, 2003, pp. 63-68 참조. 팽창 순간 우주의 크기와 팽창의 정확한 정도에 대해서는 아무도 모른다. 추론 가운데 하나는 원자보다 10^{21}배 작은 것으로부터 멜론 크기로 팽창되었을 것으로 본다. 본문에 사용된 사례는 약 10^{27}배의 팽창이라는 보수적인 추정을 사용하고 있다. 인플레이션 개념을 믿는 과학자들은 팽창의 순간 또는 팽창 후 그 같은 우주의 크기에는 동의하지 않는다.
8. 입자가속기와 그것들이 만든 온도 대 빅뱅, Michael Riordan and William A. Zajc, "The first few seconds," *Scientific American*, May, 2006, pp. 34-41 참조.
9. 힉스장, Brian Greene, *The Fabric of the Cosmos*, New York, 2004, pp. 258-271 참조.
10. 마이크로파 배경, Greene(2004) p. 515 참조.
11. 빅뱅 이론의 문제들, Gary F. Moring, *The Complete Idiot's Guide to the Theories of the Universe*, Indianapolis, IN, 2002, pp. 225-236 참조.
12. 평행우주, Max Tegmark, "Parallel universes," *Science and Ultimate Reality-quantum theory, cosmology, and complexity*, Edited by John D. Barrow, et. al., Cambridge, UK, 2004, pp. 459-491.: Max Tegmark, "Parallel universes-not just a staple of science fiction, other universes are a direct implication of cosmological observations," *Scientific American special report Parallel Universes*, 2005, pp. 1-13: David Deutsch, *The Fabric of Reality-The science of parallel universes-and its implications*, New York, Allan Lane, 1997: Martin Rees, *Before the Beginning-Our universe et. al.*, Reading, MA, 1997: Michio Kaku, *Parallel Worlds-A journey through creation, higher dimensions, and the future of the cosmos*, New York, 2005,

pp. 92-3.
13. Roger Penrose, *The Road to Reality-A complete guide to the laws of the universe*, New York, 2004, pp. 757-778. 펜로즈는 자신이 인플레이션 이론에 회의적임을 인정한다.
14. 리스에 관한 논평, Kaku (2005) pp. 249-255 참조.
15. Penrose (2004) pp. 764-765.
16. 최초의 별들, R. B. Larson and V. Bloom, "The First Stars in the Universe," The Secret Lives of Stars, *Scientific American*, Special edition, Vol. 14, 2004 pp. 4-11: Jordi Miralda-Escude, "The Dark Age of the Universe," *Science*, Vol. 300, 2003, pp. 1904-1909 참조. 일부 과학자들이 우리 태양의 크기보다 1천 배나 큰 초기의 별들을 서술했더라도 오늘날의 연구는 우리 태양의 크기보다 150배 이상 큰 별들이 존재할 수 있는지에 대해 의문을 제기한다. Donald F. Figer, "An upper limit to the masses of stars," *Nature*, Vol. 434, 2005, pp. 192-194 참조.
17. 초신성, N. Gehrels, et. al., "The brightest explosions in the universe," The Secret Lives of Starts, *Scientific American*, special edition, Vol. 14, 2004, pp. 93-100 참조.
18. 별들의 화학성분, Sun Kwok, "The Synthesis of Organic and Inorganic Compounds in Evolved Stars," *Nature*, Vol. 430, 2004, p. 985: C. Sneden and J. Cowan, "Genesis of the Heaviest Elements in the Milky Way Galaxy," *Science*, Vol. 299, 2003, pp. 70-75: Mounib El Eid, "The Process of Carbon Creation," *Nature*, Vol. 433, 2005, pp. 117-119 참조.
19. *Webster's New World Dictionary of Quotations*, Hoboken, NJ, 2005, p. 298 참조.
20. 암흑에너지와 암흑물질의 신비, Charles Seife, "Dark Energies Tiptoes towards the Spotlight," *Science*, Vol. 300, 2003, pp. 1896-1897: Robert Irion, "The Warped Side of Dark Matter," *Science*, Vol. 300, 2003, pp. 1894-1896: Linda Rowan and Robert Coontz, "Welcome to the Dark Side: Delighted to see you," *Science*, Vol. 300, 2003, p. 1893: J. P. Ostriker and P. Steinhardt, "The Quintessential Universe," *Scientific American*, Vol. 284, 2001, pp. 46-53: J. P. Ostriker and P. Steinhardt, "New Light

on Dark Matter," *Science*, Vol. 300, 2003, pp. 1909-1913: Lawrence M. Krauss, "What is dark energy?" *Nature*, Vol. 431, 2004, p. 519: Gai Dvali, "Neutrino Probes of Dark Matter," *Science*, Vol. 300, 2004, pp. 567-568: G. Dvali, "Out of Darkness," *Scientific American*, Vol. 290, 2004, pp. 68-75: R. P. Kirshner, "Throwing Light on Dark Energy," *Science*, Vol. 300, 2003, pp. 1914-1918: Dan Hooper, *Dark Cosmos: In search of our universe's missing mass and energy*, New York, 2006 참조.

21. 마이클 터너와 불합리한 우주, Charles Seife, *Alpha & Omega-the search for the beginning and end of the universe*, New York, 2003, p. 90 참조.
22. 암흑물질은 별의 속도, 은하수 형성과 관련이 있다. Jeff Kanipe, *Chasing Hubble's Shadows: The Search for Galaxies at the Edge of Time*, New York, 2006, p. 86 참조.
23. 암흑에너지는 "물리학에서 가장 큰 문제이다." Seife(*Science* 2003) 참조.
24. 우리 태양계의 형성, S. J. Kenyon and B. C. Bromley, "Stellar Encounters as the Origin of Distant Solar System-Objects in Highly Eccentric Orbits," *Nature*, Vol. 432, 2004, pp. 598-602: John W. Valley, "A Cool Early Earth?" *Scientific American*, October 2005, pp. 59-65: Richard A. Kerr, "Did Jupiter and Saturn Team Up to Pummel the Inner Solar System?" *Science*, Vol. 306, 2004, p. 1676 참조.
25. 화성 크기의 물체가 달을 창조했다. Neil deGrasse Tyson and Donald Goldsmith, *Origins-Fourteen Billion Years of Cosmic Evolution*, New York, 2004, pp. 191-192.

    달의 나이에 관하여 Der-Chaun Lee, et. al., "Age and Origin of the Moon," *Science*, Vol. 278, 1997, pp. 1098-1103 참조.
26. 물질은 수많은 충돌로 인해 증대된다. John Oro, "Historical Understanding of Life's Beginnings," J. William Schopf, editor, *Life's Origin-The Beginning of Biological Evolution*, Los Angeles, 2002, p. 31 참조. 혜성의 근원지는 두 가지이다. 오르트 성운에는 수백만 개의 혜성이 있지만 가장 멀리에 있고 섭동이 일어날 때만 통과하는 별처럼 하나 혹은 그 이상이 우리 태양계 속으로 들어오게 된다. 또 다른 근원지 카이퍼 띠(해왕성 바로 뒤에 있는)는 보다 정기적으로 혜성들을 발산한다.

27. Tyson(2004) p. 183.
28. Kaku(2005) p. 248 참조.
29. 실재를 위해서는 의식이 요구된다는 존 휠러의 주장, James Gardner, *The Intelligent Universe: AI, ET, and the Emerging Mind of the Cosmos*, Franklin Lakes, NJ, 2007, p. 184 참조.
30. Carl Sagan, *Cosmos*, New York, 1980, p. 4 참조.

2장 생명

1. Robert Peter Gale and Thomas Hauser, *Chernobyl-The Final Warning*, London, 1988, p. 32. 게일은 M.D., Ph.D.로 면역학자이며 종양학 전문가이다. 그는 우크라이나의 체르노빌 핵발전소 사고 여파에 도움을 주었다.
2. 호일의 생명의 확률, Iris Fry, *The Emergence of Life on Earth-A Historical and Scientific Overview*, New Brunswick, NJ, 2000, p. 196 참조.
3. 크릭의 생명의 정의, Francis Crick, *Life Itself*, New York, 1981, p. 56 참조: 세부 설명과 생명의 논의에 대하여, Marcelo Gleiser, "The three origins: cosmos, life, and mind," *Science and Ultimate Reality-quantum theory, cosmology, and complexity*, Cambridge, UK, 2004, pp. 642-645, 650-652: Stuart Kauffman, "Autonomous agents," *Science and Ultimate Reality-quantum theory, cosmology, and complexity*, Cambridge, UK, 2004, pp. 654-666 참조.
4. 생명에는 어떤 복합분자가 필수적일까? 유기화학, Christopher M. Dobson, "Chemical space and biology," *Science*, Vol. 432, 2004, pp. 824-828참조.
5. RNA, Andrew H. Knoll, *Life on a Young Planet-the first three billion years of evolution on earth*, Princeton, NJ, 2003, p. 80. 놀 역시 증거가 너무 미세하기 때문에 미생물의 흔적을 보이는 화석들을 해석하는 데 어려움을 말한다. RNA와 초기 생명에 관한 논의에 대하여, James P. Ferris, "Catalyzed RNA synthesis for the RNA world," Andre' Brack, editor, *The Molecular Origins of Life-Assembling the pieces of the puzzle*, Cambridge, UK, 1998: Kenneth D. James and Andrew D. Ellington, "Catalysis in the RNA world," Andre' Brack, editor, *The Molecular Origins of Life-Assembling the pieces of the puzzle*, Cambridge, UK, 1998, pp. 269-294: Leslie E. Orgel, "RNA

catalysis and the origin of life," *Journal of Theoretical Biology*, Vol. 123, 1986 참조.

수정된 RNA, Fry(2000) pp. 242-249 참조.

6. Leslie E. Orgel, The origin of biological information, *Life's Origin-the beginning of biological evolution*, edited by J. William Schopf, Berkeley CA, 2002, p. 154.

7. John R. Cronin, "Clues from the origin of the solar system: meteorites," Andre' Brack, editor, *The Molecular Origins of Life-Assembling the pieces of the puzzle*, Cambridge, UK, 1998, p. 140.

8. 단순한 성분들로부터 생산된 복합유기화합물, Leo Kim and M. M. Wald, "Conversion of butadiene and methanol" U.S. Patent 4,126,642, 1978: Leo Kim, et. al., "One-step catalytic synthesis of 2,2,3-trimethylbutane from methanol," *Journal of Organic Chemistry*, Vol. 43, 1978, pp. 3432-3433 참조.

9. Micheal Maurette, "Micrometeorites on the early earth," Andre' Brack, editor, *The Molecular Origins of Life-Assembling the pieces of the puzzle*, Cambridge, UK, 1998, pp. 147-186 참조.

10. 땅속 깊은 곳의 미생물, Nick Lane, *Power, Sex, Suicide: Mitochondria and the meaning of life*, New York, 2005, p. 22 참조.

11. 티탄, C. A. Griffith, et. al., "Evidence for a polar ethane cloud on Titan," *Science*, Vol. 313, 2006, pp. 1620-1622 참조.

12. 생명이 우주에서 왔는가? Fry(2000) p. 201 참조.

13. 화성의 생명체, Andre' Brack, editor, *The molecular Origins of Life-Assembling Pieces of the Puzzle*, New York, 1998: H. P. Klein, "On the search for extant life on Mars," *Icarus*, Vol. 120, 1996, pp. 431-436: K. H. Nealson, "The limits of life on earth and searching for life on Mars," *J. Geophys. Res.*, Vol. 102, 1997, pp. 23675-23686: Christopher P. McKay, et. al., "Search for past life on Mars: possible relic biogenic activity in Martian meteorite ALH84001," *Science*, Vol., 273, 1996, pp. 924-930: Christopher P. McKay, "Life on Mars," Andre' Brack, editor, *The Molecular Origins of Life-Assembling the pieces of the puzzle*, Cambridge,

UK, 1998, p. 386-406: Sean C. Soloman, et. al., "New Perspectives on Ancient Mars," *Science*, Vol. 307, 2005, pp. 1214-1219 참조.
화성의 생명체에 관한 최근의 새로운 증거, M. R. Fisk et. al., "Iron-magnesium silicate bioweathering on Earth(and Mars?)" *Astrobiology*, Vol. 6, no. 1, Feb. 2006, pp. 48-68 참조.
14. Fred Hoyle and Chandra Wickramasinghe, *Lifecloud*, New York, 1979 : Fred Hoyle and Chandra Wickramasinghe, *Disease from Space*, New York, 1979, 참조.
15. Tyson(2004) p. 251 참조.
16. J. William Schopff, "The What, When, and How of Life's Beginnings," J. William Schopf, editor, *Life's Origin-The Beginning of Biological Evolution*, Los Angeles, 2002, p. 6.
17. Fry(2000) p. 283.
18. Lane(2005) pp. 85-104 참조.
19. Miller(1992) p. 83. 니콜라스 블랙 엘크로 알려진 이 영적 권위자는 1876년에 리틀 빅혼 전투를 목격했다.

3장 진화

1. Webster(2005) p. 705. 버트런드 러셀은 20세기 영국의 철학자, 수학자, 수필가 그리고 사회비평가였다.
2. 인간은 많은 종들의 합성물이다. Fredrik Baeckhed, et. al., "Host-bacterial mutualism in the human intestine," *Science*, Vol. 307, 2005, pp. 1915-1920 참조.
3. 지구상 최초의 생명, Stephen Moorbath, "Dating earliest life," *Nature*, Vol. 434, 2005, p. 155 참조.
최초의 광합성, Nicolas Beukes, "Early options in photosynthesis," *Nature*, Vol. 431, 2004, pp. 522-523: Michael M. Tice and Donald R. Lowe, "Photosynthetic microbial mats in the 3,416 million year old ocean," *Nature*, Vol. 431, 2004, pp. 549-552 참조.
산소, 지구 대기에서 산소 형성, Knoll(2003) pp. 157-160, 218-219, 222-224: J. William Schoff, "Tracing the roots of the universal tree of life,"

Andre' Brack, editor, *The Molecular Origins of Life-Assembling the pieces of the puzzle*, Cambridge, UK, 1998 참조.

350만 년 전에 메탄이 생명을 생산, Don E. Canfield, "Gas with an ancient history," *Nature*, Vol. 440, 2006, pp. 426-427: Yuichiro Ueno, et. al., "Evidence from fluid inclusions for microbial methanogenesis in early achaean era," *Nature*, Vol. 440, 2006, pp. 516-519 참조.

350만 년 전 생명에 대한 추가적인 증거, Abigail C. Allwood, et. al., "Stromatolite reef from the early archaean era of Australia," *Nature*, Vol. 441, 2006, pp. 714-718 참조.

4. 공진화, Freeman Dyson, "The Darwinian interlude-Biotechnology will do away with species. Good: cultural evolution is better than natural selection," *Technology Reviews*, March 2005 참조.

분자의 복제에서 자연적 선택이 시작되었다는 다소 반대의 의견, De Christian Duve, "The onset of selection," *Nature*, Vol. 433, 2005 참조.

5. 다세포 유기체의 형성, Howard Bloom, *Global Brain-The evolution of mass mind from the Big Bang to the 21st century*, New York, 2000, pp. 27-28: Lynn Margulis and Dorion Sagan, *Microcosmos: Four billion years of microbial evolution*, New York, 1986 참조.

현대의 아메바 군집, Paul Brand and Phillip Yancey, *Fearfully and Wonderfully Made-A surgeon looks at the human and spiritual body*, Grand Rapids, MI, 1980, p. 25 참조.

6. 대합조개, Bloom(2000) pp. 26-27, 29-30 참조.

7. 지구상에서 새로운 유기체 급증, 진화에서 눈의 영향력에 관한 논의, Andrew Parker, *In the Blink of an Eye*, Cambridge, MA, 2003 참조: Kerr는 약 5억 8,000만 년 전에 상당한 수준의 산소가 대양에 퍼졌다고 보고하고 산소가 눈의 진화에 중요한 역할을 했을 것으로 추측한다. Richard A. Kerr, "A Shot of Oxygen to Unleash the Evolution of Animals," *Science*, Vol. 314, 2006, p. 1529

8. 잃어버린 고리-물고기로부터 육지 동물, Erik Ahlberg and Jenneifer A. Clack, "A firm step from water to land," *Nature*, Vol. 440, 2006, pp. 747-749: Edward B. Daeschler, et. al., "Adevonian tetrapod-like fish and the

evolution of the tetrapod body plan," *Nature*, Vol. 440, 2006, pp. 757-763; Neil H. Shubin, et. al., "The pectoral fin of Tiktaalik roseae and the origin of the tetrapod limb," *Nature*, Vol. 440, 2006, pp. 764-771 참조.

9. 2억 5100만 년 전의 멸종, M. J. Benton, et. al., "Ecosystems remodeling among vertebrates at the Permian-triassic boundry in Russia," *Nature*, Vol. 432, 2004, pp. 97-100; Nick Lane, "Reading the book of death," *Nature*, Vol. 448, July 12, 2007 참조.

10. 공룡, 버제스 혈암에서 발견된 화석에 관한 사항, D. E. G. Briggs, et. al., *The Fossils of the Burgess Shale*, Washington, DC, 1994 참조.

11. 유인원으로부터 인간으로, 유인원은 2000만 년 전에 출현했을 것으로 보이지만, 우리는 인간을 초래한 유인원에 대한 좀더 최근 진화를 논하고 있다.

12. 인간의 언어 및 사용, Bloom(2000) pp. 62-63 참조.
    인간의 언어 사용 시기를 약 4만 년 전으로 추정, John E. Dowling, *The Great Brain Debate-Nature or nurture?* Washington, DC, 2004, pp. 58-62 참조.
    인간의 진화에 관한 개요, Steven Mithen, *The Prehistory of the Mind-The cognitive origins of art, religion, and science*, New York, 1996, pp. 17-32 참조. 표 3에 관한 일부 데이터는 이 자료에서 추출했다.
    초기 인간의 사건 시기에 관한 논쟁, Kate Wong, "The morning of the modern mind," *Scientific American*, June 2005, pp. 86-95 참조.

13. 박테리아 진화의 사례: 독소인 Bacillus thuringensis(BT)는 살충 단백질을 가진 박테리아이다. 그것의 다양성과 진화에 관한 논의, Jerry S. Feitelson, Jewel Payne and Leo Kim, "Bacillus thuringensis: insects and beyond," *Biotechnology*, Vol. 10, 1992, pp. 271-275; Jerry S. Feitelson, "The Bacillus thuringensis family tree," Leo Kim, editor, *Advanced Engineered Pesticides*, New York, 1993, pp. 63-71 참조. 여기서 "공진화"라는 용어가 사용되었지만 과학자들은 이 용어의 엄격한 정의를 유지하고 있다. 저자는 진화하고 그리고 생존을 위해 독소로 돌연변이를 이용하는 박테리아 종의 개념을 전달하고자 한다.

14. 진화의 메커니즘: DNA 혼합과 재배열, 돌연변이, 돌연변이에 관한 일반적 논의, Benjamin Lewin, *Genes VI*, New York, 1997, pp. 699-702 참조.

15. 방사능에 저항하는 미생물 D. radiodurans, 별칭은 "Conan the bacterium." Robert I. Krasner, *The Microbial Challenge-Human-microbe interactions*, Washington, DC, 2002, p. 41 참조.
16. 입과 내장 속의 정체불명의 생명체들, Elizabeth Pennisi, "A mouthful of microbes," *Science*, Vol. 307, 2005, pp. 1899-1901: Baeckhed (2005) 참조.
17. 문어의 위장, R. T. Hanlon, et. al., *Biol. J. Linn.* Soc., Vol. 66, 1999, p. 1 참조.
18. 디지털 유기체들, Carl Zimmer, *Discover*, February, 2005, pp. 29-35: www.dllab.caltech.edu/avida 참조.
19. Rob Kaplan, editor, *Science Says*, New York, 2001, p. 3.

4장 과학과 실재

1. Richard Conn Henry, "The mental Universe," *Nature*, Vol. 436, 2005.
2. 아인슈타인의 큰 실수, Kaku(2005) p. 51 참조.
3. 우주의 한 부분으로서의 암흑에너지, Steve Nadis, "Will dark energy steal the stars?" *Origin and Fate of the Universe*, *Astronomy*, special edition, 2004, pp. 100-105: Mario Livio, "Moving right along-The accelerating universe holds clues to dark energy, the Big Bang, and the ultimate beauty of nature," *Origin and Fate of the Universe*, *Astronomy*, special cosmology issue, 2004. pp. 94-99 참조.
4. 우주에서 만들어진 입자들, Robert B. Laughlin, *A Different Universe-Reinventing physics from the bottom down*, New York, 2005, pp. 102-3: Jim Al-Khalili, *Quantum*, London UK, 2003, pp. 170-5 참조.
5. Laughlin(2005) p. 17.
   유리 조각 같은 공간과 아인슈타인의 에테르 부정, Laughlin(2005) p. 121 참조.
   빈 공간과 저온의 유사성, Laughlin(2005) p. 105 참조.
6. Frank Wilczek, *Fantastic Realities-49 Mind Journeys and a Trip to Stockholm*, New Jersey, 2006, p. 24.
7. Rees가 말하는 생명의 요인들, Kaku(2005) pp. 249-253 참조.
8. 끈 이론, Geoff Brumfiel, "In search of hidden dimensions," *Nature*, Vol. 433, 2005, p. 10: Edward Witten, "Universe on a string," *Origin and Fate of*

the Universe, *Astronomy*, special edition, 2004, pp. 42-47: Sovert Schilling, "String revival," *Scientific American*, February 2005, p. 25 참조.

9. 진공 상태 그리고 가능한 진공 상태의 수, Alan H. Guth and David I. Kaiser, "Inflationary cosmology: exploring the universe from the smallest to the largest scales," *Science*, Vol. 307, 2005, pp. 884-890 그리고 그 속에 있는 참고문헌 참조.

10. 왜 플랑크의 거리가 10^{-35}미터인가? Lee Smolin, *Three Roads to Quantum Gravity*, New York, 2001, pp. 169-170 참조.

11. Kaku(2005) pp.146-180 참조.

12. Jeffrey Satinover, *The Quantum Brain-The search for freedom and the next generation of man*, New York, 2001, p. 214.

13. Kaplan(2001) p. 222.

14. Richard P. Feynman, et. al., *The Feynman Lectures on Physics-Mainly mechanical, radiation, and heat*, Vol. 1, Menlo Park, CA, 1963, pp. 37-41: Kaplan(2001) p. 131 참조.
양자 용어에 대한 의문을 줄이기 위해 유명 물리학자들이 사용한 그 밖의 예들, Stephen Webb, *Out of this World-Colliding universe, branes, strings, and other wild ideas of modern physics*, New York, 2004, pp. 3-4 참조.

15. 입자인가 파동인가? Feynman(1963) Vol. I, section 37 and Vol. III, sections I and II: Anton Zeilinger, editors John D. Barrow, et. al., "Why the quantum?", *Science and Ultimate Reality-quantum theory, cosmology, and complexity*, Cambridge, UK, 2004, pp. 202-9 참조.

16. Roger Lewin, *Making Waves: Irving Dardik and his superwave principle*, USA, 2005, Rodale, p. 3.

17. 비국지성, Brian Greene, *The Fabric of the Cosmos*, New York, 2004, pp.80-84, 114-115, 120-123: Gary F. Moring, *The Complete Idiot's Guide to the Theories of the Universe*, Indianapolis, IN, 2002, pp. 269-271 참조.
얽힘, Phillip Ball, "Setting our watches by entanglement", *Nature*, Vol. 431, 2004, p. 756 참조.

18. 이 허구의 예에서 그 슬롯머신이 다른 슬롯머신들에게 노출되어서는 안 되는 이유는 다른 슬롯머신들과의 얽힘이 그 효과를 망칠 것이기 때문이다.

따라서 광자와 그 밖의 유픽셀들의 실험에서 그 유픽셀들이 다른 유픽셀들에게 드러나지 않도록 상당히 주의해야 한다.

19. Norman Friedman, *Bridging Scienc and Spirit: Common elements in David Bohm's physics, the perennial philosophy and Seth*, St. Louis, MO, 1990, pp. 89-90.
20. Tenzin Gyatso(His Holiness the Dalai Lama), *The Universe in a Single Atom-the convergence of science and spirituality*, New York, 2005, pp. 46-47.
21. Paul Halpern and Paul Wesson, *Brave New Universe: Illuminating the Darkest Secrets of the Cosmos*, Washington, DC, 2006, p. 215.
22. Seth Lloyd and Y. Jack Ng, "Black Hole Computer," *Scientific American*, Vol. 291, 2004: Seth Lloyd, *Programming the Universe-A quantum computer scientist takes on the cosmos*, New York, 2006: Steven Wolfram, *A New Kind of Science*, Champaign, IL, 2002 참조.
23. 플라톤의 동굴의 우화와 가상의 물리학자, Webb(2004) pp. 4-7 참조.
24. 실재의 영역. 그 밖의 차원들과 우주들이 10^{-35}미터보다 더 클 수 있다는 견해와 가설들이 있으며, 이에 대한 논의, Webb(2004) pp. 245-277 참조. 플랑크의 시간에 관한 논의, Greene(2004) pp. 350-351, 333-334, 473-474 참조.
25. Kaplan(2001) p. 20.
26. 1948년 8월 12일 M. Fierz에게 보낸 편지에서 인용, Jeffrey M. Schwartz and Sharon Begley, *The Mind and the Brain-Neuroplasticity and the power of mental force*, New York, 2002, Regan Books, 시작 페이지 참조. 파울리는 20세기 물리학자로 원자구조와 양자 이론에 대한 이해를 포함해 몇몇 중요한 기여를 했다.

5장 잘못된 지각

1. http://whatthebleep.com/quotes 참조. John Burdon Sanderson Haldane은 20세기 영국의 유전학자, 진화생물학자였다.
2. 틸러에 의한 거꾸로 실험, William A. Tiller, *Science and Human Transformation-Subtle energies, intentionality and consciousness*, Walnut Creek, CA, 1997, pp. 149-150 참조.

3. 우리는 허위 이미지들을 보도록 진화되었다. Michael Talbot, *The Holographic Universe*, New York, 1991, pp. 162-164: Francis Crick, *The Astonishing Hypothesis-The scientific search for the soul*, New York, 1994, pp. 26-57: Bloom(2000) pp. 66-67 참조.
4. Larry Witham, *The Measure of God: Our century-long struggle to reconcile science and Religion*, New York, 2005, p. 123.
5. 허위의 색: Edwin H. Land, "Experiments in Color Vision," *Scientific American*, May 1959, no. 5: Edwin H. Land, "The Retinex Theory of Color Vision," *Scientific American*, December 1977, pp. 108-128: Oliver Sacks *The Island of the Colorblind and Cycad Island*, New York, 1997 참조: 또한 Google에서 color vision을 검색하고, www.glenbrook.k12.il.us/gbssci/phys/Class/light/u1212b.html을 보거나 The Island of the Colorblind에 관해 Sacks(1997) 참조.
『화성의 인류 학자 *an Anthropologist on Mars*』에 관해서는 Sacks(1995),「색맹 화가의 경우」에 관한 장 참조. Sack 인용, Sacks(1995) p. 41.
색에 관한 좀더 기술적인 논의에 관해서는 Feynman(1963) Vol. 1 참조.
6. Robert Ornstein, *Multimind*, Boston, 1986, p. 40 참조.
7. Wilczek(2006) pp. 72-80.
8. 시간에 대한 지각, Harald Fritzsch, Translated by Karin Heusch, *The Curvature of Spacetime-Newton, Einstein, and Gravitation*, New York, 1996: Rees(1997) pp. 116-118: J. Richard Gott, *Time Travel in Einstein's Universe*, New York, 2001 참조.
9. 가장 오래된 화석들, Kanipe(2006) p. 52 참조.
10. 아인슈타인 인용과 시간에 관한 논의, Greene(2004) p. 139 참조.
11. 이상한 평행우주, Charles Seife, "Physics enters the twilight zone," *Science*, Vol. 305, 2004, pp. 464-466 참조.
12. Kaku(2005) p. 170 참조.
13. Laughlin(2005) pp. 209-211.
14. 시간. Greene과 마찬가지로 물리학자 Julian Barbour는 시간이나 운동과 같은 것은 존재하지 않으며, 실재에 대한 우리의 지각은 그런 패러다임과는 완전히 다르다고 주장한다. Julian Barbour, *The End of Time: The Next*

Revolution in Physics, New York, 1999 참조.
15. 5차원 공간, Halpern and Wesson(2006) p. 211 참조.
16. 시간과 얽힘, Brian Clegg, *The God Effect: Quantum entanglement, science's strangest phenomenon*, New York, 2006, p. 127 참조.
17. Vlatko Vedral, "Entanglement hits the big time," *Nature*, Vol. 425, 2003, pp. 28-29.
18. Clegg(2006) p. 240 참조.
19. Clegg(2006) p. 226.
20. Kaplan(2001) p. 8.

6장 몸과 뇌

1. Ornstein, Robert, *The Roots of the Self-Unraveling-The mystery of who we are*, New York, 1993, pp. 187-188.
2. DNA 추출을 위한 많은 과정들이 있다. Google에서 DNA isolation을 검색하고, http://gslc.genetics.utah.edu/units/activities/extraction/ 참조.
3. 태아의 발달, Armand Marie Leroi, *Mutants-On the form, varieties & errors of the human body*, London, 2003 참조.
  7, 13, 14일째 되는 날, Leroi(2003) pp. 35-36 참조.
  34주 후의 뇌의 굴곡, Ornstein, Robert, *The Right Mind*, New York, 1997, p. 149 참조.
  6개월 후의 신경 발달, Elizabeth Noble with Leo Sorger, *Having Twins-and More-A parent's guide to multiple pregnancy, birth and early childhood*, New York, 2003, p. 101 참조.
  4개월 안에 뉴런이 생산되고 출생 후 60일이 지나면 뇌가 형성된다, Dowling(2004) pp. 7-14 참조.
4. 인간의 유전코드-인간 게놈의 초기 도면이 만들어지고, 인간 게놈의 고도로 정확한 서열이 만들어진다. International human genome sequencing consortium, "Finishing the euchromatic sequence of the human genome," *Nature*, Vol. 431, 2004, pp. 931-945 참조. 이 논문에서 필자들은 인간이 2만~2만 5천 개 사이의 단백질 부호화 정보를 갖고 있는 것으로 어림했다.

5. 네트워크와 생물학적 네트워크: 네트워크들과 네트워크 이론에 대한 일반적 참고, Mark Buchcanan, *Nexus: Small Worlds and the Groundbreaking Science of Networks*, New York, 2002: Duncan J. Watts, *Six Degrees: The science of a connected age*, New York, 2003: Barbara R. Jasny and L. Brian Ray, "Life and the Art of Networks," *Science*, Vol. 301, 2003, p. 1863 참조. 생물학적 네트워크에 대한 참고, Dennis Bray, "Molecular Networks: the top-down view," *Science*, Vol. 301, 2003, p. 1864: U. Alon, "Biological Networks: the tinkerer as an engineer," *Science*, Vol. 301, 2003, p. 1866 참조.

유전자와 네트워크들이 다양한 유기체들의 행동에 미치는 영향에 관한 논의, Pennisi(2005): Laura Spiney, "Anarchy in the hive," *New Scientist*, January 15, 2005, pp. 42-45 참조.

6. Pert, Candice, *Molecules of Emotion*, New York, 1999: Pert, Candice, "Why do we feel the way we feel?" *The Seer*, December 3, 2002 참조.
7. Robert O. Becker and Gary Selden, *The Body Electric-Electromagnetism and the foundation of life*, New York, 1985: Robert O. Becker, *Cross Currents-The promise of electromedicine, the perils of electropollution*, New York, 1990: 인용 Becker(1985) p. 21.
8. 뇌 네트워크들-일련의 화학적 반응들이 어떻게 기억을 생산하는가, R. Douglas Fields, "Making Memories Stick," *Scientific American*, Vol. 292, February 2005, pp. 74-81 참조.
9. Dean Hamer, *The God Gene-How faith is hardwired into our genes*, New York, 2004, pp. 96-97.
10. 아인슈타인에게 없는 뇌 주름 하나, Ackermann, Diane, *An Alchemy of Mind-The marvel and mystery of the brain*, New York, 2004, pp. 63-65 참조.
11. High-gain people과 Low-gain people에 대한 Ornstein 참고, Ornstein (1993) pp. 51-59 참조.
12. 아기는 성인의 뇌와 시각체계의 25%만 갖고 태어난다. Ornstein(1993) pp. 10-12.
13. 연령에 따른 뇌 발달, Dowling(2004) pp. 7-14 참조.
14. 갓난아기, 음악 그리고 Zatorre 인용, Robert Zatorre, "Music, The food of

neurosciences," *Nature*, Vol. 434, 2005, pp. 312-315 참조.
15. 연령에 따른 주요 행동, 초기의 경험과 시냅스 연결의 미세한 조정, Eric R. Kandel et. al., *Principles of Neural Science*, Third Edition, Norwalk, Connecticut, 1991, pp. 945-958 참조.
어린이의 뇌/마음의 발달에 관한 최근의 훌륭한 리뷰, Mithen(1996) pp. 33-60 참조.
16. 표 5, 어린이와 침팬지의 어휘에서 단어 수에 관한 설명, Dowling(2004) p. 59 참조. 여섯 살 이후의 악센트, p. 63, 869 참조. 소리와 음운, p. 64 참조.
17. 맛 혐오, Ornstein, Robert, *Evolution of Consciousness-The origins of the way we think*, New York, 1991 pp. 69-70 참조.
18. Becker(1990) p. 116. 쉔트-죄르지는 헝가리의 의약화학자이며 1937년에 비타민 C에 관한 연구로 노벨 의학상을 수상했다.

7장 마음-물질의 문제 그리고 의식
1. www.whatthebleep.com/quotes 참조. 마하리쉬 마헤시 요기는 초월명상법의 창시자였다.
2. 마음-물질 이론, Schwartz and Begley(2002) pp. 38-53 참조.
3. Schwartz and Begley(2002) p. 45.
4. 의식, John R. Searle, *Mind-A brief introduction*, New York, 2004 참조.
5. 라이프니츠의 단자론에 관한 논의와 해석, Nicholas Rescher, *G. W. Leibniz's Monadology-An Edition for Students*, Pittsburg, PA, 1991: Anthony Savile, *Leibniz and the Monadology*, New York, 2000 참조.
6. Matthew Stewart, *The Courtier and the Heretic: Leibniz, Spinoza, and the fate of God in the modern world*, New York, 2006, p. 79 참조. 스튜어트는 또한 저서에서 복잡한 성격과 라이프니츠의 동기들을 설명한다.
7. Schwartz and Begley(2002) pp. 54-95 참조.
8. Richard Restak, *The New Brain-How the modern age is rewiring your mind*, USA, 2004, p.7.
9. Schwartz and Begley(2002) p. 363 참조.
10. 뇌 가소성, 장님의 시각, 운동 조절력을 되찾은 뇌졸중 환자, 통증 조절을 포함한 수많은 사례들, Norman Doidge, *The Brain That Changes Itself: Stories*

of personal triumph from the frontiers of brain science, New York, 2007 참조.
11. 영리한 배선, Satinover(2001) pp. 170, 230-7 참조.
12. 미생물(보통 효모균)의 세포분열을 위한 '미세관'들, Kozo Tanaka, et. al., "Molecular mechanisms of kinetochore capture by spindle microtubules," *Nature*, Vol. 434, 2005, pp. 987-994 참조.

 살아 있는 생물의 미세관, Satinover(2001) pp. 156, 162-163, 165-172 참조.

 생명체의 미세관과 관련 있는 분자에 관한 일반적 정보, Bray, Dennis, *Cell Movements-From molecules to motility*, New York, 2001 참조.

 미세관에 관한 세부사항들, Bray(2001) pp. 171-189 참조.
13. 양자적 마음: 인지과학 저술가이자 교수인 Douglas Hofstadter(Douglas Hofstadter, *I Am A Strange Loop*, Cambridge MA, 2007 참조)는 의식과 "나"의 개념을 컴퓨터와 같은 과정들에 의해 뇌에서 만들어진 수많은 낯선 고리들로 설명한다(몇몇 것들은 알려지지 않았고 그것들은 인간의 이해 너머에 있을 가능성이 많다). Hofstadter는 "나"의 의미나 의식은 낯선 고리로 연결된 '대단히 효과적인 환영'이며, 이 낯선 고리들의 근원은 지각이라고 강력히 주장한다.(pp. 291-292) 이 모든 것이 내가 소개했던 가설과 같다. (Hofstadter의 은유에 따르면) 지각은 이런 낯선 고리들(나는 그것들을 화학적 그리고 전기화학적 과정들이 관여되는 복잡하게 뒤엉킨 네트워크의 망으로 묘사했다.)을 만드는 자료나 유픽셀을 받아들이는 것이다. 나는 이 모든 것이, 뇌가 의식과 "나"의 의미를 만들어내는 "환영" 때문이었다는 Hofstadter의 의견에 동의한다.
14. Larry Dossey, *Recovering the Soul-A Scientific and spiritual search*, New York, 1989, Bantan Books, pp. 153-154.
15. Schwartz and Begley(2002) p. 283.
16. Halpern and Wesson(2006) p. 217.
17. Rita Carter, *Exploring Consciousness*, Berkeley, CA, 2002, p. 277. 제임스 홉우드 진스 경은 수학자, 물리학자, 천체물리학자이다.

8장 치유하는 마음
 1. Ernest Rossi, *The Psychobiology of Mind-Body Healing-New Concepts of*

Therapeutic Hypnosis, New York, 1986, p.xiv.
2. 에릭슨의 환자 치료, Milton H. Erickson, *The Collected Papers of Milton H. Erickson on Hypnosis, The nature of hypnosis and suggestion*, Vol. 2, New York, 1980, pp. 182-183 참조.
3. Becker(1985) p. 239.
4. *Skeptics Dictionary*에서 인용 그리고 Google 검색을 통해 Margaret Talbot 인용 http://skepdic.com/placebo.html 참조.
5. Daniel I. Tauber, "The Quest for Holism in Medicine," *The Role of Complementary & Alternative Medicine*, Daniel Callahan, editor, Washington, DC, 2002, pp. 172-189.
6. 1948년 이후 백만 번의 임상실험, Filmore, David, "Cataloging clinical trials," *Modern Drug Discovery*, October 2004, pp. 39-41 참조.
7. 노시보 효과, Noble(2003) pp. 129-133, 393: Arthur J. Barsky, et. al., "Nonspecific medication side effects and the nocebo phenomenon," Journal of the American Medical Association, Vol. 287, No. 5, February 6, 2002: Hamer(2004) pp. 155-157: Talbot(1991) pp. 90-92 참조.
8. 마취 상태에서의 기억, Deepak Chopra, *Quantum Healing-Exploring the frontiers of mind/body medicine*, New York, 1989, p. 163: Dubovsky(1997), p. 259 참조.
9. Chopra(1989) pp. 180-181.
10. Carter(2002) pp. 278-279.
11. Andrew Newberg, Eugene D'Aquili and Vince Rause, *Why God Won't Go Away-Brain science and the biology of belief*, New York, 2001, p. 9.: 기도와 명상 중의 뇌 측정, Newberg(2001) pp. 4-7 참조.
12. 전전두엽의 두께, Sara W. Lazar, et. al., "Meditation experiences is associated with increased cortical thickness," *NeuroReport*, Nov. 28, 2005, pp. 1893-1897 참조.
13. Chester L. Tolson and Harold G. Koenig, *The Healing Power of Prayer*, Grand Rapids, MI, 2003, p. 13.
14. 기도에 대한 통제된 실험실 연구에 관한 데이터, Larry Dossey, *Prayer is Good Medicine-How to reap the healing benefits of prayer*, New York, 1996, p.

49, 219 참조.
15. 집단 명상, Dossey(1996) p. 144 참조.
16. 집단 기도 그리고 Dr. Gardner, Dean I. Radin, *The Conscious Universe-The scientific truth of psychic phenomena*, New York, 1997, pp. 30-31 참조.
17. 집단 기도에 대한 결과에 관한 논의, Radin(1997) pp. 150-151 참조.
18. Bernie S. Siegel, *Love, Medicine & Miracles-Lessons learned about self-healing from a surgeon's experience with exceptional patients*, New York, 1986: Bernie S. Siegel, *Peace, Love & Healing*, New York, 1989, p. 3 참조.
19. 사랑 그리고 심장병, Dean Ornish, *Love and Survival-8 Pathways to intimacy and Health*, New York, 1998 참조.
20. Eugene W. Straus and Alex Straus, *Medical Marvels: The 100 Greatest Advances in Medicine*, New York, 2006, p. 22.
21. Miller(1992) p. 47.
22. Siegel(1989) p. 227.

9장 영성, 종교 그리고 과학

1. Stefan Einhorn, *A Concealed God, religion, science, and the search for truth*, Philadelphia, 2002. 니사의 그레고리우스는 4세기 주교이면서 성인으로 삼위일체의 교리를 발달시켰고, 신은 무한하므로 이해될 수 없다고 가르쳤다.
2. Joseph Campbell, *Transformations of Myth Through Time*, New York, 1990, p. 1.
3. Kaplan(2001) p. 181.
4. Matthew Fox and Rupert Sheldrake, *Natural Grace-Dialogues on creation, darkness, and the soul in spirituality and science*, New York, 1996, pp. 85-86.
5. Gary E. R. Schwartz and Linda Russek, *The Living Energy Universe-A fundamental discovery that transforms science and medicine*, Charlottesvill, VA, 1999, p. xi-xii.
6. Valerie V. Hunt, *Infinite Mind-Science of the human vibrations of consciousness*, Malibu, CA, 1996 참조.
7. 뼈 치유, Becker(1985) pp. 119, 121-125, 138-139, 149, 157, 163, 170-172, 175-176, 179, 296 참조.

8. 전기장을 이용한 상처 치료, Min Zhao, et. al., "Electrical signals control wound healing through phosphatidylinositol-3-OH kinase gamma and PTEN" *Nature*, Vol. 442, 2006, pp. 457-460 참조.
9. 에너지 방출에 관한 틸러의 자료, Tiller(1997) pp. 134-138 참조.
10. 인간의 행동에 영향을 미치는 외부 에너지, Doidge(2007) pp. 196-197 참조.
11. Dossey(1989) p. 121.
12. Henry(2005). p. 29
13. Targ and Katra(1998) pp. 18-19.
14. Witham(2005) pp. 133-134.
15. Witham(2005) p. 141.
16. Kaplan(2001) pp. 226-227.
17. Kaplan(2001) p. 222. 블레이크는 20세기 물리학자이자 수학자로 양자 이론에 관한 연구로 유명하다.

10장 내세

1. Webster(2001) p. 811. 스피노자는 17세기 철학자로 신은 초월적인 우주의 창조주가 아니라 무한한 자연으로 묘사했다. 즉 우주를 단일한 전체로 보았다.
2. 서양에서의 내세 확신에 관한 논문, Alan F. Segal, *Life After Death-A history of the afterlife in the religions of the West*, New York, 2004 참조.
3. Brinkley의 최초의 죽음, Dannion Brinkley, *Saved by the Light, The true story of a man who died twice and the profound revelations he received*, New York, 1994, pp. 4-53 참조.
4. 사후 체험에 대한 갤럽의 여론 조사, George Gallup, Jr., with William Proctor, *Adventures in Immortality*, New York, 1982, p. 3, 6 참조.
5. Brinkley(1994) p. 127.
6. 세 번의 죽음 체험, P. M. H. Atwater, *Beyond the Light-What isn't being said about near-death experience*, Secaucus, NJ, 1994, pp. 132, 140, 142, 160-161, 174, 181-185, 194-197 참조.
7. 소급적 임사체험 연구, Pim van Lommel, et. al., "Near-death experiences

in survivors of cardiac arrest: a prospective study in the Netherlands," *The Lancet*, December 15, 2001, pp. 2039-2045 참조.
8. 네덜란드에서 행해진 임사체험에 관한 예측 임상실험, van Lommel(2001) 참조.
9. 임사체험 중에 무슨 일이 일어나는 것일까? 임사체험에 관한 일반적인 논의, 2002년 BBC가 제작한 비디오 "The Day I Died" 참조.
10. Susan Blackmore, "Near-death expiences: in or out of the body?" *Skeptical Inquirer*, Vol. 16, 1991, pp. 34-45 참조.
11. Peter Fenwick, Fenwick(1995) 참조, 그리고 '임사체험: 30년 연구-의료전문직과 다른 흥미로운 현상과 관련하여', 2006년 10월 25일-28일, 휴스턴의 텍사스 대학 앤더슨 암 센터.
12. Micheal Sabom, "The shadow of death," *Christian Research Journal*, Vol. 26, no. 2, 2003.
13. Micheal Sabom, *Light and Death: One Doctors Account of Near-death Experiences*, Grand Rapids, MI, 1998. 또한 사건의 시기에 대해서는 임사체험회의에서 제시되고 논의되었다(주 11 참조).
14. Vicky Noratuk, 2002년 BBC가 제작한 비디오 "The Day I Died" 그리고 www.coasttocoastam.com/shows/2004/09/19.html 참조.
15. Stuart Hameroff, et. al., *Towards a Science of Consciousness III: the third Tucson discussions and debates*, New York, 1999 참조. 비디오 "The Day I Died" 참조.
16. Seigel(1989) p. 254.
17. Rupert Sheldrake, *The Sense of Being Stared At-and other aspects of the extended mind*, New York, 2003, pp. 68-82 참조.
18. Schwartz(2002). 언급된 영매의 정확성에 대해서는 pp. 226-36 참조.
19. Sogyal Rinpoche, *The Tibetan Book of the Living and Dying*, New York, 1993.
20. Charles T. Tart, *What Survives? Contemporty exploration of life after death*, edited by Gary Doore, Los Angeles, 1990.
21. Colin Wilson, *What Survives? Contemporary explorations of life after death*, edited by Gary Doore, Los Angeles, 1990 참조.

22. 환생과 내세에 대한 반대 의견, Paul Edwards, *Reincarnation-A critical examination*, New York, 1996 참조.
23. Atwater(1994) p. 196.
24. Sheldrake(2003) pp. 81, 285.
25. 상어는 전기장과 장의 파장을 인지한다. R. Douglas Fields, "The shark's electric sense," *Scientific American*, Vol. 297, August, 2007, pp. 75-80 참조.
26. 아인슈타인의 유령원격작용, Moring(2002) p. 270 참조.
27. Einhorn(2002) p. 165.
28. Gary Doore, edited by, *What Survives? Contemporary explorations of life after death*, Los Angeles, 1990.
29. http://whatthebleep.com/quotes/ 참조.
30. Siegel(1989) p. 254.

11장 불화의 치유

1. Siegel(1986) p. 205. 에밋 폭스(1886-1951)는 뉴욕 시의 Church of the Healing의 목사였다.

참고문헌

Ackermann, Diane, *An Alchemy of Mind-The marvel and mystery of the brain*, New York, 2004, Scribner.

Ahlberg, Erik, and Clack, Jenneifer A., "A firm step from water to land," *Nature*, Vol. 440, 2006, pp. 747-9.

Al-Khalili, Jim, *Quantum*, London UK, 2003, Weidenfeld & Nicolson.

Alon, U., "Biological Networks: the tinkerer as an engineer," *Science*, Vol. 301, 2003, p. 1866.

Allwood, Abigail C., Walter, Malcolm R., Kamber, Balz S., Marshall, Craig P., and Burch, Ian W., "Stromatolite reef from the early archaean era of Australia," *Nature*, Vol. 441, 2006, pp. 714-18.

Atwater, P. M. H., *Beyond the Light-What isn't being said about near-death experience*, Secaucus, NJ, 1994, Birch Lane Press Book, Carol Publishing Group.

Baeckhed, Fredrik, Ley, Ruth E., Sonnenburg, Justin L., Peterson, Daniel A., and Gordon, Jeffrey I., "Host-bacterial mutualism in the human intestine," *Science*, Vol. 307, 2005, pp.1915-20.

Ball, Phillip, "Setting our watches by entanglement", *Nature*, Vol. 431, 2004, p. 756.

Barbour, Julian, *The End of Time: The Next Revolution in Physics*, New York, 1999, Oxford University Press.

Barsky, Arthur J., et al. "Nonspecific medication side effects and the nocebo phenomenon," Journal of the American Medical Association, Vol. 287, No. 5, February 6, 2002.

Bartusiak, Marcia, "Going the distance," *Origin and Fate of the Universe*, Astronomy, special edition, 2004, pp. 64-71.

Becker, Robert O., and Selden, Gary, *The Body Electric-Electromagnetism and the foundation of life*, New York, 1985, Quill, William Morrow.

Becker, Robert O., *Cross Currents-The promise of electromedicine, the perils of electropollution*, New York, 1990, Jeremy P. Tarcher, Putnam, a member of Penguin Putnam Inc.

Benton, M. J, Tverdokhlebov, V. P., Surkov, M. V., "Ecosystems remodeling among vertebrates at the Permian-triassic boundry in Russia," *Nature*, Vol. 432, 2004, pp. 97-100.

Beukes, Nicolas, "Early options in photosynthesis," *Nature*, Vol. 431, 2004, pp. 522-3.

Blackmore, Susan, "Near-death expiences: in or out of the body?" *Skeptical Inquirer*, Vol. 16, 1991, pp. 34-45.

Bloom, Howard, *Global Brain-The evolution of mass mind from the Big Bang to the 21st century*, New York, 2000, John Wiley & Sons, Inc.

Brack, Andre´, editor, *The molecular Origins of Life-Assembling Pieces of the Puzzle*, New York, 1998, Cambridge University Press.

Brand, Paul, and Yancey, Phillip, *Fearfully and Wonderfully Made-A surgeon looks at the human and spiritual body*, Grand Rapids, MI, 1980, Zondervan Publishing House.

Bray, Dennis, "Molecular Networks: the top-down view," *Science*, Vol. 301, 2003, p. 1864.

Bray, Dennis, *Cell Movements-From molecules to motility*, New York, 2001, Garland Publishing.

Briggs, D. E. G., Erwin, D. H., and Collier, F. J., *The Fossils of the Burgess Shale*, Washington, DC, 1994, Smithsonian Institute Press.

Brinkley, Dannion, *Saved by the Light, The true story of a man who died twice and the profound revelations he received*, New York, 1994, Villard Books.

Buchcanan, Mark, *Nexus: Small Worlds and the Groundbreaking Science of Networks*, New York, 2002, W. W. Norton and Company.

Brumfiel, Geoff, "In search of hidden dimensions," *Nature*, Vol. 433, 2005, p. 10.

Campbell, Joseph, *Transformations of Myth Through Time*, New York, 1990,

Harper & Row, Publishers.

Canfield, Don E., "Gas with an ancient history," *Nature*, Vol. 440, 2006, pp. 426-7

Carter, Rita, *Exploring Consciousness*, Berkeley, CA, 2002, University of California Press.

Chopra, Deepak, *Quantum Healing-Exploring the frontiers of mind/body medicine*, New York, 1989, Bantum Books.

Clegg, Brian, *The God Effect: Quantum entanglement, science's strangest phenomenon*, New York, 2006, St. Martin's Press.

Crick, Francis, *Life Itself*, New York, 1981, Simon and Schuster.

Crick, Francis, *The Astonishing Hypothesis, -The scientific search for the soul*, New York, 1994, a Touchstone Book.

Cronin, John R., "Clues from the origin of the solar system: meteorites," Andre' Brack, editor, *The Molecular Origins of Life-Assembling the pieces of the puzzle*, Cambridge, UK, 1998, Cambridge University Press, pp. 119-146.

Daeschler, Edward B., Shubin, Neil H., and Jenkins, Farish A. Jr., "Adevonian tetrapod-like fish and the evolution of the tetrapod body plan," *Nature*, Vol. 440, 2006, pp. 757-63.

De Duve, Christian, "The onset of selection," *Nature*, Vol. 433, 2005, pp. 581-2.

Deutsch, David, *The Fabric of Reality-The science of parallel universes-and its implications*, New York, Allan Lane, 1997, Addison-Wesley.

Dobson, Christopher M., "Chemical space and biology," *Science*, Vol. 432, 2004, pp. 824-8.

Doidge, Norman, *The Brain That Changes Itself: Stories of personal triumph from the frontiers of brain science*, New York, 2007, Viking.

Doore, Gary, edited by, *What Survives? Contemporary explorations of life after death*, Los Angeles, 1990, Jeremy P. Tarcher, Inc.

Dossey, Larry, *Recovering the Soul-A Scientific and spiritual search*, New York, 1989, Bantan Books.

Dossey, Larry, *Prayer is Good Medicine-How to reap the healing benefits of prayer*, New York, 1996, HarperSanFrancisco.

Dowling, John E., *The Great Brain Debate-Nature or nurture?* Washington, DC, 2004, Joseph Henry Press.

Dvali, Gai, "Neutrino Probes of Dark Matter," *Science*, Vol. 300, 2004, pp.567-8.

Dvali, G., "Out of Darkness," *Scientific American*, Vol. 290, 2004, pp. 68-75.

Dyson, Freeman, "The Darwinian interlude-Biotechnology will do away with species. Good: cultural evolution is better than natural selection," *Technology Reviews*, March 2005, p. 27.

Edwards, Paul, *Reincarnation-A critical examination*, New York, 1996, Prometheus Books.

Eid, Mounib El, "The Process of Carbon Creation," *Nature*, Vol. 433, 2005, pp 117-119.

Einhorn, Stefan, *A Concealed God, religion, science, and the search for truth*, Philadelphia, 2002, Templeton Foundation Press.

Erickson, Milton H., *The Collected Papers of Milton H. Erickson on Hypnosis, The nature of hypnosis and suggestion*, Vol. 2, New York, 1980, Irvington Publishers, Inc.

Feitelson, Jerry S., Payne, Jewel, and Kim, Leo, "Bacillus thuringensis: insects and beyond," *Biotechnology*, Vol. 10, 1992, pp. 271-75.

Feitelson, Jerry S., "The Bacillus thuringensis family tree," Leo Kim, editor, Advanced Engineered Pesticides, New York, 1993, Marcel Dekker. pp. 63-72.

Ferguson, Kitty, *The Fire in the Equations-Science, religion and the search for God*, Philadelphia, 2004, Templeton Foundation Press.

Ferris, James P., "Catalyzed RNA synthesis for the RNA world," Andre' Brack, editor, *The Molecular Origins of Life-Assembling the pieces of the puzzle*, Cambridge, UK, 1998, Cambridge University Press.

Feynman, Richard P., Leighton, Robert B., and Sands, Matthew, *The Feynman Lectures on Physics-Mainly mechanical, radiation, and heat*, Vol. 1,

Menlo Park, CA, 1963, Addison-Wesley Publishing Company.

Fields, R. Douglas, "Making Memories Stick," *Scientific American*, Vol. 292, February 2005, pp. 74-81.

Fields, R. Douglas, "The shark's electric sense," *Scientific American*, Vol. 297, August, 2007, pp. 75-80.

Figer, Donald F., "An upper limit to the masses of stars," *Nature*, Vol. 434, 2005, pp. 192-4.

Filmore, David, "Cataloging clinical trials," *Modern Drug Discovery*, October 2004, pp. 39-41.

Fisk, M. R., Popu, R., Mason, O. U., Storrie-Lombardi, M. C., Vicenzi, E. P., "Iron-magnesium silicate bioweathering on Earth (and Mars?)" *Astrobiology*, Vol. 6, no. 1, Feb. 2006, pp. 48-68.

Fox, Matthew, and Sheldrake, Rupert, *Natural Grace-Dialogues on creation, darkness, and the soul in spirituality and science*, New York, 1996, Doubleday.

Friedman, Norman, *Bridging Scienc and Spirit: Common elements in David Bohm's physics, the perennial philosophy and Seth*, St. Louis, MO, 1990, Living Lakes Books.

Fritzsch, Harald, Translated by Karin Heusch, *The Curvature of Spacetime-Newton, Einstein, and Gravitation*, New York, 1996, Columbia University Press.

Fry, Iris, *The Emergence of Life on Earth-A Historical and Scientific Overview*, New Brunswick, NJ, 2000, Rutgers University Press.

Gale, Robert Peter, and Hauser, Thomas, *Chernobyl-The Final Warning*, London, 1988, Hamish Hamilton Ltd.

Gallup: *US Key Indicators*, January 2000, Gallup UK for BBC Soul or Britain.

Gallup, George, Jr., with William Proctor, *Adventures in Immortality*, New York, 1982, McGraw-Hill Book Company.

Gardner, James, *The Intelligent Universe: AI, ET, and the Emerging Mind of the Cosmos*, Franklin Lakes, NJ, 2007, New Page Books.

Gehrels, N., Piro, L., Leonard, P. J. T., "The brightest explosions in the universe," The Secret Lives of Starts, *Scientific American*, special edition, Vol. 14, 2004, pp. 93-100.

Gleiser, Marcelo, "The three origins: cosmos, life, and mind," *Science and Ultimate Reality-quantum theory, cosmology, and complexity*, Cambridge, UK, 2004, University Press, pp. 637-653.

Gott, J. Richard, *Time Travel in Einstein's Universe*, New York, 2001, Houghton Mifflin Company.

Greene, Brian, *The Fabric of the Cosmos*, New York, 2004, Alfred A. Knopf.

Griffith, C. A., et. al., "Evidence for a polar ethane cloud on Titan," *Science*, Vol. 313, 2006, pp. 1620-22.

Guth, Alan H., and Kaiser, David I., "Inflationary cosmology: exploring the universe from the smallest to the largest scales," *Science*, Vol. 307, 2005, pp. 884-890.

Gyatso, Tenzin (His Holiness the Dalai Lama), *The Universe in a Single Atom-the convergence of science and spirituality*, New York, 2005, Morgan Road Books.

Halpern, Paul, and Wesson, Paul, *Brave New Universe: Illuminating the Darkest Secrets of the Cosmos*, Washington, DC, 2006, Joseph Henry Press.

Hamer, Dean, *The God Gene-How faith is hardwired into our genes*, New York, 2004, Doubleday.

Hameroff, Stuart, Chalmers, David John, Kaszniak, Alfred W., *Towards a Science of Consciousness III: the third Tucson discussions and debates*, New York, 1999, Bradford Books.

Hanlon, R. T., Forsythe, J. W., and Joneschild, D. E., *Biol. J. Linn. Soc.*, Vol. 66 (1999) p. 1.

Henry, Richard Conn, "The mental Universe," *Nature*, Vol. 436, 2005, p. 29.

Hofstadter, Douglas, *I Am A Strange Loop*, Cambridge MA, 2007, Basic Books.

Hooft, Gerard 't, Susskin, Leonard, Witten, Edward, Fukagita, Masataka, Randall, Lisa, Smolin, Lee, Stachel, John, Rovelli, Carlo, Ellis, George, Weinberg, Steven, and Penrose, Roger, "A Theory of Everything?" *Nature*,

Vol. 433, 2005, pp. 257-259.

Hooper, Dan, *Dark Cosmos: In search of our universe's missing mass and energy*, New York, 2006, HarperCollins Publishers.

Hoyle, Fred, and Wickramasinghe, Chandra, *Lifecloud*, New York, 1979, Harper and Row.

Hoyle, Fred, and Wickramasinghe, Chandra, *Disease from Space*, New York, 1979, Harper and Row.

Hunt, Valerie V., *Infinite Mind-Science of the human vibrations of consciousness*, Malibu, CA, 1996, Malibu Publishing Co.

International human genome sequencing consortium, "Finishing the euchromatic sequence of the human genome," *Nature*, Vol. 431, 2004, p. 931-945.

Irion, Robert, "The Warped Side of Dark Matter," *Science*, Vol. 300, 2003, pp 1894-6.

James, Kenneth D., and Ellington, Andrew D., "Catalysis in the RNA world," Andre' Brack, editor, *The Molecular Origins of Life-Assembling the pieces of the puzzle*, Cambridge, UK, 1998, Cambridge University Press, pp. 269-294.

Jasny, Barbara R., and Ray, L. Brian, "Life and the Art of Networks," *Science*, Vol. 301, 2003, p. 1863.

Kaku, Michio, *Parallel Worlds-A journey through creation, higher dimensions, and the future of the cosmos*, New York, 2005, Doubleday.

Kandel, Eric R., Schwartz, James H., and Jessell, Thomas M., *Principles of Neural Science*, Third Edition, Norwalk, Connecticut, 1991, Appleton & Lange.

Kanipe, Jeff, *Chasing Hubble's Shadows: The Search for Galaxies at the Edge of Time*, New York, 2006, Hill and Wang.

Kaplan, Rob, Editor, *Science Says*, New York, 2001, W. H. Freeman and Company.

Kauffman, Stuart, "Autonomous agents," *Science and Ultimate Reality-quantum theory, cosmology, and complexity*, Cambridge, UK, 2004,

University Press, pp. 654-666.

Kenyon, S. J., and Bromley, B. C., "Stellar Encounters as the Origin of Distant Solar System -Objects in Highly Eccentric Orbits," *Nature*, Vol., 432, 2004, pp. 598-602.

Kerr, Richard A., "Did Jupiter and Saturn Team Up to Pummel the Inner Solar System?" *Science*, Vol. 306, 2004, p. 1676.

Kerr, Richard A., "A Shot of Oxygen to Unleash the Evolution of Animals," *Science*, Vol. 314, 2006, p. 1529.

Kim, Leo editor, *Advanced Engineered Pesticides*, New York, 1993, Marcel Dekker.

Kim, Leo, and Wald, M. M., "Conversion of butadiene and methanol" U.S. Patent 4,126,642 1978.

Kim, Leo, Wald, M. M., and Brandenberger, S. G., "One-step catalytic synthesis of 2,2,3-trimethylbutane from methanol," *Journal of Organic Chemistry*, Vol. 43, 1978, pp. 3432-33.

Kirshner, R. P., "Throwing Light on Dark Energy," *Science*, Vol. 300, 2003, pp. 1914-18.

Klein, H. P., "On the search for extant life on Mars," *Icarus*, Vol. 120, 1996, pp. 431-436.

Knoll, Andrew H., *Life on a Young Planet-the first three billion years of evolution on earth*, Princeton, NJ, 2003, Princeton University Press.

Krasner, Robert I., *The Microbial Challenge-Human-microbe interactions*, Washington, DC, 2002, ASM Press.

Krauss, Lawrence M., "What is dark energy?" *Nature*, Vol. 431, 2004, p. 519.

Kwok, Sun, "The Synthesis of Organic and Inorganic Compounds in Evolved Stars," *Nature*, Vol. 430, 2004, p. 985.

Land, Edwin H., "The Retinex Theory of Color Vision," *Scientific American*, December 1977, pp. 108-128.

Land, Edwin H., "Experiments in Color Vision," *Scientific American*, May 1959, no. 5.

Lane, Nick, *Power, Sex, Suicide: Mitochondria and the meaning of life*, New

York, 2005, Oxford University Press.

Lane, Nick, "Reading the book of death," *Nature*, Vol. 448, July 12, 2007, pp. 1222-1225

Larson, R. B., and Bloom, V., "The First Stars in the Universe," The Secret Lives of Stars, *Scientific American*, Special edition, Vol.14, 2004 pp.4-11.

Laughlin, Robert B., *A Different Universe-Reinventing physics from the bottom down*, New York, 2005, Basic Books.

Lax, Eric, *Life and Death on 10 West*, New York, 1984, Dell Publishing Co., Inc.

Lazar, Sara W., Kerr, Catherine E., Wasserman, Rachel H., Gray, Jeremy R., Greve, Douglas N., Treadway, Michael T., McGarvey, Metta, Quinn, Brain T., Dusek, Jeffery A., Benson, Herbert, Rauch, Scott L., Moore, Christorpher I., and Fischl, Bruce, "Meditation experiences is associated with increased cortical thickness," *NeuroReport*, Nov. 28, 2005 pp. 1893-97.

Lee, Der-Chaun, Halliday, A. H., Snyder, G. A., and Taylor, L. A., "Age and Origin of the Moon," *Science*, Vol. 278, 1997, pp. 1098-1103.

Leroi, Armand Marie, *Mutants-On the form, varieties & errors of the human body*, London, 2003, Harper Collins Publishers.

Lewin, Benjamin, *Genes VI*, New York, 1997, Oxford University Press.

Lewin, Roger, *Making Waves: Irving Dardik and his superwave principle*, USA, 2005, Rodale.

Lineweaver, Charles H., and Davis, Tamara M., "Misconceptions about the Big Bang," *Scientific American*, March, 2005, pp. 36-45.

Livio, Mario, "Moving right along-The accelerating universe holds clues to dark energy, the Big Bang, and the ultimate beauty of nature," *Origin and Fate of the Universe*, *Astronomy*, special cosmology issue, 2004. pp. 94-99.

Lloyd, Seth, and Ng, Y. Jack, "Black Hole Computer," *Scientific American*, Vol. 291, 2004, p. 53.

Lloyd, Seth, *Programming the Universe-A quantum computer scientist takes on the cosmos*, New York, 2006, Alfred A. Knof.

McKay, Christopher P., "Life on Mars," Andre' Brack, editor, *The Molecular Origins of Life-Assembling the pieces of the puzzle*, Cambridge, UK, 1998, Cambridge University Press, p. 386-406.

McKay, Christopher P., Gibson, E. K., Thompas-Keprta, K. L., Vail, H., Romanek, C. S., Clement, S. J., Chiller, X. D., Maechling, C.R., and Zare, R. N., "Search for past life on Mars: possible relic biogenic activity in Martian meteorite ALH84001," *Science*, Vol., 273, 1996, pp. 924-930.

Margulis, Lynn, and Sagan, Dorion, *Microcosmos: Four billion years of microbial evolution*, New York, 1986, Summit Books.

Maurette, Micheal, "Micrometeorites on the early earth," Andre' Brack, editor, *The Molecular Origins of Life-Assembling the pieces of the puzzle*, Cambridge, UK, 1998, Cambridge University Press, pp. 147-186.

Miller, Ronald S., and the Editors of New Age Journal, *As Above So Below-Paths to spiritual renewal in daily life*, Los Angeles, 1992, Jeremy P. Tarcher, Inc.

Miralda-Escude, Jordi, "The Dark Age of the Universe," *Science*, Vol. 300, 2003, pp. 1904-9.

Mithen, Steven, *The Prehistory of the Mind-The cognitive origins of art, religion, and science*, New York, 1996, Thames and Hudson.

Moorbath, Stephen, "Dating earliest life," *Nature*, Vol. 434, 2005, p. 155.

Moring, Gary F., *The Complete Idiot's Guide to the Theories of the Universe*, Indianapolis, IN, 2002, Alpha, a Pearson Education Company.

Nadis, Steve, "Will dark energy steal the stars?" *Origin and Fate of the Universe*, Astronomy, special edition, 2004, pp.100-105.

Nealson, K. H., "The limits of life on earth and searching for life on Mars," *J. Geophys. Res.*, Vol. 102, 1997, pp. 23675-23686.

Newberg, Andrew, D'Aquili, Eugene, and Rause, Vince, *Why God Won't Go Away-Brain science and the biology of belief*, New York, 2001, Ballantine Books.

Noble, Elizabeth, with Leo Sorger, *Having Twins-and More-A parent's guide to multiple pregnancy, birth and early childhood*, New York, 2003, Houghton Mifflin Company.

Orgel, Leslie E., "RNA catalysis and the origin of life," *Journal of Theoretical Biology*, Vol. 123, 1986, pp. 12-149.

Orgel, Leslie E., The origin of biological information, *Life's Origin-the beginning of biological evolution*, edited by J. William Schopf, Berkeley CA, 2002, University of California Press, pp. 140-157.

Ornish, Dean, *Love and Survival-8 Pathways to intimacy and Health*, New York, 1998, HarperCollins.

Ornstein, Robert, *The Roots of the Self-Unraveling-The mystery of who we are*, New York, 1993, Harper San Francisco, HarperCollins Publishers.

Ornstein, Robert, *Multimind*, Boston, 1986, Houghton Mifflin.

Ornstein, Robert, *Evolution of Consciousness-The origins of the way we think*, New York, 1991, Simon & Schuster.

Ornstein, Robert, *The Right Mind*, New York, 1997, Harcourt Brace & Company

Oro, John, "Historical Understanding of Life's Beginnings," J. William Schopf, editor, *Life's Origin-The Beginning of Biological Evolution*, Los Angeles, 2002, University of California Press.

Ostriker, J. P. and Steinhardt, P., "New Light on Dark Matter," *Science*, Vol. 300, 2003, pp. 1909-13.

Ostriker, J. P. and Steinhardt, P., "The Quintessential Universe," *Scientific American*, Vol. 284, 2001, pp. 46-53.

Parker, Andrew, *In the Blink of an Eye*, Cambridge, MA, 2003, Perseus Books Group.

Pennisi, Elizabeth, "A mouthful of microbes," *Science*, Vol. 307, 2005, pp. 1899-1901.

Pennisi, Elizabeth, "A genomic view of animal behavior," *Science*, Vol. 307, 2005, pp. 30-32.

Pert, Candice, *Molecules of Emotion*, New York, 1999, Simon and Schuster.

Pert, Candice, "Why do we feel the way we feel?" *The Seer*, December 3,

2002.

Radin, Dean I., *The Conscious Universe–The scientific truth of psychic phenomena*, New York, 1997, HarperSanFrancisco.

Rees, Martin, *Before the Beginning–Our universe et. al.*, Reading, MA, 1997, Helix Books, Addison-Wesley.

Rescher, Nicholas, *G. W. Leibniz's Monadology–An Edition for Students*, Pittsburg, PA, 1991, University of Pittsburg Press.

Restak, Richard, *The New Brain–How the modern age is rewiring your mind*, USA, 2004, Holtzbrinck Publishers.

Ridley, Matt, *The Agile Gene–How nature turns on nurture*, New York, 2004, HarperCollins Publishers.

Rinpoche, Sogyal, *The Tibetan Book of the Living and Dying*, New York, 1993, Harper San Francisco.

Riordan, Michael, and Zajc, William A., "The first few seconds," *Scientific American*, May, 2006, pp. 34-41.

Rossi, Ernest, *The Psychobiology of Mind–Body Healing–New Concepts of Therapeutic Hypnosis*, New York, 1986, W. W. Norton & Company.

Rowan, Linda, and Coontz, Robert, "Welcome to the Dark Side: Delighted to see you," *Science*, Vol. 300, 2003, p. 1893.

Sabom, Micheal, *Light and Death: one doctor's account of near-death experiences*, Grand Rapids, MI, 1998, Zondervan Publishing House.

Sabom, Micheal, "'The shadow of death," *Christian Research Journal*, Vol. 26, no. 2, 2003.

Sacks, Oliver, *The Island of the Colorblind and Cycad Island*, New York, 1997, Alfred A. Knopf..

Sagan, Carl, *Cosmos*, New York, 1980, Random House.

Sagan, Carl, *Broca's Brain: Reflections on the Romance of Science*, Canada, 1974, Random House.

Satinover, Jeffrey, *The Quantum Brain–The search for freedom and the next generation of man*, New York, 2001, John Wiley and Sons, Inc.

Savile, Anthony, *Leibniz and the Monadology*, New York, 2000, Routledge.

Schilling, Sovert, "String revival," *Scientific American*, February 2005, p. 25.

Schoff, J. William, "Tracing the roots of the universal tree of life," Andre' Brack, editor, *The Molecular Origins of Life-Assembling the pieces of the puzzle*, Cambridge, UK, 1998, Cambridge University Press, pp. 336-362.

Schoff, J. William, "The What, When, and How of Life's Beginnings," J. William Schopf, editor, *Life's Origin-The Beginning of Biological Evolution*, Los Angeles, 2002, University of California Press.

Schwartz, Gary E., *The Afterlife Experiments-Breakthrough scientific evidence of life after death*, New York, 2002, Pocket Books.

Schwartz, Gary E. R., and Russek, Linda, G. S., *The Living Energy Universe-A fundamental discovery that transforms science and medicine*, Charlottesvill, VA, 1999, Hampton Roads Publishing Co., Inc.

Schwartz, Jeffrey M., and Begley, Sharon, *The Mind and the Brain-Neuroplasticity and the power of mental force*, New York, 2002, Regan Books.

Searle, John R., *Mind-A brief introduction*, New York, 2004, Oxford University Press.

Segal, Alan F., *Life After Death-A history of the afterlife in the religions of the West*, New York, 2004, Doubleday.

Seife, Charles, *Alpha & Omega-the search for the beginning and end of the universe*, New York, 2003, Penguin Books.

Seife, Charles, "Dark Energies Tiptoes towards the Spotlight," *Science*, Vol. 300, 2003, pp.1896-7.

Seife, Charles, "Physics enters the twilight zone," *Science*, Vol. 305, 2004, pp. 464-6.

Sheldrake, Rupert, *The Sense of Being Stared At-and other aspects of the extended mind*, New York, 2003, Crown Publishers.

Shubin, Neil H., Daeschler, Edward B., and Jenkins, Farish A. Jr., "The pectoral fin of Tiktaalik roseae and the origin of the tetrapod limb," *Nature*, Vol. 440, 2006, pp. 764-771.

Siegel, Bernie S., *Love, Medicine & Miracles-Lessons learned about self-healing from a surgeon's experience with exceptional patients*, New York, 1986, Harper & Row.

Siegel, Bernie S., *Peace, Love & Healing*, New York, 1989, Quill, an imprint of HaperCollins Publishers.

Smolin, Lee, *Three Roads to Quantum Gravity*, New York, 2001, Basic Books, Perseus Books Group, 2001.

Sneden, C., and Cowan, J., "Genesis of the Heaviest Elements in the Milky Way Galaxy," *Science*, Vol. 299, 2003, pp. 70-5.

Soloman, Sean C., et al, "New Perspectives on Ancient Mars," *Science*, Vol. 307, 2005, pp.1214-19.

Spiney, Laura, "Anarchy in the hive," *New Scientist*, January 15, 2005, pp. 42-45.

Stewart, Matthew, *The Courtier and the Heretic: Leibniz, Spinoza, and the fate of God in the modern world*, New York, 2006, W. W. Norton & Company.

Straus, Eugene W., and Straus, Alex, *Medical Marvels: The 100 Greatest Advances in Medicine*, New York, 2006, Prometheus Books.

Talbot, Michael, *The Holographic Universe*, New York, 1991, HarperCollins Publishers.

Tanaka, Kozo, et al, "Molecular mechanisms of kinetochore capture by spindle microtubules," *Nature*, Vol. 434, 2005, pp. 987-94.

Targ, Russel, and Katra, Jane, *Miracles of Mind-Exploring nonlocal consciousness and spiritual healing*, Novato, CA, 1998, New World Library.

Tart, Charles T., *What Survives? Contemporty exploration of life after death*, edited by Gary Doore, Los Angeles, 1990, Jeremy P. Tarcher, Inc.

Tauber, Daniel I., "The Quest for Holism in Medicine," *The Role of Complementary & Alternative Medicine*, Daniel Callahan, editor, Washington, DC, 2002, Georgetown University Press, pp. 172-189.

Tegmark, Max, "Parallel universes-not just a staple of science fiction, other universes are a direct implication of cosmological observations," *Scientific American special report Parallel Universes*, 2005, pp. 1-13.

Tegmark, Max, "Parallel universes," *Science and Ultimate Reality-quantum theory, cosmology,* and complexity, Edited by John D. Barrow, Paul W. Davis, and Charles L. Harper, Jr., Cambridge, UK, 2004, Cambridge University press, pp. 459-491.

Tice, Michael M., and Lowe, Donald R., "photosynthetic microbial mats in the 3,416 million year old ocean," *Nature*, Vol. 431, 2004, pp549-52.

Tiller, William A., *Science and Human Transformation-Subtle energies, intentionality and consciousness*, Walnut Creek, CA, 1997, Pavior Publishing.

Tolson, Chester L., and Koenig, Harold G., *The Healing Power of Prayer*, Grand Rapids, MI, 2003, Baker Books.

Tyson, Neil deGrasse, and Goldsmith, Donald, *Origins-Fourteen Billion Years of Cosmic Evolution*, New York, 2004, W. W. Norton & Company

Ueno, Yuichiro, Yamada, Keita, Yoshida, Naohiro, Maruyama, Shigenori, and Isozaki, Yukio, "Evidence from fluid inclusions for microbial methanogenesis in early achaean era," *Nature*, Vol. 440, 2006, pp. 516-19.

Valley, John W., "A Cool Early Earth?" *Scientific American*, October 2005, pp. 59-65.

Van Lommel, Pim, van Wess, Ruud, Meyers, Vincent, and Elfferich, Ingrid, "Near-death experiences in survivors of cardiac arrest: a prospective study in the Netherlands," *The Lancet*, December 15, 2001, pp.2039-2045.

Vedral, Vlatko, "Entanglement hits the big time," *Nature*, Vol. 425, pp. 28-9, 2003.

Wald, M. M., and Kim, Leo, "Process for producting triptane by contacting methanol or dimethyl ether with zinc chloride," U.S. Patent 4,059,647 1977.

Wald, M. M., and Kim, Leo, "Process for producting triptane by contacting methanol or dimethyl ether with zinc bromide," U.S. Patent 4,059,646 1977.

Watts, Duncan J., *Six Degrees: The science of a connected age*, New York, 2003, London, W. W. Norton & Company.

Webb, Stephen, *Out of this World-Colliding universe, branes, strings, and other wild ideas of modern physics*, New York, 2004, Copernicus Books.

Webster's New World Dictionary of Quotations, Hoboken, NJ, 2005, Wiley Publishing, Inc.

Wilczek, Frank, *Fantastic Realities–49 Mind Journeys and a Trip to Stockholm*, New Jersey, 2006, World Scientific.

Wilson, Colin, *What Survives? Contemporary explorations of life after death*, edited by Gary Doore, Los Angeles, 1990, Jeremy P. Tarcher, Inc.

Witham, Larry, *The Measure of God: Our century-long struggle to reconcile science and Religion*, New York, 2005, HarperSanFrancisco.

Witten, Edward, "Universe on a string," *Origin and Fate of the Universe*, Astronomy, special edition, 2004, pp. 42-47.

Wolfram, Steven, *A New Kind of Science*, Champaign, IL, 2002, Wolfram Media, Inc.

Wong, Kate, "The morning of the modern mind," *Scientific American*, June 2005, pp. 86-95.

Zatorre, Robert, "Music, The food of neurosciences," *Nature*, Vol. 434, 2005, pp. 312-315.

Zeilinger, Anton, Editors: John D. Barrow, Paul C. W. Davies, and Charles L. Harper, Jr., "Why the quantum?" *Science and Ultimate Reality–quantum theory, cosmology, and complexity*, Cambridge, UK, 2004, University Press, pp. 201-220.

Zhao, Min et al, "Electrical signals control wound healing through phosphatidylinositol-3-OH kinase gamma and PTEN" *Nature*, Vol. 442, 2006, pp. 457-60.

Zimmer, Carl, *Discover*, February, 2005, pp. 29-35.

인명 색인

가드너, 렉스 Rex Gardner 201
갤럽 주니어, 조지 George Gallup, Jr. 199, 239
『불멸의 모험 Adventures in Immortality』 239
게일, 로버트 피터 Robert Peter Gale 23, 45, 47, 48
구스, 알란 Alan Guth(1947~) 97
그린, 브라이언 Brian Greene(1963~) 126
냑, 잭 Jack Ng 109
노라투크, 비키 Vicky Noratuk 249
노벨, 엘리자베스 Elizabeth Nobel 193
『쌍둥이 양육 Having Twins and More』 193
놀, 앤드루 H. Andrew H. Knoll(1947~) 53
뉴버그, 앤드루 Andrew Newberg 196-199, 227
『신은 왜 우리 곁을 떠나지 않는가 Why God Won't Go Away』 197
뉴턴, 아이작 Sir Isaac Newton(1642~1727) 36, 222
니사의 그레고리우스 Gregory of Nyssa (335년경~394) 209
다윈, 찰스 Charles Darwin(1809~82) 88

다이슨, 프리먼 Freeman Dyson(1923~) 179, 231
달라이 라마 Dalai Lama(1935~) 108
도르, 개리 Gary Doore 199, 262
도시, 래리 Larry Dossey 199
드아퀼리, 유진 Eugene D'Aquli 197
『신은 왜 우리 곁을 떠나지 않는가 Why God Won't Go Away』 197
디블, 월터 Walter Dibble 120
라우즈, 빈스 Vince Rause 197
『신은 왜 우리 곁을 떠나지 않는가 Why God Won't Go Away』 197
라이프니츠, 고트프리트 빌헬름 Gottfried Wilhelm Leibniz(1646~1716) 169, 170, 172
『단자론單子論 Monadology』 169
러셀, 버트런드 Bertrand Russell(1872~1970) 67
레스탁, 리처드 Richard Restak 174
로시, 어니스트 로런스 Ernest Lawrence Rossi 183, 185
로이드, 세스 Seth Lloyd 109
로플린, 로버트 B. Robert B. Laughlin 94, 129
리스, 마틴 존 Sir Martin John Rees (1942~) 32, 96

린포체, 소걀 Sogyal Rinpoche(1947~) 255
『티베트 死者의 書 The Tibetan Book of the Dead』 235, 255
맥케이, 데이비드 David McKay 59
모레트, 미셸 Michel Maurette 56
모세 Moses 213
반 롬멜, 핌 Pim van Lommel 243, 246
베글리, 샤론 Sharon Begley 167
『마음과 뇌 The Mind and the Brain』 167
베드랄, 블랏코 Vlatko Vedral 130
베커, 로버트 Robert Becker 148, 188, 189, 219
보어, 닐스 Niels Bohr(1885~1962) 101
보첼리, 안드레아 Andrea Bocelli (1958~) 234
봄, 데이비드 David Bohm 107, 108
브라이트먼, 사라 Sarah Brightman (1960~) 234
브링클리, 대니언 Dannion Brinkley 236-239, 257
『죽음 저편에서 나는 보았다 Saved by the Light』 239
블랙모어, 수잔 Susan Blackmore 245, 250, 257
블랙 엘크 Black Elk 66
블레이크, 윌리엄 William Blake(1757~1827) 231
사로얀, 윌리엄 William Saroyan(1908~81) 206

새티노버, 제프리 Jeffrey Satinover(1947~) 101, 177
『양자 뇌 The Quantum Brain』 101, 177
세이건, 칼 Carl Sagan(1934~96) 43, 252
세이봄, 마이클 Michael Sabom 247
『빛과 죽음 Light and Death』 247
세이프, 찰스 Charles Seife 36
셸드레이크, 루퍼트 Rupert Sheldrake (1942~) 251, 258, 261
『누군가 보고 있는 느낌 The Sense of Being Stared At』 251
「살아 있는 자들의 환영 Phantasms of the Living」 251
쉰트-죄르지, 알베르트 Albert Szent-Györgyi(1893~1986) 160
슈워츠, 개리 Gary Schwartz 252-254, 261
『내세 실험 The Afterlife Experiments』 252, 253
슈워츠, 제프리 Jeffrey Schwartz 167, 173-176, 178
『마음과 뇌 The Mind and the Brain』 167
스코프, 윌리엄 William Schoff 61
스탭, 헨리 피어스 Henry Pierce Stapp 175, 176, 179
스튜어트, 매튜 Matthew Stewart 170
스트라우스, 알렉스 Alex Straus 203
스트라우스, 유진 Eugene Straus 203
스페츨러, 로버트 Robert Spetzler 248
스피노자, 베네딕트 드 Benedict de

Spinoza(1632~77) 233
시걸, 버니 Bernie Siegel 202, 250, 261, 262
아인슈타인, 알베르트 Albert Einstein (1879~1955) 26, 93, 99, 104, 109, 126, 137, 152, 153, 213
아인호른, 스테판 Stefan Einhorn 260
『숨겨진 신 A Concealed God』 260
애덤스, 더글러스 Douglas Adams 115
『우주 끝에 있는 레스토랑 The Restaurant at the End of the Universe』 115
애트워터, 필리스 Phyllis M. H. Atwater (1937~) 238, 240-242, 257, 261
『빛 너머 Beyond the Light』 240
에딩턴, 아서 Sir Arthur Eddington 34, 122, 180
에릭슨, 밀턴 Milton Erickson 186-188, 190
예수 Jesus 199, 212, 213, 236
오겔, 레슬리 Leslie Orgel 54
오니시, 딘 Dean Ornish(1953~) 203
온스타인, 로버트 Robert Ornstein 123, 141, 153, 154, 158, 173
『멀티마인드 Multimind』 123
와인버그, 스티븐 Steven Weinberg (1933~) 128, 242
요기, 마하리쉬 마헤시 Maharishi Mahesh Yogi(1917~2008) 161
워드, 키스 Keith Ward(1938~) 229
웨브, 스티븐 Stephen Webb(1946~) 110

위그너, 유진 Eugene Wigner(1902~95) 180
위크라마싱헤, 찬드라 Chandra Wickramasinghe(1939~) 60
윌슨, 콜린 Colin Wilson(1931~) 256
윌첵, 프랭크 Frank Wilczek(1951~) 95, 124
융, 칼 Carl G. Jung(1875~1961) 172, 204, 206
자토르, 로버트 Robert Zatorre 155
제임스, 윌리엄 William James(1842~1910) 262
조지프슨, 브라이언 Brian Josephson (1940~) 130
진스, 제임스 홉우드 Sir James Hopwood Jeans(1877~1946) 182, 224
초프라, 디파크 Deepak Chopra(1946~) 194, 195
카이저, 데이비드 David Kaiser 97
카쿠, 미치오 Michio Kaku(1947~) 100, 128, 242
카터, 리타 Rita Carter 196
카트라, 제인 Jane Katra 226, 227
『마음의 기적 Miracles of the Mind』 226
캠벨, 조셉 Joseph Campbell(1904~87) 212
코페르니쿠스, 니콜라스 Nicolaus Copernicus(1473~1543) 115
크로닌, 존 John Cronin 52, 54
크릭, 프랜시스 Francis Crick 50
클러그, 브레인 Brain Clegg 130

『신의 효력 The God Effect』 130
타그, 러셀 Russell Targ(1934~) 226, 227
『마음의 기적 Miracles of the Mind』 226
타우버, 알프레드 Alfred Tauber(1866~1942) 192
타이슨, 닐 디그래스 Neil deGrasse Tyson (1958~) 40, 61
타트, 찰스 Charles Tart(1937~) 256, 259
탤벗, 마거릿 Margaret Talbot 192
터너, 마이클 Michael Turner 35
틸러, 윌리엄 William Tiller 120, 220
『과학과 인간의 변천 Science and Human Transformations』 220
파울리, 볼프강 Wolfgang Pauli 116
파인먼, 리처드 Richard Feynman 101, 102
파커, 앤드루 Andrew Parker 75, 76
『눈 깜빡할 사이에 In the Blink of an Eye』 75
파탄잘리 Patanjali 226, 227
『요르가 수트라스 Yorga Sutras』 226
퍼트, 캔다이스 Candice Pert 146
펜로즈, 로저 Sir Roger Penrose(1931~) 31, 33, 60, 97, 250
펜위크, 피터 Peter Fenwick 246
폭스, 매튜 Matthew Fox 21, 24, 63, 214
폭스, 에밋 Emmet Fox(1886~1951) 263
폴킹혼, 존 Sir John Polkinghorne(1930~) 41
프라이, 아이리스 Iris Fry 63

『지구 생명의 출현 The Emergence of Life on Earth』 62
프록터, 윌리엄 William Proctor 239
『불멸의 모험 Adventures in Immortality』 239
플랑크, 막스 Max Planck 100
피어설, 폴 Paul Pearsall 215
필즈, R. 더글러스 R. Douglas Fields 259
하이젠베르크, 베르너 Werner Heisenberg(1901~76) 229
해머, 딘 Dean Hamer(1951~) 150
해머로프, 스튜어트 Stuart Hameroff (1947~) 250, 260
헌트, 발레리 Valerie Hunt 217, 218, 221, 258
헨리, 리처드 Richard Henry 91, 109, 225
호일, 프레드 Sir Fred Hoyle(1915~2001) 50, 53, 60
호킹, 스티븐 Stephen William Hawking (1942~) 31, 103
홀데인, 존 버든 샌더슨 John Burdon Sanderson Haldane(1892~1964) 117
화이트헤드, 앨프리드 노스 Alfred North Whitehead(1861~1947) 165, 167, 213
『과정과 실재 Process and Reality』 165
휠러, 존 John Wheeler(1911~2008) 42, 65, 101, 102, 104

사항 색인

강박장애(강박증) Obsessive Compulsive Disorder: OCD 173-176, 178, 189
골수이식 bone marrow transplantation 21, 22, 23, 47
공진화 co-evolution 68, 70, 79, 80, 84
과정철학 Process Philosophy 165-167, 170, 172
그램-양성 박테리아 gram-positive bacteria 45, 46, 79
기능주의 functionalism 165, 166
기도 147, 198-201, 204-206, 216, 226, 227, 229, 258
　묵상기도 198
　통성기도 198
　향심기도 Centering Prayer 199
기독교 213, 215, 236
끈 strings 25
끈 이론 string theory 24, 97, 98, 113
내세 afterlife 50, 65, 127, 148, 233-236, 244, 252-256, 262
노시보 효과 Nocebo effect 193
다중세계 many-worlds 101, 127
다중우주 multiverse 31, 97, 101, 128, 129
도교 133, 212, 213
도마복음서 Gospel of Thomas 212
돌연변이 mutation 57, 72, 79-82, 85, 143

동양 199
　동양 명상법 199
　동양의 믿음 220
　동양 종교 116, 133, 135
레이키 Reiki 215
마음-물질 이론 mind-matter theory 165, 166
마음-물질의 문제 mind-matter problem 160, 161, 163, 165, 168
마음-재료 mind-stuff 109
명상 meditation 147, 185, 189, 194-200, 204-206, 226, 227, 229, 233, 256, 258
　명상의 효과 effect of ~ 197
　초월명상 transcendental ~ 194, 201
　초점명상(확산명상) focused ~ 195
무한우주 infinite universe 32, 33, 42, 62, 115, 126, 135, 181
문투 Muntu 216
미소운석 micrometeorite 56
반투교 Bantu 216
백혈병 leukemia 22, 45-47
베다교 Veda 194, 215
부수현상설 Epiphenomenalism 165, 166
불가지론적 물리주의 Agnostic Physicalism 165, 166
불교 108, 133, 212, 215, 236

대승불교 107, 169
불교 철학 167
원시불교 213
비국지성 nonlocality 104, 106, 107, 111, 135, 169, 260
빅뱅 Big Bang 26-34, 36, 37, 40, 42, 62, 64, 65, 87, 96, 99, 113, 129, 228, 230
사랑 199, 203, 204, 216, 250-252, 261, 263, 267-270
   사랑의 얽힘 260
   사랑의 유무 202, 203
   사랑의 의미 202
   사랑의 치유 효과 261
   사랑의 힘 202
사망(죽음) death 236-238
삼위일체 trinity 213, 229
상대성 이론 theory of relativity 107
상상요법 Guided imagery 190, 147, 200
생명 창조 creation of life 32, 40, 41, 50, 52, 62, 65, 71, 87, 143, 267
생명의 기원 origin of life 43, 49, 52, 53, 54, 57, 61-63, 65, 70, 85, 87, 265
설계론 사상 idea of intelligent design 26, 63
수피교 Sufi 199, 212
시공간 space-time 100, 126, 128, 129
신경언어 프로그래밍 Neurolinguistic Programming: NLP 190
신 God 26, 30, 33, 87, 130, 137, 168, 170, 197, 198, 209, 211-213, 229, 231, 236, 241, 255, 260, 261, 268

신성 261
신적 존재 26, 63
실재 영역 realm of reality 111, 112, 114, 171, 172, 242
실재 창조 creation of reality 230, 265
아인슈타인의 뇌 152, 153
암흑물질 dark matter 35-37, 49, 88, 93, 108, 115, 124, 162, 181
암흑에너지 dark energy 35-37, 49, 88, 93, 95, 108, 115, 116, 162, 181, 225
양자-정보 이론 quantum-information theory 109
양자-중력 이론 quantum-gravity theory 109
양자 quantum 99, 100, 106, 114, 142, 148, 162-164, 171, 173, 176-178, 182, 205, 224
   양자 뇌/마음 ~ brain/mind 176, 179, 221
   양자-마음 이론 quantum-mind theory 176, 179
   양자물리학 ~ physics 167
   양자 변동 ~ fluctuation 112
   양자 세계 quantum world 102, 104, 112, 162, 223
   양자 수준 ~ level 102, 104, 113, 142, 145, 163, 164
   양자 실체 ~ entity 111-113
   양자 얽힘 ~ entanglement 130
   양자 역설 ~ paradox 128
   양자 역학 ~ mechanism 101, 107, 180

양자 이론 ~ theory 93, 99, 100-102, 104, 107, 108, 116, 127, 166, 175, 176, 214, 223-225, 229, 260
양자 입자 ~ particles 106, 114
양자 재료 ~ stuff 111
양자적 과정 ~ processes 168, 170-172, 176-179, 181, 259
양자적 작용 ~ happenings 177, 205, 250
양자 현상 ~ phenomenon 179
양자 효과 ~ effect 99, 100, 108, 130
얽힘 entanglement 106, 130, 131, 220, 260
에테르 ether 92-95, 98
영리한 배선 smart wires 177, 178
영성 spirituality 24, 42, 50, 62, 63, 86, 88, 116, 127, 133, 160, 164, 165, 180, 182, 200, 205, 206, 209, 212, 213, 215, 222, 224, 226-230, 235, 242, 247, 256, 262, 267-269
영적 spiritual 24, 91, 109, 115, 116, 133, 154, 200, 202, 197-199, 211, 223-225, 227, 235, 238, 246, 265-267
　영적 가르침 ~ teachings 42, 49, 107, 135, 164, 212, 260, 261
　영적 각성(자각) ~ awakening 63, 262, 269
　영적 본질 ~ nature 227, 257
　영적 세계 ~ worlds 169, 199, 223, 225, 266
　영적 영역 ~ realm 206, 214, 238, 257

영적 우주 ~ universe 88, 130
영적 지도자 ~ leaders 227, 265
우주 창조 creation of universe 50, 62, 70, 71, 85, 87, 143, 265, 267
우주생물학 exobiology 58
원자 수준(차원) atomic level 119, 163
원자 영역 atomic realm 172, 173
유교 Confucianism 212, 213
유대교 Judaism 206, 212, 213, 236
유물론 materialism 116, 145, 163, 164, 180, 222, 226
　유물론자 materialist 163, 176, 235
　유물론적 일원론 material monism 168
유픽셀 upixels 24-30, 34, 43, 49, 64, 86-88, 94, 97, 98, 100, 101, 104, 106-109, 110-114, 118, 124, 127, 130, 132, 135, 136, 147, 148, 152, 159, 160, 163, 164, 171-173, 178-181, 202, 204, 205, 214, 221, 226-230, 236, 245, 246, 250, 257-261, 264-269
　유픽셀 영역 realm of upixels 114
　유픽셀 이론 theory of upixels 214
　유픽셀 텔레파시 upixel telepathy 104, 106
윤회 reincarnation 235, 236, 254, 255, 267
의식 consciousness 65, 82, 88, 104, 109, 111, 116, 129, 131-133, 136, 142, 148, 151, 160-168, 171-173, 176, 180-182, 185, 194, 196, 198, 204, 212, 214, 216, 218, 221, 224, 226, 228-230, 236, 237,

245, 247, 248, 250, 256, 258, 262, 266
이상주의적 일원론 Idealist monism 168, 169, 172
이슬람 Islam 199, 212, 213
이원론 Dualism 168
이원적 상호 작용설 Dualistic Interactionism 165, 166
이중맹검 double blind 191
인도(인도인) Indian 116, 194, 195, 217, 226, 227
인체 에너지 bodily energy 148, 149, 215-218, 220, 221, 227, 228, 260
인터페론 interferon 23, 69, 70
임사체험 Near-Death Experience: NDE 163, 236, 238-250, 252, 254-261
임상 실험 clinical trials 47, 48, 70, 191-193, 244, 246, 247, 252, 261
자가치유 self-healing 148, 149, 202, 230
자유의지 free will 174, 179, 181, 182, 205, 267
정보 영역 realm of information 111, 114, 127, 130, 171, 172, 181, 204-206, 214, 220, 221, 226, 229, 230, 245, 246, 252, 257, 260
종교 religion 26, 32, 33, 41, 50, 70, 116, 118, 137, 166, 169, 200, 206, 209, 210, 212-214, 216, 228, 234, 261
   종교단체 religious groups 76, 77
   종교 이론가 religious theorists 65
   종교적 가르침 religious teachings 26, 42, 49, 63, 107, 164, 212, 260, 261

종교적인 방법 religious manner 198
중남미 문명 종교(마야, 자피텍, 믹스텍, 아즈텍) 216
중국 Chinese 116, 217
   중국 철학 ~ philosophy 169
진공 vacuum 92-95, 100, 101, 112, 113, 127, 171, 173, 228
   진공 공간 ~ spaces 92, 112, 164
   진공 상태 ~ states 95, 97, 98, 100, 111
   진공에너지 vacuum energy 95, 108, 112, 116, 181, 225
   진공 영역 ~ realm 114
진화 evolution 34, 38, 42, 57, 61, 64-74, 75, 77-79, 81-86, 110, 121, 123, 143, 152, 155, 159, 197, 215, 216
   눈의 진화 ~ of eyes 76
   진화론 theory of evolution 63, 69, 70, 72, 75, 81
집단 무의식 collective unconscious 172, 204
집단명상 group meditation 201
차크라 Chakra 215, 216, 217
창발적 유물론 emergent materialism 165, 166
창세기 Book of Genesis 30
창조 creation 21, 26, 29, 31-33, 37, 46, 63, 64, 173, 182, 205, 230
   창조론 creationism 30
   창조주 Creator 32, 33, 41, 50, 62, 63, 71, 72, 87, 168, 170, 180, 231
천국 heaven 267, 234-236

초능력 extrasensory perception: ESP 131
초월 transcendence 115, 116, 133, 197, 200, 224, 265, 267
  초월감 feeling of transcendence 197
  초월성 이론 theory of transcendence 246
  초월적인 경험 transcendental experience 196
  초월하는 실재 transcendental reality 231
최면 hypnosis 184-190, 194, 200, 204, 258
  자기최면 self-hypnosis 187
  최면치료 hypnotherapy 186, 188, 189, 190, 254
  최면-회귀법 hypnotic-regression 185
치유하는 마음 healing mind 173, 183, 185, 191, 193, 194, 202, 205, 219
카발라 Kabbalah 215
텔레파시 telepathy 104, 106, 130, 131, 251, 258
티베트 Tibet 197
팽창 inflation 26, 27, 30-33, 35, 41, 42, 60, 62, 87, 93, 96, 99, 113
평행우주 parallel universe 31-33, 41, 43, 62, 88, 100, 108, 113, 115, 127-130, 133, 135, 181, 242, 261
프란체스코 수녀 Franciscan nuns 197, 199
플라시보 수술 placebo surgery 192
플라시보 효과 placebo effect 191-193, 194, 201, 266
화성 Mars 38, 58, 59
환원주의 reductionism 145, 163
환원주의자 reductionist 145
회귀치료법 regression therapy 185
힉스장 Higgs Field 29, 36
힌두교 Hinduism 107, 212, 213, 215, 236

레오 김에게 궁금한 여섯 가지와 그의 답

이 책은 무엇에 관한 것인가요?

이 책은 궁극적인 수수께끼인 우리의 존재에 초점을 맞춘 것입니다. 존재에 대해 설명하다 보니 추론과 확신, 과학과 종교, 그리고 유물론과 영성 사이의 전쟁을 재현하게 되었습니다. 영성은 수많은 논쟁거리를 낳는 도그마들이 그 효력을 잃었음을 알렸습니다. 나는 우리의 세계가 정신과 영혼의 융합임을 밝힌, 21세기 과학 발견의 깊은 뜻을 이해함으로써 과학과 영성의 대립이 해결될 수 있음을 보여주고자 합니다.

우리의 존재를 이해하는 것이 왜 중요한가요?

우리가 누구인지, 죽음 이후 우리의 운명이 어떻게 되는지를 이해하는 것보다 더 중요한 것이 있을까요? 우리는 어디서 왔고, 우리는 누구이며, 실재란 무엇인가 하는 이런 의문들을 고민하는 존재가 우리뿐일까요? 정신과 의식이 육체와 뇌로부터 어떻게 나타나는 것일까요? 모든 종교와 영적 가르침의 공통점은 무엇일까요? 죽은 뒤 남는 것은 무엇일까요? 사람들은 이에 대한 답을 갈망합니다. 더러 사람들은 이런 수수께끼들에 답할 만큼 우리가 충분히 진보하지 못했다면서 지적인 존재가 우리를 창조한 계획이 있음을 믿는다고 말합니다. 과학은 우리 세계의 본질에 관한 진실을 감추는 장막을 걷어내려고 합니다.

종교적이거나 영적인 사람들은 여전히 확신을 갖고 있으며, 영적 영역을 믿지 않는 사람들은 여전히 회의적이지 않나요?

우리는 과학의 시대에 살고 있고, 신이 존재하지 않는다고 잘못된 주장을 하는 생물학자 리처드 도킨스와 같은 과학자들이 뒤엎은 영적 종교적 믿음을 많은 사람들이 찾고 있습니다. 많은 사람들처럼 그 또한 유물론의 환상에 사로잡혀 있는데, 우리의 세계를 물질만으로는 설명할 수 없기 때문에 유물론은 논쟁의 장에서 효력을 잃은 또 다른 도그마임을 알아야 합니다.

영적인 가르침은 오래되었고 과학은 수백 년 된 것입니다. 이 책이 그 공백을 연결해줄 새로운 과학 발견들을 설명해주나요?

그렇습니다. 나의 목표는 과학과 영성 사이에 다리를 놓는 것입니다. 대중은 최근의 과학적 가설들인 우주의 96퍼센트가 불가해한 물질과 에너지("암흑물질"과 "암흑에너지"로 불리는)라는 것, 평행우주들이 우리의 세계와 나란히 존재한다는 것, 그리고 우주에는 11개의 차원이 있고 그것들 가운데 7개는 공간의 극미한 영역 속에 파묻혀 있다는 것에 당혹스러워합니다. 과학자들도 이런 개념들에 곤혹스러워합니다. 그렇지만 새로운 과학의 "큰 그림"을 고찰할 때 우리는 이런 "진실"을 2천 년 이상 주장해온 영적 믿음을 발견하게 됩니다.

20세기 초 과학의 발견과 추측이 팽창하는 우주와 양자 이론을 발견하게 했고 이것은 아직도 이해되지 않고 있습니다. 21세기의 발견은 과학자들에게 중요한 이론과 확신을 버리라고 또 다시 강요하고 있습니다.

이 책의 표지는 무엇을 나타내나요?

이 책은 호기심을 불러일으킵니다. 과학자들은 종교적 영적 가르침이 기이하고 그래서 허구라고 비난합니다. 그러나 이제 형세가 역전되었습니다. 과학자들은 불가해한 암흑물질과 암흑에너지, 숨겨진 차원들, 그리고 평행우주들과 같은 기괴해보이는 개념들을 설명하려고 고군분

투하고 있습니다. 그들의 개념들도 허구일까요? 아니면 장님이 코끼리 만지듯 우주에 대해서도 그런 것일까요?

이 책에는 선생님의 개인적인 체험이 담겨 있는데요. 이것이 어떻게 선생님이 이 주제에 관심을 갖게 되었는지 말해주나요?

그렇습니다. 저는 과학자가 아닌 사람들을 위해 책을 썼습니다. 저는 과학자로서 암 환자들이 죽어가는 것을 보고 어떻게 해서 과학과 영적 관점 모두에서 큰 의문들을 제기하는 여행을 떠나기로 했는지 말하고자 했습니다. 이런 의문들에 대한 답을 과학이 가지고 있지 않고 추측만 한다는 것을 알았습니다. 영성이 처음에는 속삭임으로 시작해서 나중에는 세계를 품은 반가운 친구로 저의 삶 속으로 되돌아오기 시작했습니다. 그 여행이 이 책의 일부가 되었습니다.

저는 독자 여러분이 하늘을 응시하고, 코끼리를 생각하며 저편에 있는 것이 정녕 무엇인지를 생각하기 바랍니다. 몇 년 안에 수십 억 달러짜리 실험이 끝나고 독자 여러분은 그 결과와 이 책이 관련 있다는 것을 이해하기 시작할 것입니다.

이 책에 대한 찬사

뛰어나고, 선견지명이 있으며, 통합적이고, 정말 재미있게 읽을 수 있는 책을 쓴 레오 김에게 축하를 보낸다! 그는 대단한 글솜씨와 매우 복잡한 자료를 명쾌한 형식으로 전달하는 놀라운 재능을 가지고 있다. 모든 독자, 특히 과학과 영성의 관계에 진지한 관심을 가진 사람들에게 이 책을 적극 권한다. 이 책에는 엄청난 지혜가 있다!

- **윌리엄 A. 틸러** William A. Tiller, Ph.D. 스탠포드 대학 재료과학 명예교수

레오 김의 책은 매혹적이다. 그 까닭은 임사체험을 한 대다수가 그 일을 겪는 동안 실제로 접한 것이 무엇인지를 설명하는 과학적 발견들을 이해하기 쉬운 말로 제시해주기 때문이다. 페이지마다 이것을 다루며, 그 자신이 과학자임에도 불구하고, 최근의 과학이 수천 년 동안 우리 신앙의 전통이 말하고 있는 것에 어떻게 더 가까이 가게 해주었는지 보여줌으로써 공통성을 모색했다. 많은 책들이 이를 시도하고 있지만 레오 김은 이를 훌륭하게 해냈다.

- **P.M.H. 애트워터** P.M.H. Atwater, 인문학 박사, 임사체험 연구자, 『임사체험 큰 책 The Big Book of Near-Death Experiences』을 포함해 9권의 저자

우리가 마음을 여는 것, 우리가 설명하거나 이해할 수는 없지만 체험하는 것을 쾌히 받아들이는 건 극히 중대하다. 우리가 만들기 전까지는 과학과 영성 사이에 공백이란 없다. 융이 말한 대로 정신과 육체는 같은 것에 대한 두 개의 관점일 뿐이다. 나의 개인적인 임사체험과 전생, 그리고 환자들의 영적, 신비적 경험들로부터 나는 의식이 장소에 제한되

는 것이 아니며 몸의 활동이 중단된 뒤에도 존재한다는 것을 알았다. 우리는 우리가 체험한 것을 쾌히 받아들이고 탐구할 필요가 있으며, 생명의 기원에 대한 우리의 연구가 믿음으로 제한되게 해서는 안 된다. 레오 김의 책은 읽는 모든 사람에게 지혜의 보배이며 놀라운 원천이다.

- **버니 시걸** Bernie Siegel, MD, 『사랑, 의학과 기적 Love, Medicine & Miracles』과 『영혼을 위한 처방 Prescriptions For The Soul』의 저자

어렸을 때의 개인적인 비극이 레오 김에게 정녕 큰 의문들을 갖게 만들었다. 생명이란 무엇일까? 실재란? 죽음이란? 우리가 설명할 수 있는 것과 설명할 수는 없지만 느끼는 것을 어떻게 결합할 수 있을까? 이 저명한 과학자는 심장, 영혼, 깊은 지성과 느낌으로 과학과 영성을 통해 우리를 주목할 만한 답으로 안내한다.

- **에릭 랙스** Eric Lax, 『10 웨스트에서의 삶과 죽음 Life and Death on Ten West』와 『플로리 박사의 코트 속 곰팡이 The Mould in Dr. Florey's Coat』의 저자

과학과 영성 사이를 해결할 시기가 있다면, 바로 지금이다. 레오 김은 현대 과학이 우리가 인생의 더 큰 영적 실재와 우주를 내다보고 경험하게 해줄 수 있다는 것을 보여주는, 매우 읽기 쉽고 품위 있는 책을 썼다.

- **게리 슈워츠** Gary E. Schwarts, Ph. D., 애리조나 대학의 심리학과 의학 교수, 『내세 실험 The Afterlife Experiments』과 『신에 대한 실험 The G.O.D. Experiment』의 저자

레오 김 박사는 우리 우주의 에너지와 물질의 기본 요소인 유픽셀이 과학과 영성 간의 궁극적인 연결고리라고 제시한다. 유픽셀을 통해 우리는 우주와 함께하고 과거, 현재, 그리고 미래를 통해 살고 있다. 이러한 결론은 우주, 지구, 생명의 창조, 미묘하게 움직이는 우리의 몸, 특히 뇌, 그리고 여러 종교들의 가르침들에 대한 방대한 자료를 샅샅이 비판

적으로 분석해서 이끌어낸 것이다. 우리 사랑의 영원한 유픽셀이 우주에 퍼지게 하라! 이 책은 인간으로서 우리의 삶에 대한 새로운 차원의 진가를 인정하는 기회를 준다.

- **채치범**, 건국대학교 석좌교수, 의생명과학연구원 원장, 전 포항공대 생명공학센터 소장

과학과 종교는 우주의 모든 현상들에 대한 전일적 설명 양식으로서 세계관의 두 가지 전형적 사례로 규정할 수 있다. 문제는 그 세계관들이 서로 모순된다는 데 있다. 과학적 세계관은 우주 현상을 합리적으로 설명해주지만 그런 현상들의 궁극적 "원천"과 "의미"를 제시하지 못하는 데 한계가 있다면, 반대로 종교적 세계관은 우주 현상의 "원천"과 "의미"를 붙여줌으로써 정서적 만족을 줄 수 있지만 그 근거가 지적으로는 아주 엉성하다는 결함이 있다.

경건한 기독교 가정에서 태어나 영적 세계에서 성장했으면서도 우주의 신비를 실증적으로 설명하고자 생명과학자로 평생을 살아온 재미교포 3세인 레오 김 교수가 이 책에서 의도한 것은 과학과 종교의 관계는 갈등적이 아니라 상호보완적이라는 사실을 철학적으로 보여주는 것이다. 만약 그의 주장이 옳다면 이 책은 과학적, 종교적 및 철학적 차원에서 획기적인 의미를 갖는다. 모태 기독교 신자이지만 생명과학자인 그의 주장은 고백적이 아니라 모든 첨단 과학적 지식에 의해서 뒷받침되고 있다. 이런 점에서 그가 시도한 과학과 종교의 화해와 양립 가능성은 각별한 설득력을 갖는다.

과학적이면서도 종교적으로 근원적인 동시에, 방대한 문제를 다룬 철학적 책이면서도 저자 자신의 자서전적인 지적 호기심 및 감동, 실존적 경험과 충격의 회고와 사색의 순례에 관한 이야기라는 점에서 이 책은 그 자체만으로도 독자의 호기심을 끌기에 충분하다. 또한 그러한 이야

기의 주제가 삶과 죽음, 우주와 존재 일반의 의미에 관한 난삽한 철학적 문제임에도 불구하고 일상적이지만 시적인 언어로 표현되고 있다는 점에서 이 책은 한결 더 감동적이다. 이 책이 두고두고 많은 이들에게 화제로 남게 될 것임을 나는 확신한다.

- **박이문**, 보스턴 시몬스 대학과 포항공대 명예교수, 연세대 특별초빙교수